国家出版基金项目
NATIONAL PUBLICATION FOUNDATION

新视角研究丛书

中国科学院自然科学史研究所 主编

X射线知识在近现代中国的传播

吴培熠 王大明 著

山东科学技术出版社
·济南·

图书在版编目（CIP）数据

X射线知识在近现代中国的传播 / 吴培熠，王大明著. 济南 ：山东科学技术出版社，2024. 12. --（科技史新视角研究丛书）. -- ISBN 978-7-5723-2492-5

Ⅰ. O434.1

中国国家版本馆 CIP 数据核字第 2024H7U452 号

X射线知识在近现代中国的传播

X SHEXIAN ZHISHI ZAI JIN XIANDAI ZHONGGUO DE CHUANBO

责任编辑：翟羽佳

装帧设计：孙小杰

主管单位：山东出版传媒股份有限公司

出 版 者：山东科学技术出版社

地址：济南市市中区舜耕路 517 号

邮编：250003　电话：（0531）82098088

网址：www.lkj.com.cn

电子邮件：sdkj@sdcbcm.com

发 行 者：山东科学技术出版社

地址：济南市市中区舜耕路 517 号

邮编：250003　电话：（0531）82098067

印 刷 者：山东新华印务有限公司

地址：济南市高新区世纪大道 2366 号

邮编：250104　电话：（0531）82091306

规格： 16 开（170 mm × 240 mm）

印张： 15.5　**字数：** 240 千

版次： 2024 年 12 月第 1 版　**印次：** 2024 年 12 月第 1 次印刷

定价： 78.00 元

总序

中国古代的科学技术是推动中华文明发展的重要力量，是中华文脉绵延不绝的源泉。其向外传播及与周边国家地区、域外文明的接触、交流和融合，为世界科学技术的发展作出了非常重要的贡献。古人在农、医、天、算以及生物、地理等领域，取得了许多重大科学发现；在技术和工程上，也完成了无数令人惊叹的发明创造，留下了浩如烟海的典籍和数不胜数的文物等珍贵历史文化遗产。

五四运动前后，我国的科技史学科开始兴起，朱文鑫、竺可桢、李俨、钱宝琮、叶企孙、钱临照、张子高、袁翰青、侯仁之、刘仙洲、梁思成、陈桢等在相关学科发展史的研究方面做出了奠基性的工作。从20世纪50年代起，中国逐步建立科技史学科专门研究和教学机构。中国科技史研究者们从业余到专业、从少数人到数百人、从分散研究到有组织建制化活动、从个别学科到整个科学技术各领域，筚路蓝缕，渐次发展，全方位地担负起中国科学技术史研究的责任。

1957年，中国自然科学史研究室（1975年扩建为中国科学院自然科学史研究所，简称“科学史所”）成立，标志着中国科学技术史学科建制化的开端。此后六十多年，科学史所以任务带学科，组织同行力量，有计划地整理中国自然科学和技术遗产，注重中国古代科技史研究，编撰出版多卷本大型丛书《中国科学技术史》（简称《大书》，26卷，1998—2011年相继出版)、《中国传统工艺全集》(20卷20册，2004—2016年第一、二辑相继出版)和《中国古代工程技术史大系》(2006年开始相继刊印，已出版12卷)等著作。其中，《大书》凝聚了国内百余位作者数十年研究心血，代表着中国古代科技史研究的最高水平。

1978年起，科学史所将研究方向从中国古代科技史扩展至近现代科技史和世界科技史。四十多年来，汇聚同行之力，编撰出版《20世纪科学技术简史》(1985年第一版，1999年修订版)、《中国近现代科学技术史》(1997年)、《中国近现代科学技术史研究丛书》(35种47册，2004—2009年相继出版)和《科技革命与国家现代化研究丛书》(7卷本，2017—2020年出版)等著作，填补了近现代科技史和世界科技史研究一些领域的空白，引领了学科发展的方向。

"十二五"期间，科学史所部署"科技知识的创造与传播研究"一期项目，与同行一道着眼于学科创新，选择不同时期的学科史个案，考察分析跨地区与跨文化的知识传播途径、模式与机制，研究科学概念与理论的创造、技术发明与创新的产生、思维方式与知识的表达、知识的传播与重塑等问题，积累了大量新的资料和其他形式的资源，拓展了研究路径，开拓了国际合作交流的渠道。现已出版的多卷本《科技知识的创造与传播研究丛书》(2018年开始刊印，已出版12卷)，涉及农学知识的起源与传播、医学知识的形成与传播、数学知识的引入与传播和技术知识的起源与传播，以及明清之际西方自然哲学知识在中国的传播等方面的主题。丛书纵向贯穿史前时期、殷商、宋代、明清和民国等不同时段，在空间维度上横跨中国历史上的疆域和沟通东西方的丝绸之路，于中国古代科技的史实考证、工艺复原与学科门类史、近现代科学技术由西方向中国传播及其对中国传统知识和社会文化的冲击等方面获得了更多新认知。

科学史所在"十三五"期间布局"科技知识的创造与传播研究"二期

项目，秉承一期项目的研究宗旨和实践理念，继续以国际比较研究的视野，组织跨学科、跨所的科研攻关队伍，探索古代与近现代科学技术创造和传播的史实及机制。项目产出的成果获得国家出版基金资助，将冠以《科技史新视角研究丛书》书名出版。这套丛书的内容包括物理、天文、航海、植物学、农学、医药、矿冶等主题，着力探讨相关学科领域科技知识的内涵、在世界不同国家地区的发展演变与交互影响，并揭示科技知识与人类社会的相互关系，不仅重视中国经验、中国智慧，也关注国外案例和交流研究。

两期项目的研究成果，从更宽视野、更多视角、更深层次揭示了科技知识创造的方式和动力机制及科技知识创造与传播的主体、发挥的作用和关键影响因素，深化了对中国传统科技体系内涵与演变及中外科技交流的多维度认识。

一百多年来，国内外学者前赴后继，在中国古代科学技术史、近现代科学技术史的发掘、整理和研究上已收获累累硕果，形成了探究中国古代和近现代科技史的宏观叙事架构，回答了古代科技的结构与体系特征、思想方法、发展道路、价值作用与影响等一系列问题，开创了近现代科技史研究的新局面。我国学者也迈出了从中国视角研究世界科技史的坚实步伐。

当下，我国迈上了全面建设社会主义现代化强国、实现第二个百年奋斗目标、以中国式现代化全面推进中华民族伟大复兴的新征程。这种新形势，一方面需要我国科技群体不停向前沿探索、加快前进的脚步，另一方面也亟须科技史研究机构和学者因应时势进一步深入检视科技史，从中总结经验得失，以支撑现实决策，服务未来发展。在中国历史及世界文明发展的大视野中，进一步总结阐述中国科技发展的体系、思想、成就和特点，澄清关于中国古代科学技术似是而非的认识或争议，充分发掘传统科技宝库以为今用，将有助于讲好中国科技发展的故事，回答国家和社会公众的高度关切之间，推动中华优秀传统文化的创造性转化和创新性发展，提振民族文化自信和创新自信。

《科技史新视角研究丛书》结合微观实证和宏观综合研究，在这承前启后的科技史研究序列中，薪火相传，继往开来。它以新视角带来新认知，在中国古代与近现代科技史实、中外科技交流的研究中，必将更好地发挥以史为鉴的作用。

关晓武
2022年1月

目 录

第一章 绪 论

第一节 研究背景

坚定文化自信、建设文化强国，需要发展面向现代化、面向世界、面向未来的，民族的科学的大众的社会主义文化。只有更加积极主动地学习借鉴人类一切优秀文明成果，才能创造一批熔铸古今、汇通中外的文化成果。科学技术是人类文明发展的结晶和社会进步的基石，任何社会形态和政治结构都需要吸收和借鉴人类文明发展过程中所产生的科学技术知识。科学社会学家默顿（R. K. Merton）认为科学发现具有普适性和无私利性，人类文明诞生以来所有的科学知识都应被视为人类的共同财富。

在人类的发展过程中，科学技术知识一直在不同文化或者文明形态之间广泛而频繁地传播。尽管科学技术被认为是一种放之四海而皆准的知识，但是社会之间的差异却无处不在，同样的科学技术知识如何在不同的文明形态和社会之间传播就成为一个重要且有趣的问题。举一个简单的例子：牛顿力学为什么在英国产生，却在全世界适用？它是如何被传播和接受的？这就是一个科技知识跨文化传播所要讨论的问题。科学技术知识的跨文化传播基于科技发展的实践活动和社会影响，从跨文化的视角理解西方科学技术知识在中国的传播，并对知识的普遍性和地方性进行反思。

长期以来，科技的跨文化传播受到了科学技术哲学和科学技术史学的关注，围绕科技如何进行跨文化传播这一问题，逐渐形成了“实证主义”“后殖民主义”“后殖民技科学”三种思想。在科学技术发展不平衡、文化教育存在差异等前提假设下，科技的跨文化传播最初被理解为一种简单的“中心-边缘”模式或者欧洲中心主义。超越不同社会文化限制的西方科技具有客观性和普遍有效性，在“势差”的作用下，能够从水平高的中心向水平低的边缘进行传播。在科技的跨文化传播中，传播的方式是被动的“发射-广播式”，即接收者只能不完全、平庸地接受知识，然后结合自身具体情况进行吸收借鉴。美国科学史家巴萨拉（G. Basalla）的“三阶段模型”和佩尔森（L. Pyenson）的“功能轴”形成了“文化帝国主义”的科学观。在科学哲学家库恩（T. S. Kuhn）的《科学革命的结构》和科学知识社会学（Sociology of Scientific Knowledge，简称“SSK”）的强纲领四原则提出后，科学内史认识论所主张的客观性被解构，不同文明和文化形态中的科技被一视同仁，无一例外地被视作社会建构的产物。

以哈丁（S. Harding）为代表形成的“后殖民主义”科学观，走向了反对殖民科学的另一个极端，抛弃了科技的客观性，关注科技发展的社会性和地方性，认为一切科技知识都是平等的，都是一种“地方性知识”。为了避免“后殖民主义”的矫枉过正，最新出现了一种思潮，也是当下研究的热点，即“后殖民技科学”。

“后殖民技科学”以安德森（W. Anderson）为代表，以拉图尔（B. Latour）的行动者网络理论、皮克林（A. Pickering）的冲撞理论、赛义德（E. W. Said）的旅行理论为基础，一方面承认欧洲科学具有的主导地位，同时也强调地方性知识和情景的意义。“后殖民技科学”将科技的传播视作一种复杂而真实时空中的“旅行”，西方科技与地方科技、西方文化与地方文化在传播中互动，共同发展、相互影响，西方在改造非西方的同时，也被非西方改造。作为科学技术与社会（Science Technology and Society，简称“STS”）的三个重要理论，“实证主义模型”“后殖民主义”“后殖民技科学”各有所长，为理解科技的跨文化传播提供了理论的导引，但是同时也伴随批判的声音。

科技知识的跨文化传播问题，不仅仅是一种认识论和科学史观的讨论，更与中国特定历史背景和STS研究密切相关。虽然西方科技知识在中国的跨文化传播与殖民主义科学所讨论的理论范畴稍有不同，但是西方科技在中国的发展同样经历了与之类似的“西学东渐”的传播过程。明清时期，大批的传教士来华，在传教的同时带来了西方的科学技术。目前，中国学者及时跟进了上述的理论研究，但是仅仅限于介绍和综述层面的工作，真正利用中西科技交流的案例丰富或发展理论的研究还比较少见①。

中国的现代化进程离不开科技交流的推动，中西之间科技交流持续时间长、关系复杂，为未来的科技跨文化研究留下了探索的空间。西方STS学者的研究可以给予我们理论和方法上的启示。基于中国的历史事实，我们急需重新梳理近现代科技在中国传播的途径、机制和特征，发展相应的理论。具体而言，如下问题值得关注：(1) 中西之间科技知识的跨文化传播何以可能？(2) 西方科技知识在中国传播有哪些机制、过程和特征？(3) 西方科技知识在中国的跨文化传播带来了哪些改变和影响？

科技知识的跨文化传播与科学技术发展的历史密切相关，仅仅从理论上探讨未免会流于空洞，需要结合中国的具体案例事实进行细致微观的考察，以反映科技跨文化传播的复杂机制和过程。本研究选择20世纪X射线知识在中国的传播，总结X射线知识在中国传播的历史过程和社会影响，分析X射线知识跨文化传播的特征和机制，提炼中西之间科技跨文化传播的分析框架和理论机制。

X射线、电子和天然放射性的发现被誉为“19世纪末三大物理学发现”。伦琴（W. C. Röntgen）发现X射线看似偶然，却是源于长期以来人类对阴极射线管的研究。X射线发现一个多世纪以来，从一个重要的物理学发现，到一种行之有效的科学研究手段，以及医学领域一种重要的诊断和治疗工具，对科学技术发展和人类社会进步产生了深远影响。从1895年发现至今，X射

① 杨爱东，宋芝业. 跨文化科学传播中知识的“地方性”再建构：以《浑盖通宪图说》与《同文算指》的编译为例[J]. 山东科技大学学报（社会科学版），2015，17（4）：17-24.

线的相关工作至少获得了25次诺贝尔自然科学奖。科学界对于X射线本质的探索就是重要的科学问题，X射线衍射为晶体学和物质结构的探索提供了新的工具，对结构化学起过开创性的奠基作用，为原子的电子能量模型建立提供了有力的依据，推动了19世纪20—30年代原子物理、理论物理、近代物理和量子物理的建立。直到现在，X射线还与凝聚态物理、高能物理、宇宙射线、化学、地质矿物学、生命科学和材料科学的研究密不可分。X射线透视技术与计算机技术相互结合，在20世纪70年代发展成为X射线断层扫描机（Computerized Tomography，简称“CT”），成为诊断学中一座新的里程碑。

X射线知识在中国的传播最早见于1896年3月近代报刊《万国公报》的报道[①]。随着科学界对X射线技术研究的不断深入，《格致汇编》《格致新报》等二十多种近代报刊对X射线技术进行追踪报道，普及了X射线知识。与此同时，基于X射线的医学应用技术也被引入中国。1897年12月，《点石斋画报》以《宝镜新奇》为题，报道了西医柏乐文从美国引进X光机的新闻。1899年8月，上海嘉永轩主人从欧洲购置一台X光机，并在上海《昌言报》馆当众演示[②]。20世纪初，中国兴起留学潮，辛亥革命之后留学人数增多，开始出现学习和研究X射线的留学生。20世纪上半叶，在胡刚复、叶企孙、吴有训等努力之下，X射线物理学在中国得到初步发展，逐步完成了科学建制化的过程。X射线知识在中国的传播是中国近现代科技发展的一个缩影，经历了一条边借鉴、边发展、边学习的演化路径。在知识领域，X射线知识从物理学前沿拓展到了化学、生物学、医学等领域；在实用领域，引进的X射线医疗技术在实践中逐渐应用普及；在学术领域，X射线物理学涉及的相关方向取得发展，在科学研究上开创了中国科学研究的先河。因此，X射线知识无疑是中西方之间一个成功的跨文化传播案例。

总之，考虑到X射线知识传播的代表性和典型性，本研究以此作为研究

① 王民，邓绍根.《万国公报》与X射线知识的传播[J]. 中国科技史料，2001，3：41-44.

② 徐生忠. 近代中国报刊对X射线知识的传播[J]. 莆田学院学报，2012，4：83-87.

对象。首先，X射线最早作为一项物理学发现被公之于众，之后渗透到化学、生物学、医学等各个领域。X射线物理学与其他的现代科学知识不同，其在中国的传播从一开始就比较及时，发现两个月之后就已经见诸报端，是现代科学知识传播的代表。其次，X射线还是一项重要的技术应用，其在医疗、工业技术等方面的应用对人类社会发展影响深远，在实践过程中与社会频繁互动，可以展示科技跨文化传播的全貌。最后，早期物理学家中的胡刚复、吴有训、陆学善、严济慈等都曾经学习或者从事X射线相关研究，对中国物理学的发展和建制化起到了重要作用。此过程成为知识传播的关键，反映了X射线知识传播的影响与特征。

对X射线知识在中国的跨文化传播进行深度剖析，具有重要的理论和实践意义。第一，从科技跨文化传播这一进路理解近现代中国科学技术的发展，建构新的分析框架理解科技的跨文化交流，拓宽了STS的视角。通过建构新的框架进一步探索具体的传播机制和过程，有助于打开跨文化传播的“黑箱”。第二，丰富了STS的微观案例研究，发展了科技的跨文化传播理论。STS领域对西方科技在中国的跨文化传播探讨较少，通过考察X射线知识在中国的传播，有助于观察西方科技与中国的大众，如医生、科研工作者、相关媒体、政府及机构等之间的互动，探讨中国传统文化和科学文化的微妙关系，进而发展相关的理论。第三，在方法论层面，对于科学史编史学具有示范意义。本研究通过解析X射线知识与中国文化的互动，还原一个近现代中西文明交流的生动案例，也是物理学史与社会史融合研究的一次新的尝试。以跨文化的视角关注科技史，有助于考察近现代科学观和科学文化的形成，从科技全球化和地方性两个维度关注科学技术的传播和发展，对于理解中国科学技术发展是一次有益的尝试。

第二节 已有研究的回溯

一、STS 视角下科技知识的跨文化传播

国外关于科技知识跨文化传播的相关研究十分丰富。例如，有西班牙与墨西哥、哥伦比亚之间的科技交流[①]，也有阿拉伯文明与希腊科学的融合研究[②]。萨布拉（A. I. Sabra）在分析阿拉伯科学的时候，分析了阿拉伯科学对于一般科学的意义，同时也关注其在阿拉伯本土文化中的地位，并希望建立一个关注知识跨文化交流的分析框架，弥补已有史学研究的不足[③]。西方科技跨文化传播的机制、过程和影响是STS领域长期关注的理论问题，逐渐形成了如下三种思想。

1. 实证主义模型：殖民主义与科技的全球传播

默顿开创的科学社会学传统，强调以社会学的视角来研究科学的制度与规范，避免进入科学知识的内部，在科学的社会建制中肯定了科学的客观性和普遍性。按照默顿的看法，科技在跨文化或者跨国的过程中，应是一种“理性重构”的过程。殖民主义在普遍性的意义上为科技的跨文化传播提供了一种“实证主义模型”，主要代表人物是巴萨拉和佩尔森。

巴萨拉在代表作《西方科学的传播》中，提出科技跨文化传播的“三阶段模型”，解释现代科学在非欧洲国家的传入。具体而言，16—17 世纪之间，英、法、德、意等西欧国家构成科学革命的中心，是人类近代科学最初的家园。科学逐渐从西欧介绍到东欧、非洲、印度、澳大利亚和中国等世界各地[④]。巴萨拉用三个阶段解释欧洲科学的传播过程：第一阶段，缺乏科学的非

① LAFUENTE A. Enlightenment in an imperial context: local science in the late-eighteenth-century hispanic world [J]. Osiris, 2000, 15: 155-173.

② SABRA A I. Situating arabic science: locality versus essence [J]. Isis, 1996, 87(4): 654-670.

③ SABRA A I. Situating arabic science: locality versus essence [J]. Isis, 1996, 87(4): 655.

④ BASALL A G. The spread of western science [J]. Science, 1967, 156(3775): 611.

欧洲国家为欧洲国家的科学研究提供资源，如动植物标本和矿物，供西方科学家从事研究；第二阶段，欧洲人利用著作、书刊、实验室等手段向非欧洲国家传播欧洲科学，并将欧洲的科学研究和教育功能复制到该地区，培养一批当地人从事科学活动；第三阶段，转化过程结束，当地形成了一种相对独立的科学传统和文化，当地科学家逐渐成长，能够独立地解决问题，并成为世界科学体系的成员①。作为巴萨拉思想的延续者，佩尔森进一步将研究对象从巴萨拉的“描述科学”延展到“精确科学”，提出了科技跨文化传播的三个轴：德国的研究轴——主要从事原创性的理论研究；法国的功能轴——通过搜集资料和数据，以服务法国本国科学家为主；英国的商业轴——科学工作主要服务于商业活动的需要②。

基于此形成的殖民主义科学观认为，科技在跨文化传播的过程中呈现从中心到边缘的同质单向传播过程，存在着界限分明的传播者——宗主中心和接受者。宗主中心和接受者可以是一个国家、一个民族或者一个特定的地域。如果接受者从无到有，那么要想达到一种“独立科学”的阶段，必定要经历一个“殖民科学”时代。在“殖民科学”时代，一些科学家会跟随科学的宗主中心进行学习，以增强接受者的科学水平。传播的手段是建立殖民地、军事征服、传教士活动、商业活动等。科学的全球化过程，不单单是科学知识和科学方法的散布，还是一种科学思想和科学价值的传输。如果接受者达到了能够“再创造”科学的能力，那么他就变成了一个科学活动网络中的“独立中心”。实证主义模型宣扬的欧洲中心论和文化帝国主义，忽视了当地社会的因素，简化了知识传播的机制，因此也遭遇了一些批判和质疑。

2. 后殖民主义与地方性知识

传统科学哲学家和科学史家往往只关注欧洲的近代科学体系，其他地方的科学则完全被抹杀。20 世纪 70 年代兴起的后殖民主义是基于后殖民主义

① BASALLA G. The spread of western science[J]. Science, 1967, 156(3775): 611-622.

② 肖雷波，蔡仲. 科技知识的地方性与全球性：走向后殖民技科学观研究[J]. 自然辩证法研究，2011, 27(1): 56.

批判立场建立起来的概念框架，具有强烈政治性和文化批判色彩。后殖民主义科学观的理论基础来自于库恩的《科学革命的结构》和布鲁尔（David Bloor）的SSK强纲领四原则。《科学革命的结构》通过社会学的方法研究科学知识，打开了科学知识生产过程的黑箱，使科学的客观性和合理性受到质疑。SSK的强纲领四原则进一步解构了科学的客观性，西方科技与其他地方科学并没有区别，都是社会建构的产物。

后殖民主义科学观的代表人物是女权主义者哈丁，她将欧洲科学看成“更为方便的实验室、教育、基金力量、科学杂志等方面社会组织扩张力量”[①]。欧洲科学的扩张，是一场企图将世界变成“欧洲科学的实验室”的“文化侵略”。哈丁认为，所有的知识体系都是一种地方性知识，欧洲科学具有的客观性只是衡量知识标准的一个变量，而并不是标准，欧洲科学和其他地方科学是平等的，也是一种地方性科学，从而有力地批判了欧洲中心主义[②]。后殖民主义科学观主张全面“驱赶”殖民地科学，以地方性科学取而代之。殖民主义科学观强调科学的情境性，认为科学的社会性和地方性是不可忽略的重要因素。具体而言，哈丁的理论框架中涵盖了经济、历史、社会、文化和政治等多学科的因素，并增加了种族、性别、话语等变量，以揭示科学技术及其时代下的经济、历史、政治等多要素的整合[③]。

后殖民主义科学观认为，科技发展不应只是以欧洲为中心的西方科技史，而应该成为包括多元文化的地方科技史。在后殖民主义科学观的影响下，美国围绕“印第安人起源的历史问题”在考古学与印第安人之间爆发了研究权力之争；印度知识分子类比犹太教和基督教与西方科学的关系，将印度传统科学纳入印度传统宗教之中，因此“吠陀科学”被视作科学。后殖民主义科学观借助地方性知识，有力地反驳了欧洲中心主义和文化帝国主义的思想。但后殖民主义科学观过度地强调地方性和差异性而忽视了科学技术的客观性

① 田静，蔡仲. 后殖民技科学：科学跨文化传播研究的新维度[J]. 南京理工大学学报（社会科学版），2012，25（2）：54.

② ANDERSON W. Introduction：Postcolonial Technoscience[J]. Social Studies of Science，2002，32（5/6）：649.

③ 杨颖. 桑德拉·哈丁的科学哲学思想研究[D]. 大连：大连理工大学，2006：22.

和普遍性，将宗主国和前殖民地放到同一个框架下进行分析，造成了地方性科学的隔阂，走向文化相对主义，陷入“地方性”海洋的困境①。

3. 传播的新维度：后殖民技科学

“技科学”的概念最早由比利时哲学家霍托伊斯（G. Hottois）在1979年提出，不同于将科学和技术二元对立的传统认识，技科学代表了科学与技术之间密不可分的联系。之后拉图尔丰富了其内涵，认为技科学代表了科学、技术与社会之间的“杂合网络”，各种物质的、技术的、社会的差异性要素在科学实践中共同编织出科学事实。科学事实的产生是通过杂合体建构出来的，过程中需要“丰富的经济和政治资源，良好的基础设施和自然、仪器、科学家之间的相互协调”②。后殖民技科学吸收了技科学的概念，同时借鉴了拉图尔的行动者网络、皮克林的冲撞理论和赛义德的旅行理论作为其理论基础。

拉图尔的行动者网络包含行动者、转义者和网络三个核心概念，其基本理念是科学知识应该从具体的、历史的、实践的维度进行理解，自然和社会的要素不加区分地参与了知识的创造，而创造出来的知识又重构自然和社会。行动者网络打破了对于自然和社会的二分法，进入考察科学与社会互动的研究路线，科学与社会之间相互建构和演进，构成了一张无缝之网③。尽管行动者网络依然具有欧洲中心主义的诸多特征，但是为后殖民研究提供了新的分析工具。皮克林在拉图尔的基础上提出了实践冲撞理论，勾勒了科学实践中物质力量和人类力量的相互交织、阻抗与适应的辩证过程④，为理解科技跨文化传播过程中产生的阻抗、竞争、适应和变化提供了新的视角。赛义德在《理论的旅行》中将“理论旅行”描绘为“理论起源——一定距离的传播—接纳或抵制的一些条件—在新的环境中理论部分或者完全接受”四个阶段。理论旅行是一种时空中的实践过程，“在这个过程中原本空洞而抽象的理论将会

① 肖雷波，蔡仲. 科技知识的地方性与全球性：走向后殖民技科学观研究[J]. 自然辩证法研究，2011，27（1）：57.

② 邢冬梅，武天欣. 超越科学实在论：技科学的哲学思考[J]. 江苏社会科学，2018（4）：172-173.

③ 郭明哲. 行动者网络理论（ANT）[D]. 上海：复旦大学，2008：10.

④ 王娜，吴彤. 皮克林的科学实践观初探[J]. 自然辩证法研究，2006（7）：34.

物质化和具象化，而这种具象化会使本土的策略凸显，展现出西方科学在跨文化传播中遭遇的抵制、变形、让步、本土化等一系列应对策略和实际的技术运作"[①]。旅行理论为理解科技的跨文化传播的过程和机制提供了"实践"的视角，在实践的过程中，地方性的回应使抽象的科学技术逐渐具象化。

后殖民技科学开始重新理解普遍性和地方性的问题，认为西方科技与地方科技、西方文化与地方文化是一种相互作用的辩证关系。安德森作为后殖民技科学的代表人物之一，在*Social Studies of Science*杂志"后殖民技科学"的专栏中谈道："后殖民技科学应该以一种崭新的方式认识不断变化的资本主义政治经济和科学，在全球和地方性的相互作用中得到重组，研究如何促进人、实践、技术的跨国交流，研究当代知识产权的竞争……我们希望在科学论和后殖民主义的密切交流下，能够以不同的方式看待技科学的发展，能够获得更多异质性的资源，揭示更加完备的地方性交易模式，这些研究将会产生全球性和普遍主义的新主张。"

因此，尚在发展中的后殖民技科学为重新理解科技知识的跨文化传播提供了新的思路。科技知识的跨文化传播不是简单的由高到低进行传播，而是特定条件下经济、政治等多元互动的产物。考察科技的跨文化传播既不能忽视欧洲科学的主导性，也不能忽视地方性知识与情景的意义，二者是对立统一的辩证关系。科技知识跨文化传播的普遍性和地方性缠绕在一起，西方在改造非西方的同时，非西方也在改造西方。后殖民技科学作为一种折中方案，引发了科技哲学家、科学史家和传播学者的思考。

实证主义模型强调科学技术的客观性和普遍性，将科技知识的跨文化传播看成一个"单向、线性、同质化"的扩张。后殖民主义科学观强调科学技术的地方性和差异性，将科学技术看成一种地方性文化综合作用的产物。后殖民技科学通过重新认识科学的地方性和普遍性的辩证关系，认为科技的跨文化传播是一个科学、技术与文化互动的过程，在互动过程中，科技在改造文化，文化也在改造科技。以上这一系列研究，为本研究的开展提供了可以

① 蔡仲，田静. 科学、后殖民主义与全球化[J]. 苏州大学学报（哲学社会科学版），2013, 34(1): 33.

借鉴的问题视角和方法论层面的启示。已有的研究发现，西方科学技术在中国的传播是一个科学技术与文化相互作用的过程，后殖民技科学启示西方科技知识在中国的跨文化研究应该放到本土化的语境和历史中思考问题。

二、西方科技在中国传播的实践研究

从20世纪90年代开始，STS的研究逐渐从理论优位转向研究科学实践的细节。西方科技在近现代中国的传播反映了东西文明之间的互动与交融，是对已有研究的补充。近年来，西方科技如何在中国进行传播逐渐成为科技哲学界和科技史界关注的热点。例如，在科研项目方面，2011年，中国科学院自然科学史研究所启动实施“科技知识的创造与传播”研究项目，研究中西科技知识的交流和传播，形成了一系列成果。该项目旨在突破“成就描述”的范式或各种“中心论”的束缚，不仅着眼于厘清知识创造与传播的史实与机制，准确展现知识发展的历史图景，还要“认识科技知识发展与社会、政治、经济、文化等因素的互动关系与动力机制”①。从项目的要求可以看出，当前的研究正在经历从传统历史叙事到科技与社会互动关系研究的转向。在综合著作方面，谢清果编著的《中国近代科技传播史》聚焦于近代以来科技在中国传播，从翻译、留学、教育、工业等视角展现近代科技在中国的发展②。王扬宗编校的《近代科学在中国的传播（上下册）》通过总结丰富的史料，展现了西方科技传入中国的主要脉络和途径③④。在学术论文方面，研究则更加丰富，主题既涉及光学、力学、进化论、相对论、优生学等科学领域，又涉及采煤、传真、注射技术、无线电报等技术领域，同时还讨论到了西方科技在中国的传播模式和特征。科技史领域对于科学技术在中国传播的关注，为深入理解科技在中国的跨文化传播提供了理论启示和经验材料。具体综述如下。

① 资料来源：中国科学院自然科学史研究所，重大突破项目。

② 谢清果. 中国近代科技传播史[M]. 北京：科学出版社，2011.

③ 王扬宗. 近代科学在中国的传播：上（文献与史料选编）[M]. 济南：山东教育出版社，2009.

④ 王扬宗. 近代科学在中国的传播：下[M]. 济南：山东教育出版社，2009.

1. 西方科技在中国传播的特征与影响

相关文献主要关注西方科技知识通过期刊、译著和教科书进入中国的途径和过程。田锋对西方显微镜知识的传播进行探究，发现显微镜知识主要是通过西方传教士与中国知识分子合作，以“西译中述”的方式进行传播。显微镜作为认识微观世界的全新方式，拓宽了知识分子的视野，并影响了他们的世界观①。除了西方光学仪器知识的研究之外，田锋还从历史背景、传播途径、传播内容及对于晚清知识分子的影响等方面研究了“波动光学知识”在中国早期的传播历程，发现谭嗣同等知识分子对于新知识的理解往往是通过将“波动光学知识”融入自己的学说和世界观中，从而接受光的波动说②。施若谷认为晚清时期西方物理学在中国的传播使中国从传统物理学走向近代物理学，传播的结果开拓了中国人认识自然现象和本质的视野，为中国融入世界主流物理学奠定了基础③。白秀英通过分析相对论在中国传播的时代背景、传播者、途径、内容及效果，发现相对论主要通过欧美和日本的归国留学生传播，尤其以北京、上海、武汉为中心，借助罗素和爱因斯坦来华活动，通过报纸、期刊和图书传播相对论的学理，使之成为20世纪20年代影响中国社会发展的科学事件，改变了国人的科学观、时空观和宇宙观④。

技术在传播过程中往往会遇到接受和社会化的问题，因此在传播模式和影响方面与科学稍有不同。乔金霞的博士论文以电化教育为研究对象，全景展示了电化教育传入中国的时代背景、社会主体、纸媒报道、实践应用、接纳以及学科建构过程，传播的渠道由单一转向多元，传播的内容由应用转向理论，传播的效果使得国人逐渐接受这一事物，并最终导致了学科的建制化⑤。王沛将传真技术在中国的传播过程分为知识传播、技术原理传播、实物传播、本土吸收和应用研究四个阶段，传播过程以期刊为主要传播媒介，以电讯工

① 田锋. “显微镜知识”在十九世纪中国的传播与影响[J]. 自然辩证法研究，2015, 31(8)：79–83.

② 田锋. “波动光学知识”在中国的早期传播[J]. 自然辩证法研究，2017, 33(1)：71–75.

③ 施若谷. 晚清时期西方物理学在中国的传播及影响[J]. 自然辩证法研究，2004(7)：85–88.

④ 白秀英. 相对论在中国的传播(1917—1949)[D]. 西安：西北大学，2013.

⑤ 乔金霞. 电化教育在中国的传入及其学科建构[D]. 武汉：华中师范大学，2015.

程高等教育为依托，支撑其在中国传播的社会化过程①。李彦昌关注了片剂技术传入中国后，讨论中西药物服用体验差异的话语建构过程。这种差异一方面强化了西医和西药的优势地位，另一方面促进了片剂技术在中国的本土化和民族化②。刘晓君着眼于采煤等工业技术的传入及其带来的现代工业的生产和管理体系，这些技术促进了西方工业文明与本地文化的激烈冲撞，并塑造和影响了当地的生活方式和思维方式③。上述研究从历史的角度进行分析，在结论的探讨中已经初见跨文化视角的端倪。

2.西方科技在中国传播的影响因素

对于晚清时期中国科学技术传播的模式，高建明和李斌提出了内向收敛的传播模型，首先是教会传教时附带的科技传播，其次是洋务官员、近代企业的上层传播，然后是设立晚清科学教育体系，最后才是科学共同体的萌芽。因此，近代中国的科学传播从一开始就受到文化、政治和经济因素的较大影响④。在传播影响因素方面，李楠运用文献梳理法、科学史分析与考证法，对1873—1937年的科技期刊和重要图书进行考察，对生物进化论在中国的传播作了全面梳理，发现严复、陈独秀等进步人士将生物进化论异化为社会进化论的策略是造成进化论空前深入传播的原因⑤。孙庆华和包芳勋考察了向量知识在中国的传播过程，提出20世纪30—40年代中国高等教育的蓬勃发展推动了向量理论在中国的广泛传播，成为学者们交流的热门课题；中华人民共和国成立后，向量成为物理和数学课程的一部分；再后来经过教育改革，向量进入高中数学，成为了一项基本的知识基础。知识的传播经历了接受、吸收和本土化的过程，并受到大环境变化的影响⑥。李彦昌在注射技术的传播中发现，注射观念的形成不但受到个体心理恐惧的影响，还要突破传统

① 王沛. 传真技术的引入与在华传播[D]. 西安：西北大学，2017.

② 李彦昌. 剂型、技术与观念：片剂技术在近代中国的传播[J]. 中国科技史杂志，2017, 38(2)：127-142.

③ 刘晓君. 近代采煤技术在开平煤矿的应用及影响[J]. 自然辩证法研究，2016, 32(4)：117-120.

④ 高建明，李斌. 论晚清时期中国科学技术传播模式[J]. 自然辩证法通讯，2008(3)：14-20, 110.

⑤ 李楠. 生物进化论在中国的传播(1873—1937)[D]. 西安：西北大学，2012.

⑥ 孙庆华，包芳勋. 向量在中国的传播[J]. 太原理工大学学报(社会科学版)，2006(2)：29-33.

观念的束缚，形成了西式疗法和中式疗法之间既相互排斥又相互兼容的复杂局面①。

张峰和陈玮通过《奇器图说》在中国的传播特征，发现西方力学知识在中国的传播受到中西传统差异、明清受众的特质等因素的影响，以致在传播过程中出现了力学知识理论和技术的割裂，并不断地接近中国力学传统②。中国传统文化对于力学知识的接受更关注其实际应用，而忽视动力学基础，士大夫关注的力学理论和工匠关注的力学实践逐渐疏远，最终力学知识的传播呈现出理论力学和技术力学两种不同的路径和走向③。聂馥玲对于晚清科学译著《重学》的翻译与传播发现，《重学》中概念的取舍、叙事方式的调整和重刊时增加的“卷首”，表面看起来是为了适应中国人阅读的习惯，实际上是“两种异质文化的碰撞”，更深层次的是受到当时中国传统思维方式和西方科学思维方式的冲突与选择的结果，这种冲突影响了对于原作知识的接受④。在传播者的层面，陈滨琼和李志红将英国传教士艾约瑟的在华科学传播成功的策略总结为：主动适应本土文化、淡化传教主题、与本土学者合作以及良好的沟通技巧等⑤。

3.传播过程中科技名词术语研究

科技名词的转译是科技传播中的重要一环，有的学者深入到具体的科技名词概念中，分析概念变迁背后的社会机理。李彦昌和张大庆发现“中药”和“西药”两个称谓的采用，是从“华药”“洋药”“科学药”“国药”等多个概念中筛选、提炼和优化的结果，其间经历了中药和西药的优势互换⑥。聂

① 李彦昌. 由技术而观念：注射知识与实践在近代中国的传播[J]. 近代史研究，2017(3)：130-147.

② 张峰，陈玮. 论明清西方力学知识在华传播的特征：以对《奇器图说》的受众分析为例[J]. 自然辩证法研究，2017, 33(3)：74-78.

③ 张峰，陈玮. 明清西方力学在华传播路径研究[J]. 北京理工大学学报(社会科学版)，2017, 19(6)：161-165.

④ 聂馥玲. 晚清科学译著《重学》的翻译与传播[D]. 呼和浩特：内蒙古师范大学，2010：175.

⑤ 陈滨琼，李志红. 简论艾约瑟的跨文化传播策略[J]. 自然辩证法通讯，2015, 37(6)：9-13.

⑥ 李彦昌，张大庆. 华夷之辨与中西之别：中国近代早期药物称谓的分化与演变[J]. 中国科技史杂志，2015, 36(3)：336-347.

馥玲和郭世荣发现“重学”一词在明朝是西方Mechanics的译名，在20世纪30年代完全被“力学”取代，整个使用和演变的过程体现了力学知识体系在晚清的消化与吸收[①]。徐丁丁从Penicillin的中文译名演变分析，发现社会大众和科学家群体在科学传播过程中扮演的不同角色[②]。王广超对于物理名词Moment的考察发现，最初传教士对其的翻译非常混乱；之后随着日文教科书的出现，日语名词“能率”被广泛使用；而以严复为代表的中国士人以铸造新词为回应，但是影响并不大；最终“矩”的定名与科学共同体和学术管理机构的干涉直接相关[③]。以Penicillin、Moment等为代表的科技名词的演变过程体现了相关方面在科学认识逐渐建立中的互动和博弈。

近年来，科技史界对于西方科技在中国的传播投入了大量的精力，在经验材料收集和整理方面收获颇丰，从经验总结的层面提炼了若干西方科技在中国传播的模式、特征和影响因素，并围绕译名产生过程中的社会动因展开了讨论。以上研究在微观层面介绍了西方科技与中国社会、文化、教育的关系，包含着科学与社会互动的视角，为本研究提供了很好的借鉴。通过已有的研究，可以在总体上看出，西方科技在中国的传播既受到文化与社会的影响，同时也反过来影响了中国的社会发展和文化变迁。上述研究证明了跨文化传播中的地方性因素的客观存在，为提炼跨文化传播的分析框架提供了经验支持，科技史的主要工作集中在历史的铺陈，对于理论层面的总结和提炼探讨比较少。本研究立足于前人研究，建立科技知识跨文化传播的分析框架，对X射线知识在中国传播的相关资料进行搜集分析，从内史和外史两个角度展开，将跨文化传播的视角应用于分析中国近现代科技发展的案例，总结跨文化传播的机制和过程。既关注科技知识在跨文化传播中对于地方文化和社会的影响，也关注地方文化和社会对于科技发展产生的烙印，这是本研究要探索和补充的地方。

---

① 聂馥玲，郭世荣. 晚清西方力学知识体系的译介与传播：以“重学”一词的使用及其演变为例[J]. 自然辩证法通讯，2010, 32(2)：65-70, 127.

② 徐丁丁. Penicillin（青霉素）中译名的变迁[J]. 中国科技史杂志，2015, 36(3)：325-335.

③ 王广超. 物理学名词moment中文译名之创制及变迁[J]. 自然科学史研究，2013, 32(2)：214-226.

三、已有的“X射线知识”相关研究

X射线知识广泛分布在基础科学、医疗技术和工业应用等领域。一些科学家和科学史家关注X射线知识，形成的研究成果分为三个主题：X射线发现的早期历史及其意义、中国科学家对于X射线物理学的贡献、X光机技术与社会的互动。

1.X射线的早期历史及其意义

对于X射线发现过程的历史回顾，宋德生分析了伦琴发表的关于X射线研究的三篇通讯《一种新射线》《一种新射线（续）》《对X射线性质的进一步观察》①。X射线的发现是现代物理学革命和科学革命的起点②，通过相关领域诺贝尔奖获得者的分析不难发现，X射线对自然科学、工业和医学领域都产生了深远的影响③。肖进将X射线发现的历史经验总结为：科学方法始终是揭示自然奥秘的钥匙；观念革命是科学革命的前提，解放思想是科技发展的契机；现代科技是第一生产力；无私奉献是科学界的光荣传统④。

沈慧君和郭奕玲在《观微探幽X射线与显微术》一书中对20世纪整个X射线物理学的发展与应用进行了通俗化的介绍⑤。苑红霞梳理概括了1895年至20世纪30年代X射线早期的研究历史⑥。X射线被发现后，许多科学家投身到了X射线的研究中，苑红霞和刘战存分别梳理了劳厄（M. V. Laue）和布拉格父子（W. H. Bragg，W. L. Bragg）在研究晶体衍射过程中其科学思想的形成⑦⑧。张国英等关注了巴克拉（C. G. Barkla）研究X射线散射规律、证

① 宋德生. 关于伦琴的三篇通讯：纪念X射线发现100周年[J]. 物理，1995，24（8）：491-496.

② 阎康年. X射线的发现与现代科学革命：纪念发现X射线100周年[J]. 自然辩证法通讯，1995（6）：46-53.

③ 李美亚，张之翔. X射线的发现及其对现代科学技术的影响：纪念伦琴发现X射线100周年[J]. 物理，1995（8）：474-482.

④ 肖进. 论X线发现100年的历史经验[J]. 医学与哲学，1995（11）：571-573.

⑤ 沈慧君，郭奕玲. 观微探幽X射线与显微术[M]. 上海：上海科技教育出版社，2000.

⑥ 苑红霞. X射线的发现及其早期研究的历史回顾[D]. 北京：首都师范大学，2003.

⑦ 苑红霞，刘战存. 劳厄对晶体衍射的发现[J]. 大学物理，2004，23（5）：47-50.

⑧ 刘战存，苑红霞. 布拉格父子对X射线晶体衍射的研究及其启示[J]. 首都师范大学学报（自然科学版），2006，27（1）：32-36.

明X射线的偏振性、发现元素发出的X射线辐射具有和该元素有关的标识辐射的贡献①。徐克耀等研究了西格班（Karl Manne Georg Siegbahn）为适应不同波长的测量精心改进X射线光谱仪、X射线管，发现标识谱中M和N线系所作的重要贡献②。肖明关注了亨利·布拉格和巴克拉之间关于X射线本质的粒子说和波动说争论③。

2. 中国科学家对X射线物理学的贡献

在X射线物理学发展的历史长河中，不乏胡刚复、吴有训、余瑞璜等中国科学家的身影。中国第一位从事X射线研究的物理学家是胡刚复，他的博士论文就是《X射线的研究》④，其研究实质上构成了发现康普顿效应的前奏⑤。吴有训的研究不但验证了导师康普顿（A. H. Compton）的工作，还发现不同元素中电子的运动状态的不同，康普顿在后来出版的专著中引用了吴有训的工作，并给予了很高的评价⑥。吴有训回国后继续对X射线气体散射问题进行了研究，被严济慈评价为“实开中国物理研究之先河”⑦。

20世纪20—30年代，英国曼彻斯特大学是X射线晶体学研究的前沿阵地，来自中国的陆学善、余瑞璜、郑建宣三位留学生有幸在1934—1936年间先后在该校学习，并且都在物理学家劳伦斯·布拉格的指导下进行X射线晶体学的研究⑧。三人学成回国后继续从事晶体学研究，推动了我国晶体学的建立与发展。1932年初，北平研究院和北平中法大学合作设立北平研究院镭学研究所，专门研究放射性物质和X射线，并设立专门的X光研究室，这在

① 张国英，苑红霞，刘战存. 巴克拉对X射线的实验研究[J]. 首都师范大学学报（自然科学版），2005，26（2）：36-39.

② 徐克耀，刘战存，苑红霞. 西格班对X射线光谱学发展的贡献[J]. 首都师范大学学报（自然科学版），2006，27（2）：35-38.

③ 肖明. W. H. 布拉格和巴克拉关于X射线本质的一场争论[J]. 培训与研究：湖北教育学院学报，2001（5）：10-13.

④ 凌瑞良. 中国物理学前辈：胡刚复[J]. 大学物理，2009（4）：43-51.

⑤ 孙家宁，孙长山. 中国物理学家在X射线领域的重大贡献[J]. 物理教师，1995（10）：29-31.

⑥ 王大明. 康普顿效应与吴有训的实验[J]. 自然科学史研究，1987（3）：281-292.

⑦ 王大明. 吴有训在X射线气体散射问题上的贡献[J]. 物理，1987（12）：753-756.

⑧ 尹晓冬，何思维. 劳伦斯·布拉格在曼彻斯特的三位中国学生：郑建宣、陆学善、余瑞璜[J]. 大学物理，2015（11）：38-46.

当时全国的研究所中尚属先例[①]。1936年底，陆学善从英国留学归国，随即被镭学所聘为专任研究员，开展X射线晶体结构研究[②]，与黄昆一同在X射线晶体结构和X射线漫散射方面开展工作[③]。

3.X光机技术与社会

近代报刊是中西文化交流的重要桥梁，其对X射线知识传播的过程反映出报刊在传播科学文化知识中的社会教育功能。王民和邓绍根考证了伦琴发现X射线后，向国人报道这一科技新闻的盛况[④]。近代中国报刊在“西学东渐”的背景下，关注世界先进科学技术，传播科技知识，包括X射线的用途、X射线技术的发展和X射线的原理及其危害，引起了社会反响[⑤]。基于多种资料来源和记载，学界围绕着中国何时引进第一台X光设备众说纷纭[⑥⑦⑧⑨]。戴吾三经过重新考证，认为1897年12月之前苏州的博习医院最早购买和引进了一般透视和检查用的简易X光机，1903年，博习医院购买了可供临床诊断的全套X光机设备，并实际运用于临床实践[⑩]。围绕X光机与社会的研究，学界还关注了X射线在工业方面的作用，如金属检测、焊接检测，包括工业射线照相的历史[⑪]，X射线探伤机的历史[⑫]等。

综上所述，有关中国X射线物理学的发展研究已经取得了很多成果，为本研究主题提供了良好的案例支撑。但其中仍有许多问题尚待解决，关于X射线物理学发展的资料，主要停留在关键人物、某个时段、某个地域的情

---

① 张逢，胡化凯. 北平研究院镭学研究所的研究工作（1932—1948年）[J]. 中国科技史杂志，2006，27(4)：318-329.

② 王冰. 物理学家陆学善先生传略[J]. 中国科技史料，1983(3)：76-85.

③ 唐廷友. 著名物理学家陆学善[J]. 物理，1992(10)：628-632.

④ 王民，邓绍根.《万国公报》与X射线知识的传播[J]. 中国科技史料，2001(3)：41-44.

⑤ 徐生忠. 近代中国报刊对X射线知识的传播[J]. 莆田学院学报，2012(4)：83-87.

⑥ 谢振声. 吴莲艇与中国第一台X线诊断机[J]. 中国科技史料，1992(3)：34-36.

⑦ 闵杰. 近代中国社会文化变迁录第二卷[M]. 杭州：浙江人民出版社，1998：45.

⑧ 刘善龄. 西洋风：西洋发明在中国[M]. 上海：上海古籍出版社，1999：273.

⑨ 邓绍根. 中国第一台X光诊断机的引进[J]. 中华医史杂志，2002(2)：99-101.

⑩ 戴吾三. 1897年苏州博习医院引入简易X光机[J]. 中国科技史料，2002(3)：47-50.

⑪ 李衍. 工业射线照相的历史[J]. 无损探伤，2002(5)：1-5.

⑫ 赵久. X射线探伤机的历史发展与展望[J]. 试验机与材料试验，1987(5)：1-5.

况，零散的历史史料需要认真梳理提炼，为论文的学术观点提供史料支撑。关于X射线技术应用的关注较少，需要进行全面的归纳提炼、系统整理。关于科学技术发展与社会环境的相互作用，部分文献略有提及，还需要全面系统的分析研究。

四、文献述评

在STS研究中，后殖民技科学认为科技发展的地方性和全球化是辩证的关系，科技的跨文化传播实际是科学、技术与文化互动的过程，在互动过程中科技在改造文化，文化也在形塑科技。目前，科技跨文化传播理论为解释西方科技在中国的传播事实提供了启示，但是要理解西方科技知识在中国的跨文化传播，还需要回到中国的语境和已有的研究中进行探索，是值得弥补的空白。丰富的科技史研究从经验总结的层面提炼了若干西方科技在中国传播的模式、特征和影响因素，并围绕译名产生过程中的社会动因展开了讨论，印证了跨文化传播中本土性因素的客观存在，为提炼跨文化传播的分析框架提供了经验支持。关于X射线知识的研究，从X射线发现的历史、中国科学家的贡献、X光机技术应用等角度为进一步的历史分析奠定了基础。

第三节　研究思路与方法

一、研究思路

本研究旨在探究西方科技知识在中国进行跨文化交流过程中，普遍性和地方性的互动，以及传播的过程、机制和影响。首先，在现有西方理论和中国近现代科技传播研究的基础上，构建一个具体可行的分析框架，以分析科技跨文化传播在中国的机制和影响；其次，按照分析框架，对X射线科学技术在中国的传播和发展历史进行系统考察，阐述其传播背后的机制、过程和影响；最后，在前述研究基础上，对中国发生的科技跨文化交流进行解释和总结，形成更为一般的研究结论。

本书的篇章结构如下：

第一章绪论部分，论述科技跨文化传播的研究背景、研究思路和研究方法，综述国内外在相关问题上的研究现状，总结本研究的创新点。

第二章对科技跨文化传播的理论问题进行分析。首先对科学、技术、文化和跨文化传播的概念和内涵进行辨析；将科技的跨文化传播定义为科学技术在不同文化群体或组织之间交流与互动，最终在另一种文化群体或组织中得到接受、传承与发展的过程；对比跨文化视角与相关概念的区别和联系。随后，本研究对西方科技在中国的跨文化传播进行阐述，包括中国文化的特质，中国近代以来对西方科技认识的变化，以及传播过程中的行动者。从立体多维的视角认识科技在跨文化语境中的传播，构建一个包含观念层、实践层和响应层的分析框架分析整个跨文化传播过程。

之后，运用上述分析框架对X射线知识在近现代中国的传播进行分析。本研究将X射线知识在中国的传播分为三个维度：观念的互动、实践的体验和社会的响应。第三到五章分别以社会传播和概念对译，X射线应用的传入、接受、应用和推广，X射线学术研究谱系的形成和相关知识在教科书中的呈现为主线，考察科技跨文化传播的过程和机制。

第六章对案例中知识的普遍性和地方性进行反思和总结，理解科技跨文化传播的关键是知识的普遍性和地方性的关系。提出“冲撞—镶嵌—再造”的解释框架，理解科技跨文化传播的过程。最后讨论科技跨文化传播对于实践的影响和若干启示。

第七章为结论，总结全文观点，指出研究的不足和对未来的展望。

二、研究方法

本研究需要兼顾理论讨论和案例分析，吸收社会学、经济学和历史学等多学科的理论和方法，获取的经验材料主要以搜集一手文献资料为基础，利用案例分析法、文献分析法、文献计量法将理论和案例相结合。

案例研究法：通过对X射线知识在中国传播的案例分析，从多个层次展示X射线知识传播的路径和特征。具体的案例研究可以对典型的时间、人物进行深入的分析，以验证分析框架并解释传播过程和机制。

文献分析法：运用文献分析法对现存的历史文献进行整理分析，需要尽量全面地掌握X射线知识在中国传播的情况。一手文献的掌握和分析情况往往决定着研究的成败，本研究关注的相关X射线的历史文献丰富且分散，包括地方档案、海关档案、图书、论文、社会报道、图像及影像资料等，将散布在各处的资料搜集整理起来具有较大的挑战。

为了尽量全面地掌握X射线知识传播的资料，本研究主要利用三类文献：第一类，数据库资料。X射线物理学相关的文献资料较为分散，利用瀚堂近代报刊、全国报刊索引、大成老旧及中小学教科书全文库等数据库，搜集有关X射线的社会新闻报道和教科书文献。第二类，档案等一手资料。为获得代表性城市的档案资料，先后赴西安、苏州、南京、上海、广州等地，对陕西省档案馆、苏州大学医学院、国家第二历史档案馆、上海市档案馆、广东省档案馆、国家图书馆等相关的档案馆，以及上海博物馆、苏州博习医院、上海仁济医院、长沙湘雅医院、广州博济医院等历史旧址进行实地考察，获得许多有价值的一手历史资料。第三类，已经公开出版的文章、报道、著作和地方志等参考材料。通过对这些资料进行分门别类的梳理和分析，挖掘X射线知识传入中国的历史事实，同时结合STS的理论进行总结分析，揭示知识传入与社会的互动机制。

文献计量法：不但要对搜集到的文献资料进行定性的内容分析，还要运用统计描述和定量分析，并借助表格和图表展示基本史实及趋势。本研究通过文献计量的方法分析X射线相关知识的传播情况，探讨不同时期X射线知识发展的特点。

除了上述研究方法之外，X射线知识的传入和发展还涉及文化心理的变化。因此，还涉及传播学、心理学和社会学等学科的视角分析。

三、研究难点和创新点

作为一项探索性研究，本文至少面临三方面的难题：第一，理论难度。基于西方殖民主义和后殖民主义背景下提出的科技跨文化传播理论，构建西方科技在中国跨文化传播的理论框架，并结合案例具体分析运行机制，对理论提出了不小的要求。第二，资料搜集和甄别。虽然已经有不少学者在探讨关于X射线科技在中国的发展历程，但是要达到本研究的要求，还需要掌握更多的历史细节，因此对资料的搜集和甄别提出了很高的要求。第三，西方科学和传统社会的互动，是一个宏大而复杂的历史图景，若与研究框架相结合，在分清条理、准确描绘上具有一定的挑战。

作为应对上述挑战的回应，本研究具备了如下创新之处：第一，运用科技跨文化传播的理论，尝试系统分析某个近代西方科技知识在中国的传播；第二，从科技与社会互动的角度研究科技的跨文化传播，吸收借鉴了“实证主义模型”“后殖民主义”和“后殖民技科学”的思想，丰富了科技跨文化交流的理论基础；第三，提出了解释科技跨文化交流的概念、分析框架和过程理论，有助于更深入地把握这一复杂社会现象背后的特质和规律。

第二章

分析框架的构建：西方科技在中国的跨文化传播

第一节　相关概念的辨析

科技的跨文化传播是一个由“科学技术”和“跨文化传播”组成的复合概念，由于“科学技术”这一概念本身就有“科学”和“技术”两个含义，而“跨文化传播”又是传播学、语言学和国际关系关注的多学科交叉领域，这导致了科技跨文化传播概念的复杂性。本章先简要考察各个概念的含义，再定义本研究所理解的科技跨文化传播。通过对科学、技术、文化与跨文化传播等概念的梳理与分析，为接下来分析框架的构建奠定理论基础。

一、科学、技术与文化

1. 科学

“科学”一词源于拉丁文“scientia”，本义指知识和学问，英、法、德语中的科学均由此衍生，含义也与“知识”类似。中国古代用“格物致知”表示探索事物的原理并获得知识，中国近代借鉴日文的翻译“科学”用来代替“格物致知”。至于究竟什么是科学，从不同的方面产生了不同的理解。从产生的过程看，查尔默斯（A. F. Chalmers）认为“科学是从经验事实中推导出来的知识”。英国科学家达尔文（C. R. Darwin）也认为“科学就是整理事实，以便从中找到普遍规律”。进化论提出的基础是达尔文本人历时五年在四大洲三大洋收集的实物，然后进行分类、比较，总结其中的规律。从整体的角度看，《辞海》定义科学是“关于自然界、社会和思维的知识体系，是实践经验的结晶，科学的任务是揭示事物发展的客观规律，探求客观真理，作为人们改造世界的指南”[①]。从社会学的视角看，美国科学社会学家小李克特（M. Richter, Jr.）认为“科学是一种社会地组织起来探求自然规律的活动”。英国物理学家、科学学家贝尔纳（C. Bernard）从多个角度考察了科学的性质，包括社会建制、方法、知识传统、生产要素等。

总之，作为知识体系，科学是逻辑连贯、自洽的；作为实践活动，科学不断修正自身；作为认识世界的方式、方法，科学是解释、探索世界真谛的有力武器和手段；作为社会建制，科学是人类社会结构、文化体系中的重要组成部分之一。科学作为人类社会的一种实践活动，具备一些鲜明的特征：首先，科学研究的目的是探索认识自然，研究对象是自然，关注的问题是“是什么”和“为什么”，最终的成果是理论或系统化、理论化的知识体系[②]；其次，科学不但具有解释性和预见性，而且因为数学方法和实验方法的结合，使各门科学具备精确性特征，科学结论系统严格、精确明晰[③]；最后，科学是特定而具体的命题，其结果一定要经得起重复性验证，“可检验性”或“可证伪”是科学区分于其他知识和常识的特征，不断发现科学知识的错误，正是科学不断进步的原因。

从更基本的层面看，无论是经验的归纳还是逻辑的演绎，科学都在通过各种方式试图建立普遍真理，总结反映客观事物的理性知识。科学被认为是普遍的、唯一的，显然也没有证据能够证明，“科学在不同时代、不同文化背景下被发现是不同的”。齐曼认为科学的唯一根源就是17世纪的欧洲，而且诞生于西方的科学在世界范围内都难逢对手，除了开展自身的批评之外，非

---

① 辞海编辑委员会. 辞海：1979年版 下[M]. 上海：上海辞书出版社. 1979：3997.

② 陈其荣. 科学与技术认识论、方法论的当代比较[J]. 上海大学学报（社会科学版），2007(6)：8.

③ 刘大椿. 科学技术哲学概论[M]. 北京：中国人民大学出版社，2011：25.

西方地区的知识对于西方科学“从未构成严重挑战”[①]。科学的普遍性奠定了欧洲科学在世界知识版图中的地位。在默顿提出的“科学的精神气质”中，包括了对于普遍主义的讨论，任何被称为真理的科学学说，都需要服从这样一条预先确立的非个人的原则，新的学说要“与观察和先前已经证实的知识一致”[②]。科学学说的接受或者拒斥，与倡导者的种族、国籍、宗教等个人和社会属性无关。

2. 技术

“技术”一词源于古希腊语“techne”，意思是技能和技艺。技术的历史源远流长，原始人类使用的石器可以看作技术的萌芽，农耕时代世代相传的手艺、技巧和制作方法也属于技术范畴，近代以来科学对于技术的影响导致了技术理论化趋势，产生了技术科学，整个人类发展历史可以看作技术进步的历史。技术概念的理解呈现多个视角，一方面代表着技能活动方式本身，同时还指替代人类活动的装置，即设备和机器。德国贝克曼（J. Beckmann）将技术定义为“指导物质生产过程的科学或工艺知识”[③]。技术史家辛格（C. Singer）将技术定义为“用来制造或生产物质的知识和装置”。波普尔（K. Popper）认为技术过程是“人类意志向世界转移的过程”，技术的目的是控制和掌握世界。技术与科学的不同之处，在于它运用自然规律来变革自然。对于技术的认识可分为广义技术与狭义技术。广义技术指在人类改造自然、改造社会和改造人本身的全部活动中，所应用的一切手段和方法的总和[④]。而狭义技术指具体的技术理论、技术工艺和技术产品。

总之，技术的本质是“人类在利用自然和改造自然的劳动过程中所掌握的各种活动方式的综合”[⑤]。技术以利用、控制和改造自然为目的，以形象思维和具象思维为思维方式，研究对象是人工自然，关注的问题是“做什么”和

① 齐曼. 可靠的知识对科学信仰中的原因的探索[M]. 赵振江，译. 北京：商务印书馆，2003：110-112.

② 默顿. 社会理论和社会结构[M]. 南京：译林出版社，2015：822.

③ 陈凡，张明国. 解析技术“技术—社会—文化”的互动[M]. 福州：福建人民出版社，2002：2.

④ 陈昌曙. 技术哲学引论[M]. 北京：科学出版社，2012：77.

⑤ 陈凡，张明国. 解析技术“技术—社会—文化”的互动[M]. 福州：福建人民出版社，2002：4.

“怎么做”，技术知识的形式是默会知识或意会知识，最终成果是某种程序或人工器物、人工系统①。通过对技术定义的阐释，可以归结出技术的要素，包括工具、机器、设备的实体要素，知识、经验、技能的智能要素，以及表征它们的结合方式和运作状态的工艺要素②。技术在发展的过程中呈现自然属性和社会属性的统一，自然属性指技术在改造自然和利用自然的过程中，也在依赖自然、受制于自然；社会属性指技术在调控和影响社会的过程中，也受到社会因素的制约。同时技术是主体要素经验、技能、技术知识和理论，与客体要素机器和设备的统一。

技术与科学类似，同样具有普遍性的特征。埃吕尔（J. Ellul）在《技术社会》中提到：目前的社会已经完全变成了一个技术社会，文化也变成技术的文化，技术获得了地理和质量层面的普遍意义，冲破国家之间和种族之间的界限和藩篱，成为所有人都能理解的普遍性语言③。如果要承认技术的理性，那么首先要证明技术逻辑的普遍性，技术的趋势具有普遍性，虽然构成趋势的一系列事件具体实现于不同的文化区域中，但趋势本身是独立于文化区域的④。闫宏秀认为技术具备的普遍性是历史与现实的事实表征，从人类诞生之初就已经开始，虽然可以找到没有司法和政治制度存在的人类社会，但是却找不到没有技术的社会存在⑤。

3. 文化

“文化”一词源于拉丁文“Colere”，有耕作、培养的意思。“文化”在中国古已有之，“文”指文字、文章等，而“化”则包含教育、教化的含义。文化是一个十分复杂、宽泛的概念，是人们生存生活的方式和准则，包含了人们在认识世界和改造世界过程中形成的一些思想和理论。文化赋予了人们特定的理念，并通过记录来沉淀人们的活动，使人们更了解自己。文明与文化

① 陈其荣. 科学与技术认识论、方法论的当代比较[J]. 上海大学学报（社会科学版），2007（6）：8.

② 陈昌曙. 技术哲学引论[M]. 北京：科学出版社，1999：81.

③ 闫宏秀. 技术过程的价值选择研究[M]. 上海：上海人民出版社，2015：33.

④ 斯蒂格勒. 技术与时间：爱比米修斯的过失[M]. 裴程，译. 南京：译林出版社，2000：50-51.

⑤ 闫宏秀. 技术过程的价值选择研究[M]. 上海：上海人民出版社，2015：31.

相互联系，大多数情况可以通用。文化科学技术与文化之间是包含与被包含的关系，科学技术是从属于文化范畴之内的一个组成部分。科学是一个不断认知和发展的过程，也可以理解为一个文化过程，具体而言，科学是个体发展在文化上的对应物，是传统知识的一种生长物，是文化发展的一种认知形式[①]。科学指向的科学知识以认识新事物为主，技术指向的技术知识以创造新事物为主。知识是人类在社会实践中所获得的认识和经验的总和，知识的积累是一个多次、反复的动态过程。知识本身与文化的关系甚密，在不同的文化氛围下，会出现不同的知识结构与知识特点。因此，在考察知识的时候，也需要考察知识所属的文化内涵。

二、跨文化传播

跨文化传播指来自于不同文化背景的个体和群体以及组织之间进行的信息传播和文化交流的活动。1959年，霍尔（E. T. Hall）出版的《无声的语言》被视为跨文化传播的奠基之作。之后美国在对外国际交往和对内移民问题的需求下推动跨文化传播研究不断深化，逐渐成为社会学、心理学等跨学科交叉的领域。20世纪70年代，跨文化传播学从人类学中分化出来成为传播学的一部分。到了80年代，跨文化研究逐渐发展到更加精细的水平，学界提出了“焦虑/不确定性管理理论”“面子－协商理论”“口语代码理论”等学说[②]。跨文化传播学旨在阐释社会中不同文化之间社会关系与社会交往活动的知识系统[③]。中国的外语学界从20世纪80年代率先引入了跨文化传播的概念，并介绍西方跨文化传播的理论，到90年代，中国的跨文化传播开始转向专业性、规范性的方向发展。

姜飞指出“跨文化”一词有多重含义，在英文中有三种表达：Cross-cultural，Inter-cultural，Trans-cultural，如表2-1所示。三种略有差别的词义

① 李克特. 科学是一种文化过程[M]. 北京：生活·读书·新知三联书店，1989.

② 吴予敏. 跨文化传播的研究领域与现实关切[J]. 深圳大学学报（人文社会科学版），2000（1）：75-81.

③ 孙英春. 跨文化传播学导论[M]. 北京：北京大学出版社，2008：3.

隐含着对跨文化传播承接递进的三种内在层次。Cross-cultural的基础含义是“跨骑”，呈现的是以商业贸易往来为主的跨文化传播活动。但是这种“跨越”不深入，仅在贸易中体现文化的差异。Inter-cultural则在“跨”的维度上增加了双边文化关系相互理解的含义，较第一层次传播更深入，但是传播过程还是单向度的。Trans-cultural则表现出无关于经济利益的前提下，在双方平等的关系上，通过“贯通”（Trans）来进行传播。在这个层次上，传播的主要内容考量的是文化差异，在深入的交互影响下，进行立体的、多维度的、双向的传播[①]。STS的学者也在Transcultural的层面上对西方科技的传播进行分析，韩国学者金宗洋（J. Kim）在研究韩国针灸和西方科学的跨文化传播和互动过程中，采用Transculturalism的概念，以强调传统医学和西方科学的某种贯通[②]。

表2-1　“跨文化传播”的含义比较

英文表达	含义	目的	特征
Cross-cultural Communication	跨骑	以经济利益为目的，入乡随俗	临时的、表面性、不深入
Inter-cultural Communication	理解	以相互理解为目的，将“我者”的文化推向“他者”	比较深入、增加了文化的分量、单边性
Trans-cultural Communication	贯通	在双边关系的基础上，考虑各自的深层结构，构造平等的国家关系模式	定位高、平等

［根据（姜飞，2013）相关概念整理］

① 姜飞. 中国跨文化传播研究的思想起点[C]. 新闻学论集第29辑，2013年6月：71-72.

② KIM J. Beyond paradigm: Making transcultural connections in a scientific translation of acupuncture [J]. Social Science and Medicine, 2006, 62(12): 2960-2972.

孙英春从日常生活层面和人类文化交往层面出发，将跨文化传播定义为“不同文化之间以及处于不同文化背景的社会成员之间的交往与互动，涉及不同文化背景的社会成员之间发生的信息传播与人际交往活动，以及各种文化要素在全球社会中流动、共享、渗透和迁移的过程”①。由于传播双方的符号系统存在差异，所以传播的过程可以看作一个符号交换过程，有效的跨文化传播是不同文化传播者之间实现共享的过程。在跨文化的传播过程中，不同文化之间的差异各不相同，当文化差异比较大时，影响传播的挫折或误差也更大，反之影响传播的挫折或误差会更小。

三、科技的跨文化传播及其特征

在科技传播的过程中，不同的认识方式、知识背景及价值判断等文化差异，导致了跨文化传播现象的存在。在不同的文化中围绕科学技术的理解认识、实践应用和本土化发展，往往会产生一系列的冲突和融合。在科学技术迅速发展、全球一体化的背景下，科技的跨文化传播变得日益突出和重要。尽管目前STS关注科技的跨文化传播，但是学界还没有从STS的视角下进行此方面的定义与分析。基于以上的概念辨析，本研究将“科技的跨文化传播”界定为：科学技术及相关知识借助各种媒介，在不同文化群体或组织之间交流与互动，最终促进科学技术及相关知识在另一种文化群体或组织中得到接受、传承与发展的过程。科技跨文化传播的特点主要体现在三个方面。

首先，传播内容围绕科学技术及其知识展开，包括科学知识、科学方法、技术知识、技术人工物和技术方法等。本研究关注的是科学技术从西方传播到中国的历史背景、传播路径、文化差异等。普遍性是科学知识的基本特征，科学知识在传播的过程中具有客观真理性和广泛适用性。虽然技术知识的传播受制于更多具体的客观条件，但依然具有较强的普适性。科技知识的普遍性导致了其在跨文化传播过程中与其他知识形态的差异。

其次，将科技的发展放在跨文化的视角下进行观察和审视。在跨文化的

---

① 孙英春. 跨文化传播学导论[M]. 北京：北京大学出版社，2008：3.

视角中，传播双方的文化背景可能基本相似，也可能在观念、思维方式、生活方式、性格等方面存在显著差异，这将在一定程度上影响科技的传播和交流。SSK质疑科学知识的客观性和普遍性，导致了地方性知识概念的形成。跨文化的视角需要考虑科学技术传播的地方性，这种地方性一方面指与西方科学知识有区别的地方性知识，另一方面指形成地方性知识所需的文化情境。

最后，传播的机制和过程具有多元、复杂性。由于文化差异的存在，跨文化传播会带来一系列的冲突，这种冲突存在于社会观念、认识和实践过程中，新知识的建立需要社会建立一整套的概念、认识、经验与之对应。科技的跨文化传播不是一个单向度、一次性的过程，而是一个双向度、多次、立体的动态传播过程。科技的跨文化传播不仅仅是知识层面的扩散，还伴随着社会建制的诞生，因此这个传播机制和过程更加多元和复杂。

四、相关概念的比较

科技的跨文化传播是一个涵盖广泛的概念，与科学传播、技术传播、科技传播等概念有着重叠交叉和关联，同时在内涵与外延上有所不同。

科学传播与其他知识或者思想传播的规律截然不同，其基础是科学真理及其代表的客观性。科学传播指科学信息借助各种媒介，在社会信息系统各层面的主体中交流、扩散、接受、传承，从而实现共享和互动的动态运行过程①。科学传播的内容不仅是单纯的科学知识，还包括科学精神、科学观念以及科学方法②。科学传播事业可以分为科学普及、公众理解科学和科学传播三个阶段③。

技术传播的主要内容是技术与技术操作等应用性知识，往往同市场密切联系。技术拥有者在市场机制的推动下，通过特定的传播媒体，有计划地将其技术成果的全部或部分传播给受众，是一种从一方独有变为双方共享的有

① 李振. 从科学传播学角度看我国近代科学落后的原因[D]. 长沙：中南大学，2003：14.

② 李正伟，刘兵. 对英国有关“公众理解科学”的三份重要报告的简要考察与分析[J]. 自然辩证法研究，2003（5）：70-74.

③ 尹兆鹏. 科学传播的哲学研究[D]. 上海：复旦大学，2004：18-20.

偿传播活动，利益是驱使技术传播的主要推动力[①]。

科技传播是基于如今科学和技术界限日益模糊的现实，在科学技术一体化发展的背景下提出的，是对科学与技术融合发展的回应。它涵盖了专业交流、科技教育、科学普及、技术推广等基本过程，承担着将科技知识从其发现者、拥有者传递输送到知识的接受者和应用者，并促进知识的学习、分享和应用的任务[②]。需注意的是，科技传播中的科学和技术并不是简单的相加，而是一种有机的融合。

科技的跨文化传播为理解科技发展提供了新的视角，既要分析科学技术在传播过程中对不同文化产生的影响，又要关注不同文化对科技传播所带来的影响。同时科学与技术在传播中的关系已经密不可分，对于科技跨文化传播的讨论应该打破科学、技术二元主体传播路径的探讨，将二者融合分析，并在更基础的层面提出讨论的新视角和新维度。本研究并不侧重于对传播学本身概念的界定和研究，主要从STS的角度对科技的跨文化传播进行分析和探讨。

科技跨文化传播相关概念的比较如表2-2所示。

表2-2　　科技跨文化传播相关概念的比较

概念	定义	传播内容	传播对象	性质
科学传播	从传播学的角度研究科学活动	科学知识、科学精神、科学方法等	多元主体，包括大众和科学家	强调传播的过程和内在机制
技术传播	在社会系统内扩散转移技术以促进采用	专业性知识和操作性知识	单一主体，指向技术用户	技术的转移和扩散
科技传播	科技从其发现者、拥有者输送到知识的接受者和应用者	科学和技术一体化发展	多元主体	与科普的概念类似
科技的跨文化传播	从跨文化的角度研究科学技术的传播	科学和技术一体化发展	身处不同的文化的多元主体	强调文化差异对于科学技术的影响

（作者整理）

① 尹兆鹏. 科学传播的哲学研究[D]. 上海：复旦大学，2004：17.

② 张敏卿，王红，胡小平. 科学技术与社会进步论[M]. 北京：现代出版社，2014：173.

第二节　近代西方科技在中国的跨文化传播

一、中国文化的特质和文明之间的冲突

文化具有民族性，正如黑格尔（G. W. F. Hegel）（1956）所指出的："民族的宗教、民族的政治制度、民族的伦理、民族的法制、民族的风俗以及民族的科学、艺术和技能，都具有民族精神的标记。"[①]中国古代的宗法社会组织，大一统的中央集权和君主专制政体，农业经济模式和半封闭的大陆地理环境，塑造了中国封建社会的儒家文化。儒家文化具有"重人文、重实用、重现实、重传统"的特点。费正清认为中国的伦理体系并不指向国家，而是以家庭为中心，中国社会的基本单位是家庭而非个人、政府或者教会，每个人的家庭为他提供了主要的经济支持、安全、教育、交际和娱乐活动。通过祭祖等一系列家庭活动，家庭甚至可以看作宗教感情的重心所在[②]。日本虽与中国的情况类似，但其通过近代以来的改革迅速实现了西化。而在中国，变革的思想虽然逐渐传播开来，但其速度非常缓慢，中国人的生活传统，如长辫子、马褂、缠足、红白喜事等依然如故。费正清在观察洋务派所兴办的邮局、报社并派遣留学生的时候，发现中国试图将西方的榜样"嫁接"到本土的传统制度上，结果本土的惰性阻碍了现代化进程并扼杀了革新的需要[③]。

亨廷顿（S. P. Huntington）在《文明的冲突与世界秩序的重建》中，将冷战后的世界分为由七个或八个主要文明或文化构成，包括西方文明、中华文明、印度文明、日本文明、伊斯兰文明、东正教文明、拉丁美洲文明和可能的非洲文明。亨廷顿认为文化或者文明是人类最高的文化归属，是必不可少的文化

① 黑格尔. 历史哲学[M]. 王造时，译.上海：上海三联书店，1956：104.

② 费正清. 中国：传统与变迁[M]. 长春：吉林出版集团有限责任公司，2008：11.

③ 费正清. 中国：传统与变迁[M]. 长春：吉林出版集团有限责任公司，2008：252-253.

认同的最大层面，冷战之后，文明或者文化之间的冲突将超越意识形态成为引起战争的主要矛盾。汤因比（A. J. Toynbee）认为西方文明对于中国和日本的冲击是类似的，这两个地方都是首先通过近代早期的宗教形式接受了西方文化，而后又加以拒绝了，再稍后，则遭到了近代晚期西方科学技术的冲击。人类文明的前景，很大程度上是"西方化了的世界"①。科技的跨文化传播也是西方文明在非西方国家传播的一部分，在当今科技快速发展的情况下，这种冲突和差异尤其值得关注。

二、中国对于西方科技认识的变化

从明末到民国时期，西方科技在中国的传播和融合深刻改变了中国对于西方科技的认识，引起了近代科学观的变化。中国传统社会对于科技的认识，大致可以分为"会通超胜""西学中源"和"师夷长技"三个阶段。科学观念的变化反映了不同时期中国社会对于西方科技的态度。

明朝末年，徐光启、李之藻等士大夫积极编译西方科学著作，组织修订《崇祯历书》，西学逐渐进入中国官方的视野中。明末士大夫阶层对待西学的态度可以概括为"欲求超胜，必须会通"，"会通"的含义就是将西方的科技与中国的学术传统融合与并蓄，以弥补中国的不足，同时弘扬中国学术传统的长处，达到对前人和西方的超越，最终实现"超胜"②。中西会通的目的是"以西学补益王化"，而不是系统地引进西方的科学技术知识。但是明末士大夫看到了西学与中法的不同，并承认西学优越之处。明末时期积极学习西学的态度，促进了大批西学译著的出现，其间《崇祯历书》也顺利完成。

"西学中源"学说最早的提出者是明亡之后遗留下来的一些儒士，固守华夏学术的正统而排斥外来的学说。1644年清军入关之后，一方面需要吸收借鉴西方数理科学和先进技术以制定历法、制造仪器和大炮；同时又要继承几千年来的文化传统，巩固自身地位。康熙皇帝出于政治统治的考虑，利用

① 汤因比. 历史研究[M]. 石础，缩编. 杭州：浙江人民出版社，1989.

② 尚智丛. 传教士与西学东渐[M]. 太原：山西教育出版社，2000：99.

“西学中源”来调和这两种矛盾。这样既能继续引进西方的科学技术，又避免了“以夷易夏”之嫌[①]。“西学中源”学说使中国人难以从根本上正确认识西方的科学技术，不利于西方科学技术在中国的传播，使中西之间科学技术的差距进一步拉大。

鸦片战争惊醒了先进的知识分子，使他们开始睁眼看世界，提出了“师夷长技以治夷”的主张，通过向西方学习先进的科学技术来发展中国。“师夷长技以治夷”的主张推动了清政府追求富国强兵的洋务运动。林则徐和魏源能够提出这样的口号，首先要承认西方科学技术的先进，其次还要具备放眼世界的眼光，这在当时需要具备很大的勇气。

此外，张之洞提出了“中学为体，西学为用”的口号，获得了康有为、梁启超、郑观应等“维新派”的拥护。中体西用的主张并不是为了调和“洋务派”和“维新派”的矛盾，也不是在保守派和西学之间折中的一种策略。即使是在西学传播过程中高举“反传统”的人，也难以摆脱传统的影响和制约，这恰恰反映的是中国传统的巨大惯性。

三、西方科技在中国传播的行动者

科技的跨文化传播不仅局限于掌握科学知识和技术经验的科学家和技术工程师。从行动者的角度考虑，至少还包括传教士、大众、医院、报刊媒体、政府、学校等利益相关者。利玛窦、汤若望等来华传教士接受过高等教育，掌握了相当的科学文化知识，把科技当作传教的手段，通过在中国编译著作、出版报刊、兴办教育和医院传播西方的科学技术，在西方科技在中国的跨文化传播过程中发挥了重要作用。报刊媒体是大众传播的主体，科技知识经由近代报刊的传播大大提高了传播的效率。但是报刊媒体作为营利组织，在传播的过程中难免受到自身立场和外界环境的影响，因此在客观性上也会有所折扣。大众是科技跨文化传播的主要接受者，主要从社会传播的层面，接受西方的科技知识并对此产生一系列的社会反应。新式学校将近代的科技作

① 尚智丛. 传教士与西学东渐[M]. 太原：山西教育出版社，2000：102.

为主要的学习内容，与传统学校有所区别，是开启民智、普及科学的重要载体。以教会医院为代表的新式医院，也是西方医学在中国传播的行动者，有力地推动了西医技术的大范围应用和普及。政府积极地引入电话、电报、军舰等民用和军事技术，并通过设立科学研究机构中央研究院和北平研究院推动科技的本土化研究，在西方科技在中国的跨文化传播过程中发挥了重要作用。

第三节　分析框架的构建：科技跨文化传播的立体结构

目前，以跨文化的视角研究科技交流和传播已经具备一定基础。STS的科技跨文化传播理论为重新理解西方科技在中国的传播开辟了新的视角和方向，科技史研究立足史料的实证分析，为西方科技在中国的传播提供了经验材料。如何将宏观的理论和微观的案例进行连接，是相关的研究从“知其然”发展到“知其所以然”的关键步骤。科技的传播过程不仅仅是一个知识逐渐扩散的过程，还是一个影响逐渐递进的过程，如果要全面地认识科技的跨文化传播，需要借鉴新的分析框架和视角进行分析。

后殖民技科学认为西方科技与地方科技、西方文化与地方文化是一种相互作用的辩证关系，跨文化传播的结果是实现本土文化与科学文化的融合。首先，科学技术在新文化环境中的传播与个体认识的建立类似，这是一个“理性”和“经验”从某种原始状态中脱离的过程①。近代科学技术对人的改变，最根本的莫过于精神层面的改变②。这种精神层面的变化体现在大众日常的“观念”之中，体现在社会认识的建立过程中。其次，“标准化”的科学

① 李克特. 科学是一种文化过程[M]. 顾昕，张小天，译. 北京：生活·读书·新知三联书店，1989.

② 肖峰. 信息技术与认识方式：兼论认知科学中的认识论信息主义[J]. 山东科技大学学报（社会科学版），2009（6）：1-2.

技术知识在中国实现“地方化”，也是一个实践建构的过程[①]。科学技术的发展和传播是一个高度实践化的活动，因此需要以“实践”的视角看待科技的跨文化传播活动。最后，跨文化传播是一个本土化的过程，西方科学在本土逐渐建立起来，并形成了一种相对独立的科学传统和文化，当地科学家逐渐成长，能够独立地解决问题，是科技跨文化传播的一个重要节点[②]，因此还需要在传播的“响应”上进一步考察其影响。

结合跨文化传播的新视角，本研究提出“互动—融合”的三层分析框架，从观念层、实践层和响应层三个维度分析西方科技在中国的跨文化传播，如图2-1所示。三个层次之间并不是界限分明的对立关系，而是三条同时延伸的线索，通过三条线索的分析，有助于全面地认识传播的过程和机制。

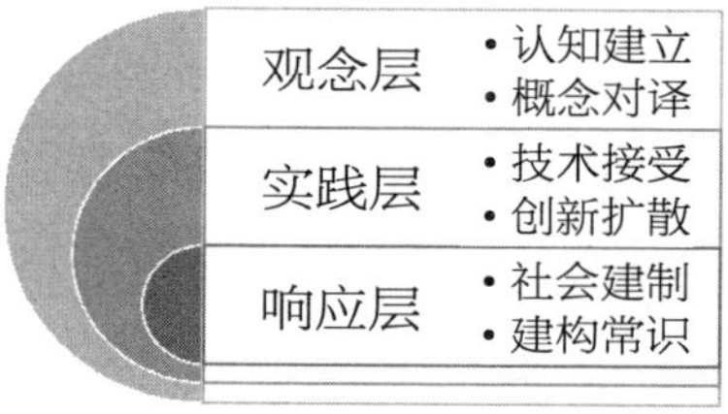

图2-1　基于“互动—融合”的科技跨文化传播分析框架

一、观念层：认知建立和概念对译

科学技术被视为人类从“必然王国”到“自由王国”的重要保证，科学技术的发展与社会密切相关，科技的跨文化传播受到来自文化和社会的制约与影响。人类在不断探索自然规律的过程中，需要不断变革和更新技术的活动，吸收外来的知识以促进自身的发展。科学技术不仅仅包含知识形态，还具备科学精神、科学方法、科学思想等文化要素[③]。科技的跨文化传播在为传

① 包和平. 李仪祉治黄河方略及其实践建构[M]//蒋劲松，吴彤，王巍. 科学实践哲学的新视野. 呼和浩特：内蒙古人民出版社，2006.

② BASALLA G. The Spread of Western Science[J]. Science，1967，156(3775)：611-622.

③ 张敏卿，王红，胡小平. 科学技术与社会进步论[M]. 北京：现代出版社，2014.

播对象带去知识的同时，也会将科学的精神、思想、方法和价值观传递出去，使传播对象建立新的社会认知，并对原有的观念带来革新和改变。从传播学的角度来看，传播为传播者和传播对象带来的变化就是相互理解范围的不断扩大。对于传播对象而言，科技的跨文化传播最直接的改变在于扩大其原有的认识领域，尤其是提升了其对于科技认识的水平与能力。

观念的革新过程伴随着新认识的建立和概念的对译。近代科学期刊和科学译著的出版促进了科学传播，对于社会启蒙和社会认知起到了推动作用[①]。概念是建立科学认知的最小单元，是传播对象理解科学技术的基础。科技在跨文化传播的过程中为传播对象带来新的认识，新认识在本土的表达需要一个“概念化”的过程，即把新传入的知识含义与本地术语的对应关系建立起来。跨文化传播中新概念的形成就是传播者和传播对象之间相互理解的过程。

二、实践层：技术接受和创新扩散

默顿认为17世纪英国之所以能够在宗教占据主导地位的情况下发展科学，主要是因为清教主义的价值观认同了科学并赞许它的存在和发展，科学被当作宗教的技术工具而得到推崇[②]。科学技术尤其是技术应用在跨文化传播的过程中往往会面临一个接受的问题，即地方性文化如何接受一个全新的外来技术应用。在近代社会文明中，社会文化对于技术的认同会直接影响到社会对于技术的接受程度[③]。例如，在日本，小型的汽车比较受欢迎，这是因为日本的观念中将汽车看作“交通工具”而非美国式的“移动住宅”，导致了汽车制造技术轻薄短小的变革在日本逐渐被大众接受。因此，不同的社会观念将会有助或者有害于技术的社会接受。

技术属于显性文化，在发明或者引进后比较容易传播和变迁，但是技

① 高建明，李斌. 论晚清时期中国科学技术传播模式[J]. 自然辩证法通讯，2008，30(3)：14-20.

② 默顿. 十七世纪英格兰的科学、技术与社会[M]. 范岱年，等译. 北京：商务印书馆，2000.

③ 王秋菊，野﨑勉. 技术文化论：技术的发展与科学、文化的产生[M]. 孔宁，郭晓颖，译. 沈阳：东北大学出版社，2014.

术传入背后的隐性文化变化较慢，而且常常具有滞后性。因此，二者之间的差异就导致社会对于技术传播的阻力。技术应用在跨文化的传播过程之初，会受到观念和认识的影响。除了传统观念，技术的接受还与技术的感知可用性和感知易用性有关，如果技术被认为是有用的，那么往往更容易获得接受，而且用户体验越好越能够获得接受，即技术的接受与使用效果和体验过程有关。而技术的跨文化传播过程可以被视作一个创新扩散的过程。创新即一种被个人或其他采纳单位视为新颖的观念、时间或事物。技术作为一种工艺，其扩散过程受到经济、工业、工人技术水平等一系列社会条件的限制。只有当一系列工艺条件完全具备之后，技术的传播才能够顺利地进行。

三、响应层：社会建制和建构常识

科技在跨文化传播的过程中，既会受到文化和社会的影响，也会对文化和社会进行重构，这种互动推动科学技术与社会的共同发展。科学事实和技术人工物对物质世界和社会世界产生影响，这些影响大到社会变革，小到重构行业领域中的发展体系[①]。例如，出版技术传入近代中国后，推动了近代中国出版业的转型，同时重塑了出版业管理体系、职业体系，并推动出版业完成“强国救民”的角色[②]。从传播者到传播对象的科技传播过程，并非单向度，而是一个相互作用的过程。科技的传入会使传播对象做出一定的“响应”，不同文化的作用可以改变原有的传播路径和形态，实现一次完整的传播闭环。传播对象的社会文化重塑科技的同时，也使科技打上文化和地方性的烙印。

在众多的响应中，社会建制的形成是科技跨文化传播的一种重要结果，标志着科学技术成为社会构成中一个相对稳定的组成部分，与科学家和技术专家的社会角色密切相关，科学技术的社会建制形成离不开经济、社会以及物质条件的支撑和保障。经过若干代本土科学家的开拓，本土学术谱系的逐

① 西斯蒙多. 科学技术学导论[M]. 许为民，孟强，等译. 上海：上海科技教育出版社，2007.

② 施威，朱珠. 技术引进与中国出版事业近代化研究[J]. 自然辩证法研究，2017, 33(12)：52-54.

渐形成、学术团体的建立、科研机构的设立以及学术刊物的创办标志着科技社会建制的形成。同时作为另一种响应，重要的科学技术知识会写入教科书中，建构为一种社会常识。一般意义上，只有经过科学界和社会共同检验过的知识才会写入教科书，成为一种固定的知识形式。

第三章

观念的旅行：X射线知识的社会传播与概念对译

X射线的发现作为现代物理学发展的一个里程碑，带动了整个20世纪上半叶自然科学的发展。1896年1月，X射线发现的消息正式被伦琴公布，X射线的报道开始在世界范围内广泛传播，以X射线为代表的全新的西方科学技术知识也在借助媒体传播改变着中国已有的文化模式。通过不同的媒介传播，让中国早期“开眼看世界”的群体接受到了西方科学技术知识，新生代群体开始以更加开放包容的心态接触西方文化。伴随着“西学东渐”的进程，X射线在中国的早期传播与晚清后期洋务运动、百日维新碰撞。X射线在中国传播的过程历经了中国的政治与文化变革。

X射线知识能够在中国快速、广泛而深入地传播，很大程度借助的是晚清兴起的近代报刊媒体。“综合性学术刊物、科普刊物、大学校刊等学术性期刊是普及科学知识、宣传科学文化的主要阵地，当时的一般性期刊如综合性刊物、政论刊物、文艺刊物等也热衷于向民众介绍科学知识，尤其是国外最新的科学发现和科学理论”①。X射线自1896年3月通过《万国公报》介绍到中国后，借助晚清政治变革后开启的一扇迎接西方科学与民主的窗口，得以及时地引入到中国。1912年中华民国成立后，在“科学”与“民主”两大

① 王春燕，朱慧娟.相对论在民国时期的传播：基于期刊文献的数据分析（1917—1949）[J]. 自然辩证法通讯，2018，40（7）：59-65.

旗帜的重要引领作用下，X射线因其快速转化的实践应用，在国内受到了持续广泛的关注。

第一节 X射线知识的社会传播概况

期刊、报纸在科学宣传与普及上起到了积极作用。本节通过文献分析和统计方法，以晚清、民国时期的期刊报纸为分析对象，从期刊类型、出版地域、文章类型等对涉及X射线内容的文章进行全面统计和整体分析，试图发现其背后的传播动机和社会心态，以此探究社会文化对科技跨文化传播的影响。

一、X射线知识在晚清、民国报刊的传播

本节基于《全国报刊索引》和《中国历史文献总库·近代报纸数据库》的文献资料，对涉及X射线和伦琴的期刊报纸文章进行了统计分析。《全国报刊索引》是目前国内搜集最全，也是最早出版发行的综合性中文报刊文献检索工具，几乎囊括了当时出版的所有期刊。《中国历史文献总库·近代报纸数据库》以国家图书馆的馆藏为主，其他图书馆所藏的报纸为辅，基本覆盖了当时的权威报纸。为了更好地分析X射线在中国的传播情况，我们主要依托《全国报刊索引》和《中国历史文献总库·近代报纸数据库》，同时辅以大成老旧等数据库，对期刊、报纸进行更为全面的检索分析。结合相关数据库的资料，一方面可以反映出X射线在中国的传播情况；另一方面可以较为全面地反映晚清、民国时期各地的社会万象与风土人情，还原当时X射线传播的历史背景。

为了准确涵盖X射线的相关文献，本节以X-ray和Röntgen的相关译名为检索词分别在数据库进行题名检索。

首先，以X-ray的不同译名为检索词进行检索。X射线初入中国时由于

名词尚未统一而导致各家报刊音译不同。我们在对中文译名进行考察①后，对X-ray的检索限定在爱克司光线、爱克斯光线、爱克司射线、爱克斯射线、X射线、X光、X线等。在检索中发现，学术性期刊较多使用X射线和X光两个名词进行命名写作，一般性期刊则在用名上呈现百花齐放的状态。

然后，以Röntgen的不同译名为检索词进行检索。我们对X射线的发现者Röntgen的不同译名同样做了题名检索，Röntgen初入国内时译名主要有以下几种：郎得根、伦得根、伦琴等，检索出共30篇。通过搜索后发现，介绍X射线的文章中一般都会带有其发现者伦琴，与伦琴相关的文章基本都囊括在X射线文章之中，说明二者有很强的关联性。因此，在下文探讨中以X射线搜索的结果开展，不再单独对科学家伦琴进行分析说明。

近代报刊在知识的传播中扮演了重要的角色，构成了近代科技知识社会传播的主要载体，对于X射线知识的认知建立具有重要的意义。受限于数据库收录原因，检索结果可能小于当时期刊、报纸所刊载的关于X射线的文章，但依然能看出X射线在中国的传播趋势情况。综合检索发现，共包含各类期刊207种，报道时间贯穿X射线知识在中国传播的整个过程。晚清、民国时期的报刊共刊载X射线知识的相关文章512篇，包括晚清时期（1896—1911）共刊载X射线知识的相关文章52篇，民国初年和中期（1912—1937）共刊载X射线知识的相关文章286篇，民国后期（1938—1949）共刊载X射线知识的相关文章174篇，为研究X射线知识在中国传播提供了重要线索。

从报刊种类分布来看，综合性报刊和科技类报刊占据报刊总数的70%以上，分别为57种和91种，而军事类报刊为2种，政治类报刊为17种，文艺类报刊为10种，教育类报刊为18种，其他报刊为12种，如图3-1所示。丰富的报刊种类反映了X射线知识在中国传播的广度，涉及的领域和话题十分广泛，其中科技类报刊的较大占比显示了其传播较强的专业性。

① X-ray射线译名内容详见本章第三小节。

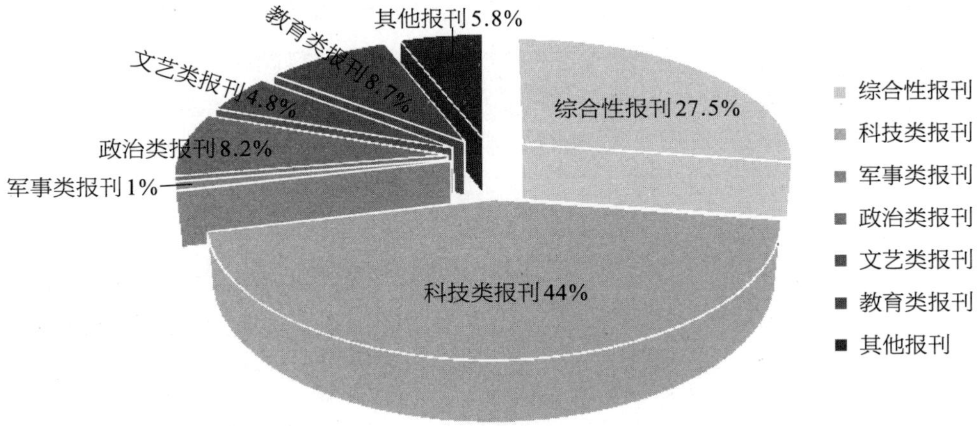

图3-1　报刊种类分布图（作者整理）

从创刊地点分布来看，上海有98种，占报刊总量的近半数，其余南京20种，北平15种，重庆6种，天津5种，广州9种，杭州4种，武汉3种，澳门1种，成都、青岛、梧州、香港各2种，鼓浪屿、贵阳、开封、岭南、绍兴、沈阳、苏州、太原、温州、长沙各1种，还有少量在海外如美国、日本和印度创刊。上海作为近代报刊发展的重镇，同时又是中国引进医用X射线技术的中心，自然成为传播X射线知识的重要阵地；南京作为中华民国首都，北平和天津作为北部重镇，汇聚了近代知名的医院，是传播X射线知识的重要节点。X射线知识在中国的传播首先从经济和政治较为发达、开放较早的城市开始，并以此为中心进一步向全国范围逐步展开。

传播X射线知识的近代中文报刊数量很多，累计刊载5篇以上的代表性报刊文章发表情况统计如表3-1所示。可以看出，发表文章篇数最多的报刊是《科学画报》，其次是《中华医学杂志》《科学》和《科学的中国》，这4种报刊共发表文章124篇。关注X射线知识最久的报刊是《科学》，历时34年；其次是《中华医学杂志》，历时28年；《科学画报》历时16年。《科学画报》作为图文并茂以普及科学为己任的科学报刊、《中华医学杂志》作为近代中国影响最大的西医学术刊物、《科学》作为中国科学社主办的综合性自然科学的报刊、《科学的中国》作为中国科学化运动普及科学的阵地，为X射线知识在中国的传播和普及发挥了重要作用。

表3-1　　近代报刊刊载X射线知识的文章情况统计

报刊名称	内容分类	文章数量	持续时间
《万国公报》	综合报刊	10篇	1896—1907年
《格致新报》	综合报刊	7篇	1898—1898年
《东方杂志》	综合报刊	6篇	1909—1935年
《申报》	综合报刊	7篇	1912—1927年
《科学》	科学期刊	28篇	1915—1949年
《中华医学杂志》	医学期刊	32篇	1919—1947年
《同济医学季刊》	医学期刊	6篇	1931—1940年
《科学的中国》	科学期刊	21篇	1933—1938年
《科学画报》	科学期刊	43篇	1933—1949年
《科学世界》	科学期刊	7篇	1935—1948年
《新科学》	科学期刊	6篇	1939—1941年
《医学文摘》	医学期刊	12篇	1947—1948年

（作者整理）

从文章类型来看，属物理类60篇，医学类151篇，其他技术应用100篇，科学普及75篇，综合社会新闻91篇。近代中文报刊传播X射线技术的文章以医学类介绍为主，介绍内容偏重于医用X射线的诊断和治疗，占总数的30%以上；其次是介绍X射线的应用，占总数的20%，显示出此时对于国内外X射线技术应用动态的关注；然后是综合社会新闻，占总数的18%，体现了社会大众对于X射线知识的关注；物理类学术文章和科普X射线知识的文章占总数的26%，反映了X射线知识在近代中国的传播已经相对专业和成熟。

对文章发表的自然年份进行数量统计，如图3-2所示。从1912年到1926年，X射线知识的社会传播总体比较平稳，仅有小幅波动，而且该阶段报道X射线的文章以综合性的社会新闻为主。X射线知识在近代中国的社会传播经历过两个高峰，第一个高峰出现在1937年抗日战争前后，从1926年开始至1944年结束，历时18年。其间正值医用X射线技术在中国逐渐普及，X光机被用于病人的透视和摄影，科学刊物开始大规模普及X射线知识，专业报刊也在该时期纷纷引进译介西方的研究成果。受抗日战争的影响，1937年后，X射线相关文章数量出现了断崖式的下跌。直到抗日战争胜利后，才在1947年前后出现了第二个高峰，从1946年开始至1949年结束，历时4年，科学研究和医学学术报刊逐渐恢复，并开始推广X光机用于身体检查。

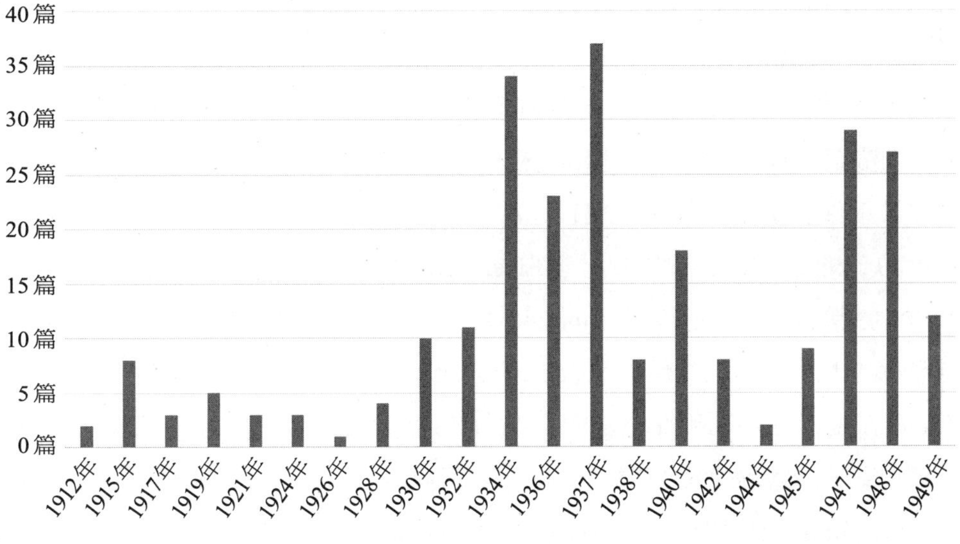

图3-2　1912—1949年X射线相关文章发表数量分布图（作者整理）

对比期刊与报纸所刊载的文章，可以发现报纸中的文章多将受众定位为普通大众，除了少量学术性的长篇论述外，多数为语言通俗的科学普及性文章，为一般读者所接受。文章多通过图表结合、知识问答、专家约稿、翻译外电等方式，介绍科学知识，普及科学理念，帮助民众树立正确的科学观，为当代纸质大众媒体在传播科学知识、提高国民科学素养方面做出了有益的探索和尝试[①]。在国人创办期刊之前，报纸承担起了科普的责任，可见报纸对X射线的知识传播发挥的重要作用。

二、面向大众的X射线知识传播

伴随着中国逐步放眼世界，系统性学习现代化的铁路、邮电系统等，期刊报纸对西方的技术设备给予了充分的关注和及时的报道。与此同时，受这些报道的影响，中国大众对西方事物的态度从观望排斥逐渐向接受转变。甲午中日战争后，报纸期刊所刊载内容除了报道技术，也开始关注更深的理论层面，提升了国人对科学的理解，承担了普及科学知识和教育启蒙的作用。

从X射线发现一直到20世纪30年代，X射线知识传播的主要特征是面向大众，以介绍、普及X射线的发现以及其基本性质为主，考虑到大众的知识接受情况，省略了复杂的专业术语。大众传播尽可能用浅显易懂的语言和叙事方式介绍X射线的性质及其发现的意义，并且以翻译国外研究成果为主。如《同济医学季刊》中孙长孺和孔麒写的《X线学述略》一文，比较详细地介绍了X射线在医学中的应用实践方法。不过此篇开头即表明“本篇不过将X线学总论略述一二，而多取材于Eiselsberg外科学”[②]。又如，《同仁会医学杂志》直接抄录了外国学者Lipowitz写的《砂眼之X线疗法》，“X光线能减退砂眼颗粒，结膜之炎性肿胀及Pannus，比他疗法能以短时日治疗砂眼”[③]。而且，在学术性期刊和综合性期刊中为X射线专门设立专栏进行阐述。其介绍X射线的文章体现出了更高的科学性与专业性。综合性期刊为了吸引受众、提高销量，在内容上多有夸张与虚构的成分。诸如由陈榥、鲁迅等撰稿的浙江留日同乡会在东京创刊的《浙江潮（东京）》，在1903年曾在杂录栏目中刊载过《X线之疗治白发》，内容为“米国伊及那地方某医师能以X光线使白发复原为原色”[④]。聚星诚银行于1925年在汉口创办的《聚星》杂志，在

① 王金福.新记《大公报》的科学传播特点及策略研究：以《科学周刊》《科学副刊》为例[J].现代传播（中国传媒大学学报），2014，4：155－156.

② 孙长孺，孔麒.X线学述略[J].同济医学季刊，1931，1（1）：83－91.

③ LIPOWITZ.砂眼之X线疗法[J].同仁会医学杂志，1929，2（3）：56－57.

④ X线之疗治白发[J].浙江潮（东京），1903，8：138.

1933年发表了《爱克司光线可迫使飞机降落，孟德博士之语言》一文，内容为“杜氏并称，彼曾以爱克司光线管，能将一百尺距离以外之验电器之内部分解，彼谓将来必有一日，能发展爱克司光线至最高程度，甚至能直接命中飞机，而吸尽其汽油之燃烧力”①。除此之外，还多介绍X射线在农业和工业等领域中的应用，诸如由工业安全协会主办的《工业安全》杂志曾连续发表用X射线检查铁路线路、锅炉等报道。

报纸所发表的文章基本与综合性期刊类似。如1920年《晨报》发表了四篇题为《什么叫X光线?》的报道；又如1921年《益世报》连续刊载两篇文章介绍X射线，第一篇《X线疗法之革命》讲述X射线在医学中的应用，第二篇《X线危险说》主要说明X射线应用不当对人体所带来的伤害。《申报》也曾报道过上海嘉永轩主人购入X光机向众人展示的情况：“前晚适当试演之际，鄙人应召往观。大约其器用正负两电线贯入蛋形玻璃球之两极，球中无空气，运机激动则电光从线出，能穿过极细微之隙漏，而毕显其形。”②《华北日报》等报刊也都有发表关于X射线的文章，内容多与当时时事相关联。

具体到期刊，如大学校刊、科普刊物、学会学术期刊、医学类期刊。1923年，俞凤宾在《中华医学杂志》发表《爱克司光检查肺病之研究》，这是国内刊物最先发表的放射学论文。由北京协和医学院创办的《协医校刊》在1927年陆续发表两篇关于X射线的报道，用照片的形式记录当时X射线课程的情况。《科学画报》和《科学的中国》这两本期刊对X射线进行过大量报道，诸如1933年，《科学画报》发表的《X光照相机所照的奇观》用照片的形式展现X光照相机在我们日常生活中的情景。1935年，《科学的中国》在国外栏目中刊登过《利用X线的立体像》，“纽约的留蒙德和贺德博士，协力研究的结果，完成了用X线可得立体像的装置……观看人体内部的时候，恰像能够用肉眼观看”③。除此之外，这一阶段也有直接刊登大量翻译国外的稿件。比如，《英语周刊》用中英双语发表了题为*X-ray Tube Perfected by Japanese*

① 爱克司光线可迫使飞机降落[J]. 聚星，1933，4：29.

② 曷格司透光器记[N]. 申报，1899-09-03(13).

③ 利用X线的立体像[J]. 科学的中国，1935，5(1)：38-39.

*Inventors*的文章，翻译了美联社题为《松岛及原田两电气工程师今日宣称彼等完成一种小X光管》的报道[①]。

X射线作为一项科学发展能够在中国社会广泛传播，其背后的原因：首先，X射线自身的透视性在医学中具有重要价值，因此其在被伦琴发现后便在全世界引发了广泛关注。相关信息传到国内，X射线的实用性特别是医学中的应用引起了学界和大众的兴趣。如：1936年，张去病在《中华医学杂志》英文版发表《指骨结核的X线治疗》；陶士珍在《上海医学院季刊》发表《放射性物质在医学治疗上的应用》和《治疗用X光线之剂量测定》等。此外，历经洋务运动、百日维新以及新文化运动，国内民众开始接触国外思想观念，特别是科学、民主理念，为X射线在国内的传播奠定了初步的社会氛围。

最后是主流报刊对X射线的报道在社会产生了广泛影响。例如，《东方杂志》是中国近代刊行时间最长的一份杂志，也是流通最广的大型综合性人文学科期刊[②]。它刊载了两篇关于X射线的文章，一篇是1915年发表的《英人以爱克司光镜检查战时运品》，主要说明了利用X射线检查是否携带有违禁品；另一篇是1927年发表的《爱克司光新功用之发现》，主要介绍了利用X光照射后产生的不良反应或者后果，推动了X射线知识在社会的传播。

三、面向专业的X射线知识传播

20世纪40年代，随着X射线学术研究的深入，报刊传播的内容不再单纯地介绍X射线的基本情况而更为偏向应用，主要集中在医学、工业以及农业等领域。与此同时，X光机的具体制式型号和功能受到了广泛关注，学术类期刊的发文量开始超过一般性的大众传播期刊。

在学术性期刊方面，主要的发文作者受过物理学专业训练或者具有相关背景，而且大多具有海外学习经历。刊载的内容逐渐深入。诸如《西南医学杂志》曾发表过文章介绍《英国发明小型X光线》，用于第二次世界大战时期为军人诊疗服务；《湖南大学期刊》发表的《利用X光线决定晶体内部之组

① MA Y P. X-ray Tube Perfected by Japanese Inventors[J]. 英语周刊，1936，169：2239-2240.

② 辜清华. 民国期刊的时代特征与著录探讨[J]. 图书馆杂志，2011，30(3)：44-46.

织》，简要介绍了X光线及反光格子反射作用等。

随着X射线的研究日益专业化，传播的范围也由X射线的发展拓展到对放射性的研究。学术性期刊发表的文章多集中在医学类刊物。虽有关于X射线的概念、基本性质的介绍性文章，但更多的开始集中于X射线在某一领域的应用。如《科学画报》在1940年曾发表《食物的X射线检查》，主要介绍了在“食物工业中，需要彻底和可靠的检查”，文中用土豆举例说明“X射线的检查方法，在实际上能应用于制造中的任何阶段，且因为各种物质对于射线的透明性互有不同，因此他的应用范围实比较广阔了”①。又如《科学画报》刊载《用X-射线查察电杆木的腐朽》，介绍了美国底特律一公司利用X射线检查电线杆。“向来的检查方法，系在木柱上锁孔，直接视察；现在用X射线照相机检查，既不损伤木桩，且又非常精密”②。可见，当时对X射线应用的广泛研究。

报纸方面涉及X射线的内容多与医疗诊疗相关。比如，《中央日报》发表的《国际救济会救护军十余部入口装有X光线电机 可设置流动医院》的短讯，《中央日报》在1947年连续发表七篇关于X射线的科普文章，详细介绍了X射线的基本原理及应用。关于X射线的报道介绍多与医学、痨病相结合，《中央日报》发表的《防痨分会，扩大征收会员，大型X光启用》的短讯，以及《阵中日报》发表的《医院按照X光镜》等文章。此外《西安晚报》也在《防痨病》的文章中提及到用X射线可以用于诊治。

在该阶段，综合性期刊对X射线的关注度并不是很高，主要关注了X射线在医学领域诸如肿瘤等疾病的应用，以及对X光机的介绍。比如，由郭沫若、谢冰莹、叶光庭等为主要撰稿人的《一四七画报》刊登过翻译的《袖珍射线机》。这种袖珍射线机叫作“婴孩型贝打射线机（Babybetatron），它仅能造出四百万伏特的X射线，但是它在科学上工业上的价值却不差”③。

培析专业传播背后的原因，七七事变之后，很多报馆被迫关闭，特别是

① 友芳. 食物的X射线检查[J]. 科学画报，1940，6(7)：394.

② P. S. U. 用X-射线查察电杆木的腐朽[J]. 科学画报，1940，7(6)：337.

③ 《一四七画报》专译. 袖珍射线机[J]. 一四七画报，1946，7(5)：3.

京沪两大重要文化传播基地相继受到影响，客观上导致大众传播受阻。此外，在这一时期服务于当时工业和军事需要，对于X射线的介绍促进了专业传播。

20世纪30年代以后，中央研究院和北平研究院等科研机构相继成立，中华医学会在上海成立放射学分会。这些都为X射线本土化研究和专业传播打下了基础。随着国内外对X射线研究的逐步深入，在期刊和报纸发文的内容上向专业化、应用性倾斜。

第二节 代表性期刊的传播内容和特征分析

期刊作为“中国近代科技传播的重要载体，不仅在传播科技知识，启蒙民众思想方面起到了先导作用，而且在推动科学技术在我国近代传播模式的演进中扮演了重要角色”①。期刊内容更加聚焦、可以连续刊载，内容的真实性更可信，也更为专业。姚远编写的《中国近代科技期刊源流》将期刊划分了三大类，分别是综合期刊、科学期刊和学术期刊。由此，我们根据姚远老师的划分，从中选取了较为有代表性的期刊进行进一步分析研究。

一、满足好奇：综合期刊面向大众的报道

清末民初，以《格致新报》《万国公报》《新民丛报》《东方杂志》等为代表的综合期刊成为传播X射线知识的主要载体。综合期刊通过译介西方的报道和文章，利用大众的好奇心以通俗的社会报道面向大众传播X射线知识，主要包括X射线的发现和应用情况。清末民初，综合期刊对于X射线的介绍对大众了解X射线、建立对X射线的客观认识具有重要贡献，完成了跨文化传播的第一步，为后续物理学和医学等专业知识的系统介绍奠定了基础。

① 闫东艳，齐婧. 我国近代科技期刊的传播模式[J]. 编辑学报，2011，3(23)：204-206.

1.《万国公报》与国人的初步体验

(1)“光学新奇”：拉开X射线大众传播的序幕

《万国公报》是来华传教士举办时间最长、发行最广、影响最大的报纸，是教会报刊的代表。1868年，该刊由美国传教士林乐知(Y. J. Allen)创刊于上海，由上海林华书院发行，是一本综合性时事周刊(姚远等，2008a)。1896年，《万国公报》以《光学新奇》为题最早在中国传播X射线发现的消息，介绍X射线的性质和应用，并敏锐地认识到“照骨新法”给国人带来的震撼和好奇。于是在之后十年间，“照骨续志”“德昭日记”“近百年来医学的进步”“奇光为查验之资”等标题频频出现，《万国公报》成为当时传播X射线知识最早、最得力的期刊之一。《万国公报》将X射线看作一种“光学新奇”，称之为“奇光”，并描述X射线透视“照人手足，只见骨而不见肉，诚不愧朗得根三字之性”①。通过渲染X射线的新颖奇特、与众不同的特征吸引读者的注意，可见《万国公报》对于X射线这一科学新发现的特殊关注。类似的“猎奇式”的报道自然也受到其他社会媒体的青睐。1899年，《中外日报》刊登的《志透骨奇光》在写法上就与之类似，描述X光机的演示“果为奇特”，以博得众人的眼球。

其实X射线刚刚发现，在尚且“不知其光之何自也”的情况下，却可以看透人的肉体，颠覆很多原有认识，引起大众好奇也不难理解。一位报社的主笔就不相信有X射线的事情，“嘱格物士照其首，追慕印成幅，明视骷髅一具，并无皮肉毫发，惨惨之状，磣磣可人，因语以此图，但付格致之士以备参考，不可逢人告为某之头也”②。在猎奇心态的驱使下，这种神秘的光电现象对大众产生了一种不可抗拒的吸引力，结果获得了使人震惊的“真相”。

除了在报道内容上颇下功夫，报刊还借助“名人效应”，突出X射线新奇的特征。李鸿章在德国接受X射线检查的报道《德昭日记》，成了一次典型的“名人代言”，这也是国人第一次亲身体验X光机。李鸿章在日本商

① 林乐知. 光学新奇[A]. 万国公报[Z]. 台北：华文书局，1977，第25本第86册：15917-15918.

② 林乐知. 照骨续志[A]. 万国公报[Z]. 台北：华文书局，1977，第25本第90册：16197-16198.

议《马关条约》的时候，“碎遭不知教化人之毒手，枪弹留于面部”。枪弹留在体内，虽然没有生命危险，但是李鸿章每想到此事，就会心情忧虑。于是借助访问柏林的机会，“知有操朗德之术者，乃延摄其面影，即见枪子一颗，存于左目之下，纠毫毕现”[①]。虽然最终因为医生没有把握，枪弹并没有被取出，但是李鸿章亲身体验X光机的经历，让大众更加关注X射线。《万国公报》作为以营利为目的的社会媒体，借助“先发制人”的优势，在中国率先报道了X射线发现的消息，并通过“猎奇式”的报道和“名人效应”，在短时间就吸引了大众关注的目光。以至于到1897年X光机公开展示的时候出现了“苏人少见多怪，趋而往观者甚众”[②]的盛况。因此，X射线知识首先通过大众报刊的介绍以“奇光”的形象登场，大众对于X射线的好奇，成为社会媒体关注的焦点。“猎奇式”的报道形式，加上宣传中的“名人效应”，使X射线的社会关注度远超过一般的科学发现。

（2）传递新知：对X射线认识的深化

作为教会刊物，《万国公报》依托广学会运行，既具有传播新思想、新事物的任务，又具有普及知识、宣传科学的使命要求。《万国公报》除了对X射线的新奇特征进行介绍外，还跟进欧美国家的研究进展，向国人介绍了X射线的原理、应用和伤害。“玻璃透光，故储物于玻璃匣，而得以摄影镜照之（俗称为拍小照），见物不见玻璃。今木及皮肉亦然，其骨影直达于纸（以木为棺亦可照见死人之骨，故世曰骨），盖骨类之物不能透光也，金类之物亦不能透”[③]，文章利用玻璃透光的原理试图解释X射线“透物”现象。然后又进一步描述实验的过程，“博士以一木匣闭置铜模于内，照以摄影镜，模型毕露。又照人手足，只见骨而不见肉，诚不愧郎得根三字之姓……遂以期法传入奥都维也纳，经诸博士博验之下，以为与医理大有关系。假如人身染有暗疾或金刃入肉，皆可昭晰无疑。惟今尚未能详究，且亦不知其光之何自来也”。后来的文章中更加清晰地解释了原理，“试此光者，具目中所见乃光之影，且影

① 林乐知. 德昭日记[A]. 万国公报[Z]. 台北：华文书局，1977，第26本第91册：16262.

② 资料来源：广东人民出版社，1983年重印版《点石斋画报》第五集，第39册。

③ 林乐知. 光学新奇[N]. 万国公报，台北：华文书局，1977，第25本第86册：15917-15918.

之浓淡，视阻光之力而定"[①]，体现了对于X射线认知的逐步深化。

《万国公报》还关注了X射线带来的实用功能，这也是其发表的第二篇关于X射线的文章《照骨续志》，"以为与医理大有关系"，并给予很高的评价，"奥国书院长郎得根创为照骨新法，不过三礼拜之间，欧洲各国五部传习，凡业行医者藉之以觅人肉之枪弹，其奉为枕中鸿宝也。固宜闻有一人之左手伤于枪，而弹未出，又有一女孩生而瘸，未知其骨如何，皆藉此法一照而知。至各国通行"[②]。另外，《万国公报》1903年刊发的《论近百年来医学之进步》回顾了医学的发展，"光学中尤有更奇者，即近来所得之然根光"。随着报道的不断深入，X射线在诊疗上的作用越来越受到重视，"医家近已多用此光，以搜求病源，或用以治病"，"痈疽及诸恶疾，既可以此光治去。则其后日之大用，正未可量，总之吾人己于然根光，得一新能力，务须悉心追求，使之于人有益也"[③]。除了医学，《万国公报》觉察到了X射线还具有更大范围的应用潜力，"铸洋枪管、炼铁路、打火车轮等，必有精益求精之。又如各自为原质之铅铃及精、乃木皆可洞见底里，岂不大妙"[④]。《万国公报》认为X射线的作用不可低估。

值得注意的是，《万国公报》较早关注X射线对于人体的伤害："其光用之时久，或距皮肤过近，亦足以伤人"，早期从事X射线研究的人很多受到伤害，"故然根光若非有精练之熟手，断不可轻于尝试"[⑤]。在满足大众对于技术的好奇之余普及科学常识，使X射线的认知更加全面，体现了《万国公报》教化社会的功能。

2."答问"释疑：《格致新报》对X射线的讨论

从《万国公报》刊登了《光学新奇》之后，各类报刊纷纷开始关注X射线。《格致新报》是清末朱志尧和朱云佐兄弟二人创办的文理综合性期刊。

---

① 论百年医学之进步[N]. 万国公报，台北：华文书局，1977，第35本第175册：21962-21963.

② 林乐知. 照骨续志[N]. 万国公报，台北：华文书局，1977，第25本第90册：16197-16198.

③ 论百年医学之进步[N]. 万国公报，台北：华文书局，1977，第35本第175册：21962-21963.

④ 林乐知. 照骨续志[N]. 万国公报，台北：华文书局，1977，第25本第90册：16197-16198.

⑤ 论百年医学之进步[N]. 万国公报，台北：华文书局，1977，第35本第175册：21962-21963.

1898年3月创刊之时正处在维新变法的高潮，因此该刊以“启维新之机”为宗旨，希望通过传播西方科学技术开启民智。“答问”栏目是该刊特色，通过刊登来信提问和回答的方式，就大众关心的科学技术问题进行讨论。为了满足读者对于X射线的日益好奇并答疑解惑，《格致新报》在“答问”栏目中刊登了向贾二[①]与读者就X射线展开的多轮讨论，分别是第十八、二十、七十六、二百零八问。

面对读者对于X射线的疑惑“透骨电光何解?”，向贾二运用名词的含义浅显易懂地解释：“X，算法中不知之记。Ray，光也。”[②]对于“透骨”的性质，“不知人如露体，能否见其肺肝？泥中之物，能否照明?”，向贾二回答“照人体，无不见其肺肝”，并解释了X射线成像的原理，“于所照人物之后置白纸白布，则能将其形象印于其上，或置小照片，则能将其片印出小照。但不能在所照之物之前面看其内中情形，故泥中之物，不能照明”[③]。向贾二还解释了X射线产生的机制，“用电线两条，贯于蛋形玻璃管之两头。管内无空气，运机器以激动之，则电光即从线内流出”[④]。还有读者想一探究竟，欲购买一架X光机，“须价若干？在何处出售？望一一赐复”，向贾二为他提供了购买方式，“美国纽及缠地方出售郎脱仅电光器具，西文Roentgen Ray Apparatus，兹写西文如下，可托洋行家购致也”[⑤]。这些说明当时美国的X光机已经可以在中国的洋行销售。X射线知识初入中国，引起了不小的轰动，大众议论纷纷，甚至谣言不断，向贾二的解释回应了大众的关切和好奇。

向贾二受限于掌握的知识，他的有些解释也容易产生误导，例如将X射线看成是“一种能透物之电也”[⑥]，认为X射线通过物体是“大抵此光跳动

① 向贾二，号爱莲，法国传教士，与朱开甲交好，因“学则上下千古，纵横中外，靡不贯澈，而于格物为尤粹”，所以朱开甲请向贾二为“答问”栏目撰稿。

② 向贾二，王廷魁. 问透骨电光[N]. 格致新报，1898-04-01(3)：12.

③ 向贾二，钱嘉穀. 问曷格司光镜[N]. 格致新报，1898-04-01(3)：13.

④ 向贾二，金梁. 问透物电光[N]. 格致新报，1898-05-20(8)：11.

⑤ 向贾二，钱嘉穀. 问曷格司光镜[N]. 格致新报，1898-04-01(3)：13.

⑥ 向贾二，王廷魁. 问透骨电光[N]. 格致新报，1898-04-01(3)：12.

甚细，非他光可及，故能穿过极细微之隙”[①]。结果被人追问：“金石较人体等质细密，故透光稍难，其理然否，若然则以透物电光照人时，若立于人后视之，人亦成透光之体否”，向贾二的解释也差强人意，“人体透光，须视其身躯之肥瘦，脏腑之厚薄，其透光有差等并非全透”[②]。此外，《格致新报》中还存在一些不实的报道，1898年4月刊登的英国《泰晤士报》的译文《电光治偻》，“本局透物电光已用过五十七次能使偻者得直，夙恙胥捐，治时并无痛苦，若此者已七十余人，果使此法盛行，将病偻者尽有直躬之喜，而青囊秘术中岂非又添一新术耶”[③]，夸大了X射线对于偻病的治疗效果。这些说明早期完全借助大众媒体的社会传播，虽然能够解释大众的困惑，但是往往因为解释不足、内容失实而产生误导。

3. 宣传“效用”：《东方杂志》对X射线应用的介绍

X射线被发现之后，其应用领域不仅涉及医学，还涉及机械制造，20世纪30年代在晶体学和生物学研究中均产生了重要影响。从社会认识的层面考虑，这些新的“效用”自然也是大众关注的焦点。《东方杂志》，1903年3月11日创办于上海，由上海商务印书馆出版，1948年停刊。《东方杂志》作为中国近代历时最长的文理综合性月刊，被称为“杂志中的杂志”，尤其是杜亚泉[④]担任主编期间，致力于西学传播，影响范围广泛。1909—1930年，《东方杂志》刊载了一系列与X射线相关的文章，介绍了X射线从科学发现到医学、工业、生物和晶体研究的历史演进，探讨了“纯粹科学”研究的价值，反映了杂志对西方科技进展的关注，成为解读民国时期科技知识与社会互动的窗口。

1909年，《东方杂志》刊登了《X光线之新效用》一文，介绍X射线如何判断人的死亡状态，“谓全死者身体曝于X光线中，则其内脏一一明了映

---

① 向贾二，金梁. 问透物电光[N]. 格致新报，1898-05-20(8)：11.

② 吴江钓隐. 第二百零八问[N]. 格致新报·答问，1898-07-29：15.

③ 译英国泰晤士报. 电光治偻[N]. 格致新报，1898-04-21：5.

④ 杜亚泉，字秋帆，号亚泉，近代翻译家、出版家。

出"[①]。1923年1月10日，伦琴去世，该杂志仅一个月后即刊出《X光线发明者郎根之去世》以志纪念，之后又陆续刊登《爱克司光新功用之发现》和《X光线之多方面的应用》。这三篇文章全面总结了X射线在诊断、治疗、物理和工业方面的应用：首先，"X光有透过物质之作用，故于医学界大有功效，盖人身内脏所不可见之疾病，得借X光之力以诊察之也"[②]，"外科手术上，他的功用最大"[③]；其次，"X光又有刺戟生物之作用，故又可应用之以治疗刀刲所不能及，药力所不易达之内外科各症"[④]，"对于皮肤病，以及其他各病之治疗，皆有其效"[⑤]；再次，理化中"化学根底之原子论，亦被破坏而易以电子论矣"[⑥]；然后，生物学中"植物的种子或昆虫的卵，暴于X光之后，则由此种或卵所产生的动植物，有多数大异其父母，这就是突变现象……X射线乃可为人类向自然夺取布置动物新物种的那个特权"[⑦]；最后，"工业上应用之处"，"几乎凡是须用金属的工业中，都拜X光线研究者之赐"[⑧]，"税关上以之视察货品"[⑨]。

除了X射线广泛的应用之外，《东方杂志》还较早关注了X射线在科学研究中的作用。1914年，《东方杂志》翻译了日本《太阳杂志》的《说镭》，介绍了X射线与镭的关系，"凡大发见之现于世者，皆非偶然……促镭之发见者，即著名之X光线是也。不先明X光线之性质，则镭之性质，无由了解"[⑩]。《东方杂志》介绍了X射线在物理学研究的作用，"用X光则此等结晶中的原子的排列，可被看出"，并认为这"正是人类于探取自然之神秘的工

① X光线之新效用[J]. 东方杂志，1909, 6(8)：51-52.
② X光线发明者郎根之去世[J]. 东方杂志，1923, 20(3)：49.
③ 大宇. X光线之多方面的应用[J]. 东方杂志，1923, 27(16)：81-83.
④ X光线发明者郎根之去世[J]. 东方杂志，1923, 20(3)：49.
⑤ 哲生. 爱克司光新功用之发现[J]. 东方杂志，1923, 20(3)：49.
⑥ X光线发明者郎根之去世[J]. 东方杂志，1923, 20(3)：49.
⑦ 大宇. X光线之多方面的应用[J]. 东方杂志，1923, 27(16)：81-83.
⑧ 大宇. X光线之多方面的应用[J]. 东方杂志，1923, 27(16)：81-83.
⑨ X光线发明者郎根之去世[J]. 东方杂志，1923, 20(3)：49.
⑩ 陈文祥. 说镭[J]. 东方杂志，1914, 10(10)：7-17.

作中许多最重要的利器之一"[①]。尤其是当X射线的本质被认清之后，发明了X光分光计，可以通过分析X射线的光带，了解原子中心中电子扰动，对于原子内部的性质产生了新的认识。因此，评价"X光线简直是一架超越的显微镜，不但使人们见到人体的内部，金属的内部，而且也使人们见到原子本身的内部"[②]。

《东方杂志》还关注到了1926年生物学家穆勒（H.J.Muller）对于X射线诱发基因突变的研究，发表《爱克司光新功用之发现》专门予以介绍，"设法引致生物的演化，此种手续，如能应用爱克司光则变其变化之速率，直可增至百余倍而上……从果蝇试验而得证明"，"其结果在生物学上，将有极大的影响"[③]。尽管多篇报道都是集中在X射线的应用方面，但《东方杂志》认为X射线的应用恰恰体现"纯粹科学的价值"。假如发现X射线之前，以重金悬赏外科医生诊断骨折的办法，恐怕不会有一个人想到从真空放电现象入手，而这正是伦琴工作价值的体现。这种观点反映了《东方杂志》对国人过分重视"有用之学"的反思和批判。

二、普及知识：科学期刊百科全书式的宣介

作为民国科学期刊的佼佼者，《科学》《科学的中国》和《科学画报》受到社会各界的关注，成为中国科学界译介西方科学、增进学术交流、普及科学知识的交流互动平台。作为民国期间办刊时间较长、在科学界影响最大的综合科学期刊，《科学》在引进西方科学成就、宣传科学精神以及推动中国科学建制化发展上，作出了重要贡献。《科学的中国》和《科学画报》创刊于科学化运动时期，以"把科学知识送到民间去"为目标，在面向大众普及科学上出力甚多。X射线作为20世纪初科学界的重要发现，以其在科学研究、医学和生产实际中的广泛使用，成为这三种科技期刊关注的对象。科学期刊与综合期刊定位的差异，造成二者在传播内容和风格上的不同。

① 大宇. X光线之多方面的应用[J]. 东方杂志，1923，27(16)：81-83.

② 大宇. X光线之多方面的应用[J]. 东方杂志，1923，27(16)：81-83.

③ 哲生. 爱克司光新功用之发现[J]. 东方杂志，1923，20(3)：49.

1.普及新知:《科学》对X射线研究的深度解释

1915年创刊于上海的《科学》杂志,“以阐发科学精义及其效用为主”,是近代中国刊行时间最长、影响最广的综合科学杂志之一。《科学》以“提倡科学,鼓吹实业,审定名词,传播知识”为宗旨,与当时最大的科学团体——中国科学社一道,推动近代中国科学的发展和建制化。《科学》为了推介科学观念、传播科学知识、推动科学启蒙,相继开设了科学新闻、杂俎、研究简报、科学丛谈等栏目。有关西方X射线研究进展、X射线应用及中国本土X射线研究成果就分布在这些栏目中。民国期间,《科学》对X射线研究的关注以抗战为界,侧重点稍有不同。创刊后到抗战前,对X射线的刊载主要集中于国外研究进展的跟踪,以新闻报道和译文介绍为主;抗战后,除了少量的研究新闻,主要刊载中国科学家在X射线晶体研究方面的学术文章。

(1)创刊至抗战之前,《科学》对于西方研究的跟进

X射线发现之后,被认为与可见光性质类似,但是却不能观测到类似反射和折射的现象,因此科学界围绕其本质的“波动说”和“粒子说”展开争论。德国物理学家劳厄提出X射线晶体衍射的设想,并在1912年获得实验证实,从而支持了X射线的波动说。布拉格父子经过反复测算,成功解释了劳厄的晶体衍射实验,并提出布拉格公式$2d\sin\theta=n\lambda$,发现X射线可以用来获得有关晶体结构的信息,这对晶体结构研究至关重要。1915年《科学》创刊之后,刊登的《X射线之真性质》对围绕X射线本质的讨论予以了关注,介绍劳厄发现的贡献和意义,“X射线与寻常之光线同一性质,所异者浪之长短而已”,“从此可以研究寻常光学之器械理想以察X射线也”①。在同年的第八期中,中国科学社的创办人、数学家胡明复将老布拉格于1914年6月在英国皇家学会的讲稿译为《伦得根射线与结晶体之构造》发表。该文专门介绍“伦得根射线与结晶体之构造,盖近数年中物理化学上最大之进步也”②,开辟了在中国译介X射线晶体学研究成果的先河。

---

① X射线之真性质[J]. 科学,1915,1(3):345-346.

② BRAGG W H. 伦得根射线与结晶体之构造[J]. 胡明复,译.科学,1915,1(8):837-853.

另外，胡明复撰写的文章《说伦得根射线》专门介绍X射线的发现历史、产生原理、主要性质和应用，对整个X射线发展历程进行了详细的梳理，具有很高的学术价值。文章介绍了X射线的六种性质，按照重要性依次为“光学上之性质，游电之发生，曝时光之发生，穿透物体性，化学作用之惹起，生理学作用上之影响”[①]。具体而言，光学上之性质体现了X射线的波动性，介绍了劳厄和布拉格父子的发现和工作，“初发现时，咸疑其与光为同类，然光有折向，回向，散向，消助与偏向诸性，而伦得根射线似无之”，“累恩（Lane）者用伦得根线射注晶体上而以照相影片呈其后，乃见相片上有影斑数点……算理太繁，未能明证焉”，“柏赖格（W. L. Bragg）子父二人之力，其理大彰”。“游电之发生”，指X射线的电离作用，“汤姆生（J. J. Thomson）谓此非伦得根射线之能去电，盖因伦得根射线能发生游电之故”。文章还介绍了“最奇特之性，盖为其穿透物体之能力”，“大致物质吸收伦得根射线之程度，随物质之密度而异，密度愈大则吸收量愈多”。X射线的化学作用包括四种：使得胶片感光，溶解沉淀物，化合物脱水，加水分解。最后介绍了X射线的生理作用，“引起皮肉内部生理之变迁”，“皮症，癌肿之类，亦可以伦得根线医治之”。除了介绍X射线的性质，文章还介绍了X射线在科学研究、医学和实际中的应用。科学研究中，X射线的本质就是一个科学问题，还有“定结晶之构造”和“原子构造之问题”都与X射线相关。医学方面，利用X射线使得相片感光的能力，“知人体内部之组织与变迁”，“医者得随地探物，避免错误而又捷速也”；另外还可以利用X射线生理的作用治疗皮肤病和肿瘤，不过在医学方面的使用需要“适度之软硬度方济，否则非特无益，且专为患也”。实际应用，如警察验尸、检查违禁物品等。文章还介绍了X射线在观察植物结构方面的最新作用。

20世纪20年代，随着放射学的进一步发展，X射线和放射性物质的探伤在机械制造和工程等领域应用越来越广泛。在对西方研究领域运用X射线介绍的同时，《科学》亦对西方社会中X射线的工业应用予以了详细的译介，

① 胡明复. 说伦得根射线[J]. 科学，1915，1（7）：712-722.

其中包括章仪枨翻译的《镭锭之新用途》。文章的原作者是华盛顿海军研究实验室物理镀金部监督R. F. Mehl博士，当时美国的桥梁和海军军舰发生了两起事故，事故的原因都与铸造部件内部缺陷有关，而X射线和镭锭是检查金属缝隙的有效工具。文章介绍了X射线在铝金属焊接中的应用，但是后来因为镭锭在便捷和成本上的优势，逐步取代了X光机的应用[①]。此外，《科学》还刊登《对于X光线器械之商榷》，提出了X光机设备的三处改良，包括高温预警铃、防潮隔离摩托和理想抽真空方式，体现了对于X光机应用的关注[②]。

20世纪20年代后期，随着研究的深入，缪勒等生物学家逐渐开始关注X射线对于微生物、细胞甚至基因的作用。《科学》持续关注放射线对于生物的影响，其中包括对于X射线的生物作用，较早就关注了X射线强度对于果蝇虫卵孵化的影响[③]，并在1927年第12卷第11期的文章《X射线与天演》中率先讨论了缪勒的发现，“X光线而速天演之进程超过一百五十倍”，并解释其实验的道理，“其理盖在光能之及于遗传单位也”，“X光线之中及种素正犹弹丸之射击一砾堆也，其影响所及又相类焉”[④]。《辐射对于生物之作用》关注了巴黎大学镭学研究所对于X射线与微生物死亡率的研究，通过实验对X射线辐射量和微生物的死亡率关系曲线进行总结，该研究对癌症的治疗具有重要意义，是“物理学家与生物学家协同研究所得之结果”。因此，“今后科学界所急需者，乃诸家协力以解决此至大、至广，而致使人兴奋之问题，即所谓生命之问题是也”[⑤]。其后刊登的《X光线使恶瘤细胞早熟》则关注了X射线对于癌细胞早熟的影响[⑥]。

除了译介和发表与X射线、放射学相关的文章，《科学》还在“杂俎”和“科学新闻”栏目中以新闻或者评论的形式，跟踪国外X射线研究进展。将

① MEHL R F. 镭锭之新用途[J]. 章仪枨，译.科学，1931, 15(10): 1710-1716.

② 王朝泰. 对于X光线器械之商榷[J]. 科学，1924, 9(6): 659-669.

③ X光线对于生物之影响[J]. 科学，1927, 12(9): 1315-1316.

④ X光线与天演[J]. 科学，1927, 12(11): 659-669.

⑤ 李晓舫. 辐射对于生物之作用[J]. 科学，1931, 15(6): 941-952.

⑥ 珣.X光线使恶瘤细胞早熟[J]. 科学，1933, 17(2): 340.

1915—1937年《科学》刊载的X射线研究的栏目和文章汇聚成表3-2，即可看出《科学》对X射线研究介绍的规模和力度，甚至一年有多篇文章，呈现比较密集之势。从报道的内容看，民国中期，《科学》介绍X射线的研究比较丰富，几乎涵盖了相关研究的各个方面，主要包括X射线的性质、治疗的危害、对动植物的作用、X光机的使用等。1928年第13卷第4期刊登的《X射线之新性质》介绍了美国科学家研究发现X射线能使某些物质和液体发生变化，能够使某些物质发辉光①。《X光线治疗之危险》则关注了接触过量X射线可能会带来的危害，"幼儿亦受X光之照耀，大都三人中必有一人，意志薄弱，且有时头部畸形，四肢短小"②。X光机的应用使得医生对肺结核的诊断更加及时准确，《X光线与肺痨》介绍到"强有力之X光线能澈查初期肺痨病，在患者未表露病征以前，此法查验儿童肺病尤为重要"，而且X光片可以分析出肺结核和肺炎的区别，从而更好地诊治③。这篇文章对于指导民国时期的防痨工作具有重要的指导意义。此外还关注了X射线对植物的影响，报道了X射线对于农业增产的影响和改良生物性状的作用④，成为继杂交之后农学家在作物应用、作物改良方面的另一种重要工具⑤。

表3-2　　　《科学》对国外X射线研究的相关报道

年份	栏目	标题	卷期
1915年	杂俎	X射线之真性质	第1卷第3期
1915年	杂俎	爱克斯射线与偷输铜	第1卷第6期
1923年	杂俎	X光线发明者之谢世	第8卷第6期
1925年	琐闻	用X光线以检查果实	第9卷第9期
1925年	杂俎	放射作用与地球之年龄	第10卷第6期
1927年	杂俎	植物种子经X光照射之影响	第12卷第6期

① X射线之新性质[J]. 科学，1928, 13(4)：580.

② X光线治疗之危险[J]. 科学，1929, 14(5)：740-741.

③ X光线与肺痨[J]. 科学，1931, 15(5)：805-806.

④ 植物种子经X光照射之影响[J]. 科学，1927, 12(6)：847-848.

⑤ 珣.X光线约束遗传性[J]. 科学，1934, 18(3)：446.

（续表）

年份	栏目	标题	卷期
1927年	杂俎	X光线对于生物之影响	第12卷第9期
1927年	杂俎	X光线与天演	第12卷第11期
1928年	科学新闻	X光线之新性质	第13卷第4期
1929年	科学新闻	人造镭线	第13卷第8期
1929年	杂俎	X光线治疗之危险	第14卷第5期
1931年	杂俎	X光线与肺痨	第15卷第5期
1931年	杂俎	镭锭之新用途	第15卷第10期
1932年	插图	棉株受短波放射之变异图七幅	第16卷第8期
1933年	科学新闻	X光线使恶瘤细胞早熟	第17卷第2期
1934年	科学新闻	X光线照射之水能杀原生动物	第18卷第1期
1934年	科学新闻	X光线约束遗传性	第18卷第3期

（作者整理）

（2）民国后期，《科学》积极为本国研究发声

从抗战开始到1949年期间，《科学》经历了多次停刊和复刊，辗转多地。杂志的发展受到了很大的影响，一个明显的表现是，有关国际X射线研究进展的介绍基本中断。但在此期间，中国的X射线研究在胡刚复和吴有训等学术前辈的带领下，逐渐发展起来，成立了北平物理研究院镭学研究所，形成了中国本土的X射线物理研究。《科学》在该阶段发表了中国物理学界在X射线研究中的成果，其中包括陆学善的五篇文章，如表3-3所示。

表3-3　《科学》对本土科学家X射线研究的刊载

年份	标题	作者	卷期
1940年	X射线在工业问题上之应用	陆学善	第24卷第3期
1947年	研究各种氧化铀构造之初步报告	陆学善	第29卷第9期
1947年	从粉末照相求晶体构造的一个新图解法	陆学善	第29卷第9期

（续表）

年份	标题	作者	卷期
1947年	由小掠射角射X射线反射所得测距之准测法	陆学善，佘守宪	第29卷第9期
1949年	X射线粉末照相中流移常数之图解测定法及点阵间隔之精密测定	陆学善	第31卷第1期

（作者整理）

1939年11月11日，陆学善应邀在上海一家科学仪器公司发表演讲。1940年，《科学》刊登了演讲的全文，题为“X射线在工业问题上之应用”。因为当时抗战已经开始，上海已经沦陷，所以这次报告也被称为“烽火万里而弦诵依然”的一次聚会。报告的主题就是讨论X射线的方法在工业上的应用以及如何应用，参会的人员来自上海物理学界和工业界。虽然X射线早已被发现，但是认清X射线的本质却是从劳厄开始的，劳厄的发现支持了X射线的波动性质，同时开辟了固体物理的新天地，从此X射线分析法开始在工业上应用。陆学善认为X射线在工业上的应用包括X射线映射术和X射线绕射术两种：X射线映射术利用X射线贯穿物质的能力，能够发现铸造产品中的“沙眼”，虽然价格昂贵，但是在重要工业产品的生产中是有必要的；X射线绕射术则是将X射线晶体分析法应用于合金构造的研讨，成为金属合成的一种新的方法。最后陆学善总结说：“每天翻开报纸来看，上海的大小医院，都有一架X射线设备，来作号召病人的广告。我想在不久的将来，中国每一个大工厂里，也必视X射线装置为一种不可或缺的工具。”[①]《科学》的这篇报道是当时对于X射线应用最好的普及和介绍，同时也成了抗战时期科学家和工业界依然心系发展的真实写照。

《科学》集中刊登了四篇陆学善的研究文章，分别是第29卷第9期的《研究各种氧化铀构造之初步报告》[②]、《从粉末照相求晶体构造的一个新图解

① 陆学善. X射线在工业问题上之应用[J]. 科学，1940，24(3)：201-214.

② 陆学善. 研究各种氧化铀构造之初步报告[J]. 科学，1947，29(9)：277.

法》[①]、《由小掠射角射X射线反射所得测距之准测法》[②]（与佘守宪合作），第31卷第1期的《X射线粉末照相中流移常数之图解测定法及点阵间隔之精密测定》[③]。这些文章都与X射线晶体衍射相关，成为当时中国X射线研究的集中展示。此外，《科学》积极地介绍中国的实验室和相关的研究，包括北平研究院物理学研究所X光研究室的介绍，还有北洋学院将制造真空管及X光管的新闻报道。

通过对刊载内容的分析，抗战之前，《科学》对X射线知识的引介主要集中于国外X射线研究情况的介绍，注重对物理学、生物学和医学动态的关注，这与20世纪20—30年代X射线渗透到其他自然科学领域的发展事实相关。就X射线对于动植物的影响而言，20世纪20年代，对于果蝇、微生物和植物的研究才刚刚起步，相关的研究主要以实验的方式进行，《科学》对于这些研究的关注比较及时。《科学》对于X射线的引介以1937年为界限，前后有所不同。抗战开始后，对于西方X射线研究进展的报道越来越少，陆续刊登了一系列中国学者的学术文章，体现了特殊历史时期，中国科学家群体的成长和研究领域的逐渐成熟。

2.将知识送到民间:《科学的中国》对X射线知识的广泛普及

1932年11月，陈立夫、张北海、张其、胡博渊等政府官员和学者发起“中国科学化运动”，成立中国科学化运动协会，提出了“科学社会化、社会科学化”的口号，“坚决地相信科学在今日文化上占着重要地位”，面向大众普及科学知识。在当时内忧外患的背景下，科学化运动的发起人认识到“科学知识只有国内绝对少数的科学家所领有而未尝普遍化、社会化”的弊端，只有将知识送到民间去才能积聚力量，才能增强国力复兴中华民族，才能践行“科学在今日中国社会的演变上占着无上重要的位置”的理念。科学化运动以“将科学送到民间去，使它成为一般人民的共同智慧”为目的，以科学的方

① 陆学善.从粉末照相求晶体构造的一个新图解法[J].科学，1947，29(9)：275.

② 陆学善，佘守宪.由小掠射角射X射线反射所得测距之准测法[J].科学，1947，29(9)：276-277.

③ 陆学善.X射线粉末照相中流移常数之图解测定法及点阵间隔之精密测定[J].科学，1949，31(1)：18.

法整理中国固有的文化，以科学方法解释生活状态和自然现象，并引导科学研究为世界谋福利。

由中国科学化运动协会编辑发行的《科学的中国》创办于1933年1月1日，因抗战原因于1937年8月停刊，后于1938年1月在汉口复刊，出版至1938年秋。《科学的中国》登载的内容“以自然科学和应用科学为限，内容务求浅显，文字务求简单，过去高深及专门之论文，恕不登载”①。《科学的中国》关注中国实际的科学问题，引介国外科学研究的进展和学说，汇聚了一批科学界人士，在中国普及科学方面发挥了重要作用。

《科学的中国》在推动X射线物理学知识普及方面一样功不可没。1933年，《科学的中国》创刊号上就以《爱克司光与生物之关系》为题，用通俗化的语言介绍了X射线对于动植物遗传发育的影响，以及X射线对于生物改良的作用。生物学家穆勒利用X射线照射果蝇，观察到了果蝇后代遗传性状的变化。用X射线照射小鼠，发现能够引起小鼠毛色的改变，增加其后代发育不完全的可能性。用X射线照射烟草和大麦等植物，能使得植株枝叶更加茂盛。文章最后总结了X射线影响动植物遗传的机制以及对作物改良的重要意义，“爱克司光能使生物生殖细胞内遗传素混乱，或互相易位，致所产之物与父母异……其新有之特性，且遗诸后世，而变成新种者。此诚近年遗传学上之极大贡献”②。而反观中国，“各种家畜及植物亟需改良”，而且“爱克司光器具价不甚昂”，对于中国从事作物改良的农学家和生物学家，文章希望“盖闻风而与之起乎，是作者所馨香祈祝者也”③。后来，张载又撰写了《X光线（一至四）》，分别介绍了X射线的发生④，用于产生X射线的变压器的原理和构造⑤，多种类型的X光线管的构造和使用⑥，X光机装置的构成⑦。

① 投稿规约[J]. 科学的中国，1933，1（1）：1.

② 钱天鹤. 爱克司光与生物之关系[J]. 科学的中国，1933，1（1）：13.

③ 钱天鹤. 爱克司光与生物之关系[J]. 科学的中国，1933，1（1）：13.

④ 张载. X光线（一）[J]. 科学的中国，1938，新（1）：11-12.

⑤ 张载. X光线（二）[J]. 科学的中国，1938，新（2）：10.

⑥ 张载. X光线（三）[J]. 科学的中国，1938，新（3）：9-12.

⑦ 张载. X光线（四）[J]. 科学的中国，1938，新（4）：9-11.

根据知识普及的专业性推测，这四篇文章主要用于满足当时X光机操作和维修的需求。

尽管办刊只有五年时间，《科学的中国》对于X射线进行了持续的关注，包括国外的技术进展和最新的报道。例如，《世界最大的爱克司光用以治痈》介绍了世界最大的爱克司光管，长度为三十尺，可以用来治疗疑难杂症①；《爱克司光管好像一只笛子》介绍了在伦敦展出的当时最新式的爱克司光管，电压为二十五万伏，发放出强烈的光线可以治疗深处的病症②。

还有《科学的中国》刊载的化贤的两篇文章《应用于工业的X射线》和《X射线的应用》，专门对X射线的原理和应用进行了全面的普及。《应用于工业的X射线》一文介绍了X射线在工业上的应用情况，提到基于X射线的三种性质“发散及吸收光谱”“物质的吸收和散乱”“回折”，X射线在工业上产生了光谱分析法、透过法和结晶分析法三种方法。光谱分析法主要应用在化学方面，结晶分析法属于金相学分析，而透过法可以在不破坏材料的基础上，对研究材料的构造、组织进行分析，在工业上应用广泛③。文章还专门介绍了透过法的三种技巧和防止透视过程中散射干扰的注意事项，体现了技术普及的实用价值。最后，文章说明了透过法的适用范围包括焊接、铸造和精工材料的试验等。《科学的中国》详细地介绍了X射线的工业应用和注意事项，体现了国人逐渐了解掌握X射线应用的趋势。另一篇文章《X射线的应用》，则“推而广之”，在更广义的范围内普及X射线的应用，可以用来检查透明体的内部，如人体的骨骼和血管；医疗上可以用来诊断和治疗皮肤病、癌症等；鉴定珍珠、金刚石和古画；还能够引起动植物的变化④。

与同时期的期刊、报纸、杂志相比，《科学的中国》对于X射线知识的报道不仅集中，而且利用生动朴实的语言向大众普及X射线的原理和应用，这在当时的同类报刊中是比较少见的。《科学的中国》对于X射线应用进行普

① 世界最大的爱克司光用以治痈[J]. 科学的中国，1933，2(8)：52.
② 芫.爱克司光管好像一支笛子[J]. 科学的中国，1935，5(8)：345.
③ 化贤. 应用于工业的X射线[J]. 科学的中国，1936，8(7)：260-264.
④ 化贤. X射线的应用[J]. 科学的中国，1937，9(6)：666-668.

及宣传，体现了丰富大众科学认识的办刊宗旨，以及利用科学技术解决实际问题的兴趣。

3. 关注新技术：《科学画报》对新兴X光机的积极报道

在科学化运动兴起的过程中，中国科学社也逐渐认识到要提倡中国科学化，只有高深的研究远远不够，还需要提倡科学的普及化，提高一般群众的科学知识水平。在杨孝述[①]的倡议下，中国科学社于1933年8月在上海创办《科学画报》，《科学画报》以图文并茂的形式面向大众进行科学普及，在传播西方科学知识方面获得了巨大的成功。并且该期刊的编辑“均是在国内外都接受过系统、正规高等教育的人员，也是民国科技史上中国第一批留学生中既有深厚国学功底又有扎实自然科学专业学科知识的先进分子”[②]。保障了其科学性。纵览《科学画报》传播的西方科学内容，除了坚持不懈地介绍西方的科学发现和科学进展，传播科学常识和技术应用，还对西方X射线的研究进行了通俗化的解读。同时频繁地刊登西方X光机技术的最新进展和应用情况。

(1)《科学画报》利用通俗的语言和图画宣传X射线知识

20世纪30年代，人们对于X射线的本质的认识和应用日益丰富，X射线已经成为日常生活和生产中必不可少的工具。《科学画报》于1933年选编了德国医生几幅日常的X射线摄影，以让大众更加直接地认识X射线。文章展示的图片来自日常生活，包括织毛衣、钉钉子、弹琴、开灯等场景[③]。文章还介绍了X射线的性质，包括能穿透物质、能使气体带电、能使荧光屏发光。1934年《科学画报》刊登的一篇文章专门介绍X射线产生的机理，并介绍了克鲁克斯管的构造，及其控制调节X射线强度的原理[④]。在应用的普及方面，

---

① 杨孝述（1889—1974），字允中，上海人，松江府中学堂首届毕业生，入清华学习后赴美留学，在美留学期间参与组织了中国科学社，1914年毕业于美国康奈尔大学电工系，1925年任河海工程大学校长，1929年在上海任中国科学社总干事，创办明复科学图书馆、中国科学图书仪器公司并担任总经理，创办《科学杂志》《科学画报》并任总编辑。

② 龚维忠，黄林. 民国科技史视野下《科学画报》传播特征的现实意义[J]. 湖南师范大学社会科学学报，2012，6：132-139.

③ 宽. X光照像机所照的奇观[J]. 科学画报，1933，1（4）：149.

④ 五兴. X光线是怎样产生的[J]. 科学画报，1934，1（12）：472.

《X射线是魔术的大王》将X射线拟人化为“魔眼”，并介绍了X射线的诸多应用，“没有这个慧眼，你的鞋难能合你的脚，警士失掉侦察赝品的线索，伪造图画将被误认为真品，电对于癌也要失去其效用”，文章赞美X射线对于人类社会的贡献，“近代X射线保护你的生命，节省你的金钱，帮助你的事业，维持你的健康，防除你的危险，医治你的疾病和帮助你，使你不受到人欺。她不但是你随身福尔摩斯，直是你的护卫天使”①！

因为“缺乏常识的人们，对X光的名字往往引以为奇”，还有一些说法，“被X光照了之后身体上必定要受影响的”，还有人说“X光一定是一种极亮而且极热的光”。为了消除大家的误解，《科学画报》于1934年刊登的另一篇文章《X射线在医学中的应用》详细地介绍了国外X射线在医学方面应用的情况②。文章首先介绍了X光的来历，“凡物体被负极光线往击之时，当生另一光线，名之曰X光线”。然后介绍了X射线在医学诊断和治疗方面的作用，“X光检验病症的方法有二，第一法如透视，第二法是拍照”，“X光可以治疗的疾病，是一种肿大而不生脓的恶瘤，因为X光富有铲除能力，能使瘤类散消”。最后介绍了X光机的构成和技术原理，包括变压器、X光用柜、X光球管和荧光板。

据已掌握的资料看，这是中国第一篇专门介绍X射线医用功能和X光机技术构造的科普文章，对X射线在医学方面的应用原理、方法和功效等进行了详细的介绍。无疑促进了当时医用X光机的技术推广，这也体现了《科学画报》对中国科学普及工作的贡献。杂志中的文章很大程度上代表了办刊者的期望，《科学画报》在创刊之初就把“把普通科学知识输送到民间去”作为其宗旨。X射线作为20世纪初的一种医疗技术创新，自然引起了《科学画报》的关注。《科学画报》作为中国科学社普及科学的平台，不忘在文章中激励国人“自立自强，科学救国”，其总结道，“X光学到了现在，可说是十分发达了，可是各国的大科学家还是不断地研究，希望能达到最完备的程度”③。

① X射线是魔术的大王[J]. 科学画报，1935，2(13)：492-493.

② 张友梅. X光在医学上的应用[J]. 科学画报，1934，1(15)：562.

③ 张友梅. X光在医学上的应用[J]. 科学画报，1934，1(15)：567.

（2）《科学画报》关注并介绍X光机的新进展

在第一次世界大战以前，即使是欧洲各大医院的X射线设备也十分简单，比较小的医院甚至还没有该设备，医用X光机的用途主要是诊断骨折，以及肺部的疾病而已。“一战”期间，大量的士兵枪伤需要用手术取出弹片，对X光机产生了强烈的需求，在需求的推动下X光机技术取得很大的改进，随之出现了很多新式、便携的X光机[①]。《科学画报》从创刊开始，就密切关注西方X光机技术的发展。1934年刊登的文章《X光在医学上的应用》介绍了不同类型的X光球管，作为X光机的关键部件，X光球管包括最初使用的X光气质球管、古利宝氏管、铝质X光球管和能够利用风扇降温的最新式X光球管等不同的类型[②]。据统计，民国期间，《科学画报》直接报道的各类X光机就有20余次，其中廉价便携式X光机9次。

1937年，《科学画报》登载的新闻介绍美国哥伦比亚大学新装了一个极强的X射线机。这个机器是当时美国最大的X光机，所产生的放射量和价值一亿美金的镭相等，主要供研究和癌症治疗使用[③]。次年，又刊文《轮上X射线照相室》，介绍为了调查工人的矽肺病情况，纽约引进一种移动实验室拍摄X光照片。此种实验室是一辆汽车，可开入任何工厂，每两分钟内拍一张供检查肺脏病症的X光片[④]。《科学画报》还介绍了能用手轻易携带的X射线机，重量仅为三十五磅，可以接入普通电流方便在家庭使用[⑤]。之后不久，又介绍了专供医治病畜使用的X光机，“此机重八百磅，用二十万伏特的电流，连在一个起重机上，可移到室内任一部分”[⑥]。

昂贵的价格一直是制约X光机技术推广的因素之一，《科学画报》还关注了美国使用廉价X射线摄影的情况，“能用便宜的敏感纸代替巨价的X射线软片”，并将身体检查大范围推广，“美国小学生，大学运动员，巡警

---

① 张友梅. X光在医学上的应用[J]. 科学画报，1934，1（15）：564.
② 张友梅. X光在医学上的应用[J]. 科学画报，1934，1（15）：566.
③ M. M. U. 强X射线机辅助癌的研究[J]. 科学画报，1937，4（20）：832.
④ P. A. W. 轮上X射线照相室[J]. 科学画报，1938，5（14）：583.
⑤ 俞一苏. 轻便的X射线机[J]. 科学画报，1939，5（19）：765.
⑥ P. F. W. 世界最大的X-射线机[J]. 科学画报，1939，5（21）：895.

员，消防队员以及工厂和机关职员等的体格，曾用这种新机器检查过者已有500 000人”[①]。类似的报道还有很多，从标题、插图和内容上可以看出，《科学画报》在推广廉价的X光机时热情很高。如1940年第7卷第3期的《一分钱的X-射线照相》的醒目题目，并配以相关说明图片，吸引读者的关注[②]。

《科学画报》以简单、通俗的语言，配以生动的图片，不仅生动展示了X光机的技术原理和技术动态，也凸显了X光机在医疗方面大规模使用的可行性和必要性。单纯通过介绍X射线的原理和功能增加大众对于X射线的认知，只是一种自外而内的知识引介和灌输，而通过具体可行的技术介绍和展示，推广X光机技术并培育市场，使得X光机真正能够在中国的医疗、工业中发挥作用，这才是科学化运动的目的所在。《科学画报》对X射线和X光机大量的科普宣传，为X射线医用技术在全国范围内的推广创造了有利的条件。《科学的中国》以及《科学画报》对于X射线的关注和兴趣，不仅普及了最新的科学知识，而且使科技与社会紧密互动，推动了中国社会的科学化。

三、面向学术：医学期刊对前沿知识的刊载

《中华医学杂志》与《同济医学季刊》作为民国时期医学界影响较大的两本期刊，在引进西方医学研究成果、促进国内医学交流及推动中国医疗事业发展上，均作出了较大的贡献。《中华医学杂志》是中华医学会的会刊，在传播医学知识、思想和方法上作用颇多。以X射线应用为基础的医学放射学，作为20世纪新兴的诊断和治疗方法，成为医学期刊共同关注的对象。

1.《中华医学杂志》的密集绍

《中华医学杂志》于1915年11月创刊于上海，伍连德[③]任首任总编辑。《中华医学杂志》创刊后，关注中国医疗健康的实际问题，引介国外医学理论与学说，汇聚了一批医学界人士，在引领近代中国医学发展方面发挥了重要

① P. N. U. 价廉的X射线照相[J]. 科学画报，1940, 6(7)：398.

② P. J. U. 一分钱的X-射线照相[J]. 科学画报，1940, 7(3)：173.

③ 伍连德（1879—1960），公共卫生学家，中国防疫事业的开创者，1902年获剑桥大学医学学士学位和外科学士学位，1903年获博士学位，1910年担任东三省防鼠疫总医官，成功控制了鼠疫疫情，1915年与颜福庆等创立中华医学会。

作用，成为近代中国影响最大的医学期刊之一。总编辑伍连德在杂志创刊之初就将“各省痨病、瘟疫蔓延不绝，均由防范无方，今假杂志砭阵而警告之，自可辅助警官，俾知施行而设备”视作刊物的特色之一。鉴于X射线医学应用对于筛查肺痨的作用，《中华医学杂志》在译介X射线诊断痨病的知识，推广X射线身体检查方面作出了重要贡献。

1926年，《中华医学杂志》刊登俞凤宾[①]的《肺部用X光线视察与摄影之一得》，专门介绍X射线检查肺部的两种方法——透视和摄影，“X光线诊断肺部诸疾可用二法，（一）曰映光视察，用钡铂镍映光片以视察之；（二）曰摄影用软片照成影像以细阅之”[②]。俞凤宾比较了两种方法在肺部检查中的优缺点，“映光视察之长处在于窥察胸部动作时之状态。摄影之长处在于发现细小之斑痕”。俞凤宾根据自己的行医经验，将肺结核摄影分为五种类型，包括“粟粒性结核、轻微的结核症、疏散的结核症、浓密性结核症、钙沉着的结合症”，并分别介绍了各自对应的透视和摄影特征。根据文章的描述，“视察以窥其动中消息，摄影以诊其静中征象”，“再加以向来常用之各法”，那么诊断肺结核就能了如指掌，可见文章对于实际操作具有的重要意义。1936年，江涛声翻译的文章《放射疗法（爱克司光线及镭治疗）》，详细介绍了X射线和镭对于人体组织和各种细胞的影响，包括淋巴细胞、胸腺、白细胞、上皮细胞、皮肤细胞等，并介绍了它们在治疗各种癌症中的作用。该文章从原理、操作到优劣对比，对放射疗法进行了详细的介绍[③]。

此外，《中华医学杂志》以译介西方论文的形式，引进了一批前沿的医学X射线放射学研究成果，主要有《急性肠梗阻不籍不透明剂之X光线诊断法》《白血病之X光线透射及盆卓尔Benzol疗法》和《颈部急性淋巴腺炎之X光治疗》等，介绍了X射线在诊断急性肠梗阻、治疗白血病和淋巴腺炎方面的

---

① 俞凤宾（1884—1930），字庆恩，江苏太仓人，1907年毕业于上海圣约翰大学医学部，1912年留学美国宾夕法尼亚大学专修热带病学及公共卫生学，获公共卫生学博士学位。1915年回国，在上海开业行医。兼任南洋大学校医、圣约翰大学医学部教授、北洋政府卫生部中央卫生委员会委员。

② 俞凤宾. 肺部用X光线视察与摄影之一得[J]. 中华医学杂志，1926, 12（1）：1-5.

③ DESJARDINS A U. 放射疗法（爱克司光线及镭治疗）[J]. 江涛声，译. 中华医学杂志，1936, 22（4）：260-296.

功效。《中华医学杂志》还通过刊登书讯、组织培训班的形式，联系放射科的知识共同体，宣传X射线放射学的知识，培训放射科医生。抗战期间，《中华医学杂志》则以“文摘”和“各国医学杂志节略”的形式，继续关注X射线放射治疗的进展，刊登了《肺痨之局部X光摄影》《预防X光放射使白血球减少》《经绝期近月经过多之放射疗法》等一系列文章。

2.《同济医学季刊》的集中刊载

除了《中华医学杂志》外，由同济大学医学院同学会主办的《同济医学季刊》也对医用X射线进行了介绍。1931年3月，《同济医学季刊》的创刊号就大篇幅刊登《X线学述略》，内容来自X射线学教材总论，主要介绍医用X射线的原理和功能，开篇即指出X射线“应用于医学，日进不已，至于今日，已成为医家必不可少之武器矣，各大医院无不备X线装置，医学校亦添X线学一门，已成为专门学问之一种”。由此可见，医用X光机在当时上海的大医院已经相当普及，而且医学院校也开始讲授应用X射线的课程，X射线学已经成为独立学科。文章先介绍了X射线的物理学基础、X射线对于不同脏器成像的原理、透视和摄影的比较，“欲求细微之变化，如骨之疾患，则摄影为尚；观察脏器之运动，则取投射法；行肺检查时，则兼用之，一观其构造变化，一观其下缘之上下运动”①。然后文章介绍了X射线在诊断和治疗两方面的应用，在诊断部分主要介绍了X射线成像的人工对比形成法和X射线检查疾病的方法，包括如何对软组织、骨关节病、骨折、异物和结石进行检查等；治疗部分则介绍了X射线对于身体细胞的影响、X射线照射造成的一般身体反应、X射线对于病理组织的作用和深部疗法②。这篇文章对于X射线的医学应用进行了全面的介绍，特别是治疗应用的介绍非常及时，例如X射线对于淋巴组织增生、腺细胞分泌作用的影响等。

《同济医学季刊》积极地译介海外X射线诊疗的研究进展，编译了《对内科病用X光治疗法》《爱克司光之妊娠中止》和《X光诊断关节病之新进展》

① 孙长孺，孔麒. X线学述略[J]. 同济医学季刊. 1931，1(1)：83-91.

② 孙长孺，孔麒. X线学述略(续)[J]. 同济医学季刊. 1931，1(2)：63-65.

等文章，专门介绍X射线在医学方面的应用。《对内科病用X光治疗法》根据西方的研究著作介绍了X射线对于白血病、赤血球增加症、淋巴肉肿、放线菌病、气管枝性喘息等疑难病症的治疗方案①。《爱克司光之妊娠中止》介绍了应用X射线终止妊娠，从统计意义上看，该项应用已经获得了成功，但是从X射线照射到流产之前，有可能导致婴儿畸形，如果中止失败，最终生产则将带来不良的社会效果②。《X光诊断关节病之新进展》则详细地介绍了利用X射线诊断关节病的最新方法③。此外，1940年，王承烈还在《同济医学季刊》发表过文章专门介绍眼结核的X光疗法，X射线对于骨膜、角膜、葡萄膜的结核病具有良好的功效④，该成果是他在海外留学时的主要成果。

对于X射线在期刊内容展现上，在综合性与专业性期刊上都有报道，及时向国民普及了X射线相关知识并且随着研究进展而不断深入。就文章类型而言，近代中文期刊传播X射线技术的文章以医学类介绍为主，内容偏重于医用X射线的诊断和治疗，其次是介绍X射线的应用，显示出此时对于国内外X射线技术应用动态的关注；然后是综合社会新闻，体现了社会大众对于X射线知识的关注；物理类学术文章和科普X射线知识的介绍，反映了X射线知识在近代中国的传播已经相对专业和成熟。

第三节　概念对译：X-ray中文译名的演变过程

在中西科技文化交流和传播过程中，专业术语的对译是一个很重要的问题。由于文化背景的不同，术语对译对跨文化传播往往有着举足轻重的影响。X射线是19—20世纪之交、科学革命年代的一个重大科学发现。本文所要研究的是X射线译名翻译的复杂演变过程及其在中国的传播。从中可以看到，

① 詹世芳. 对内科病用X光治疗法[J]. 同济医学季刊，1932，2(1-2)：47-51.
② WINTZ. 爱克司光之妊娠中止[J]. 转安，译. 同济医学季刊，1933，3(2)：93-97.
③ HELD A. X光诊断关节病之新进展[J]. 苏德，译. 同济医学季刊，1935，5(3)：46-49.
④ 王承烈. 眼结核病之X光疗法[J]. 同济医学季刊，1940，7(3)：59-63.

即便是“为用”的西学，在传统中国的传播和接受也会经历一个复杂艰难的变化过程。

19世纪90年代，X射线被介绍到中国后，由于其独特的性质和医疗功能，很快就在中国社会引起了广泛关注[①]。在此过程中，根据X-ray这一英文名称，除了衍生出音译名、意译名和形译名外，还产生了混合翻译的字母词。除了跨文化传播的工具性意义，这些译名还体现出传统文化背景下中国知识分子对西方文化的理解和对接，反映了某些中西会通的文化努力。从传播的工具主义特性看，多种译名的长期共存和广泛使用，多少对科学的统一性和本土化带来一些歧义和混乱，反映出中国现代化过程中文化适应上的艰难历程。20世纪30年代后，经过当时社会各方的努力，汉语语境中逐渐形成了“X射线”“X线”“X光”和“伦琴射线”等几个相对稳定的中文译名，并最终确定“X射线”作为规范译名。

虽然已有学者从词源和医学史的视角研究了该译名的演变[②]，但缺乏对演变背后主导对象、文化心态和历史原因的探讨。本节从历史文献入手，结合相应的文化背景，对X-ray中文译名的变化过程进行系统的探讨。不仅可以从侧面了解近代物理学名词在中国现代化早期的形成与嬗变，而且可以体现中国传统文化及受其影响的知识分子在西方科学名词本土化过程中所产生的影响和扮演的角色。

一、早期X-ray中文译名的使用和传播：“音、形、意”的交织

1895年，德国物理学家伦琴发现，即使将阴极射线管用黑纸紧紧蒙上，通电后依然可使氰化铂钡发亮，这表明有一种肉眼看不见的射线穿透黑纸。伦琴意识到这是个不寻常的发现，在随后发表于《科学》的论文《关于一种新的射线》中，他将这种肉眼看不见的新射线命名为X-ray。据伦琴自己表

① 徐生忠. 近代中国报刊对X射线知识的传播[J]. 莆田学院学报，2012，19(4)：83-87.

② 张铁文. 词源研究与术语规范：X射线词族的词源研究[J]. 术语标准化与信息技术，2005(1)：28-34.

示，之所以如此命名，"是由于简便的缘故"[①]。据科学史家推测，这样命名有其更早的渊源。从1637年笛卡儿在《几何》一书中引入X、Y、Z等字母来代表未知量起[②]，英语和其他欧洲语言的科学文本也开始采用X、Y、Z等字母来代表未知数字或事物，这就在科学界产生了一个对未知事物命名的惯例法则。在新射线发现之初，由于对其性质和构成并不了解，所以伦琴也就按照惯例，用表达未知事物的X来命名这种新射线。

伦琴公布这一发现后，世界各大实验室纷纷重复该实验，加上报刊媒体的舆论报道，在社会上引发了空前的关注[③]。1896年，与之相关的消息很快就出现在中国出版的刊物上。这与其他科学知识的传播有所不同，可以说X射线物理学在中国的传播从一开始就与世界同步，站在了世界的前沿[④]。就目前掌握的资料，1896年3月刊登在上海《万国公报》的《光学新奇》是国内第一篇报道X射线的文章。《光学新奇》介绍了X射线的"透光"性质，并言明这种性质"与医理大有关系"[⑤]。该文将伦琴的名字音译为"朗得根"，将发出X射线的设备称为"摄影镜"，但并未直接提及X-ray的译名。

早期的音译方式主要存在于中国近代报刊中，这些媒体传播者的初衷很可能是为满足大众猎奇的心理而发布来自西洋的新颖离奇玩意，以达到吸引大众眼球的目的。但媒体自己一般对所发布的内容未必有完全透彻的理解，所以音译也是能减少困难、迅速发布消息的捷径。但因翻译或编译消息者可能来自不同地域，在发音上有所不同，再加上整个行业和科学界都缺乏统一规范，所以导致音译的结果五花八门。例如，除了前述纯粹以发现者名字音译的"朗得根"光之外，1897年9月，《时务报》刊登了以"曷格司射光"为

---

① 夏宝枢，柳澄. X线词源及中文译名的演变[M]//赵斌，夏宝枢. 中国放射百年史. 济南：山东教育出版社，2014：283-286.

② RONTGEN W C. On a new kind of rays[J]. Science，1896：227-231.

③ 笛卡儿. 笛卡儿几何[M]. 北京：北京大学出版社，2008：356.

④ RONTGEN W C, George Sarton. The discovery of X-rays[J]. Isis，1937，26(2)：349-369.

⑤ 戴念祖. 中国科学技术史·物理卷[M]. 北京：科学出版社，2001：15917-15918.

题的三篇同题文章[①]，介绍了X射线在矿物探测、家禽养殖、海关验物等方面的应用。此处出现的“曷格司射光”除了有音译，还将“ray”翻译为“射光”，已经有点意译的味道，是较早采用的半音译半意译的混合翻译法。其中“射光”有取中文“发射”的意思，似表示光线是从仪器中发射出来的，与“反射光、折射光”相互参照。而“曷格司”似是与X的音节相互对应而翻译过来的。那么，读音相同并且更加准确的汉字很多，为何偏偏要选取这三个具体的汉字来作为译名？仔细考究，这里面恐怕还有一定的考虑。第一个“曷”字并不是常见汉字，在《说文》中解为“曷，何也。”而其读音在粤语和闽南语中都有接近官话“爱”字的读音，这样一来，用这个字，就有了一定的双关涵义。一则用“何也”的疑问意思对应外文X对未知事物的表征，另一则是读音也大致接近X的元音。第二个“格”字，立刻能令人联想到传统文化中人所共知的“格物致知”。最后一个“司”字也很有意思，有掌控和管理的含义。总体上看，使用这三个字作为译名，一方面，读音与X接近，对于外行的普通读者而言，直接表征了一个前所未见、名称新颖的奇妙事物；另一方面，对有一定文化知识背景的读者而言，不但名称新奇，而且含有深意，亦即这是一个经由未知，通过格物而达到掌控的事物。由此可见，这个翻译还是费了一番心思的，联系到文章是发表在当时充当着维新派喉舌的《时务报》上，在某种程度上体现了维新派知识分子在中国传统文化的背景下极力理解和对接西方科学文化的努力。

在此之后，“曷格司光”“叶格斯光线”“厄克斯射线”等译名也渐次出现。但总体来看，这几种音译名的使用都不十分普遍，第一个可能的原因，应该是其中文发音“hé”“yè”以及“è”与原发音/e/并不严格对应；第二个原因，或许也有这几个名称发音不够朗朗上口，书写不太便利、不够大众化的缘故，后来逐渐被其他译名所代替。

在中文音译名中，实际上用得最广泛的是“爱克司光”和“爱克斯光”

① 出自《时务报》的第三十八册、第四十三册、第四十四册。三篇文章分别编译自《美国格致报》（1897年7月24日）、《上海字西林报》（1897年10月13日）和《上海字西林报》（1897年10月19日）。

两种。而“爱克司光线”和“爱克斯光线”也较为常见。此外，其他译名还有“爱克司射线”“爱克斯射线”“爱格斯光”等。这些译法基本都是根据X-ray的英语词进行混合翻译，对X的发音对译，ray意译为“光”“光线”或者“射线”。舍弃了前期双关含义的文人墨客式的“咬文嚼字”，而采取了更加简捷和大众化的音译法。这些译名广泛出现在大众报纸和部分学术刊物中，如《万国公报》《申报》《中外日报》《科学画报》《科学的中国》《中华医学杂志》《卫生月刊》《化学世界》等数十种。这些文章介绍了X射线的发现、医疗应用、危害以及研究进展等。有趣的是，风行一时的X射线还被写进文学作品中，出现在了政治小说《铁血男儿》中，成为一种直透人心的利器①。

与维新派知识分子为了达到体用结合、维新变法之目的，刻意在表征新奇事物的西方概念中加入中国文化元素不同，实用化的媒体人为了传播的便捷，不再寻求更深刻的“雅”文化含义，而更看重新奇和便利的“俗”文化含义。因此，在早期的翻译中，还出现了一种“形译”的翻译方式，直接将西文的词形“照搬”过来。例如，1897年，澳门出版的《知新报》刊登了题为《考求照骨》的文章，“近传隔皮见骨之法，秘而不授……称之义光线”②。其后一两年间，该报出版“义光显微”“卢贱光学”“义光印字书”③等多篇与X射线相关的报道，均采用形译名，这是由于“X者乃英国字之第二十四字母，甚无解意，故余译作义光，因义与X字略同形”④。此后，“义光”还出现在了1931年《申报》的一则医疗广告中⑤。形译名仅见于《知新报》《申报》等少数报刊，昙花一现后就销声匿迹了。

除了音译和形译，还出现了一种根据X-ray一词的物理学涵义，结合“奇门遁甲”等传统观念而翻译的意译法，形成诸如“照骨新法”“照骨之术”“透

① 林乐知. 光学新奇[N]. 万国公报，台北：华文书局，1977, 第25本第86册.

② 常觉，独鹤. 铁血男儿[N]. 申报，1913-02-22(10).

③ 分别出自《义光显微》(1897年11月24日，第三十八册)、《卢贱光学》(1899年3月12日，第八十册)、《义光印字书》(1899年3月22日，第八十一册)。

④ 考求照骨[N]. 知新报，1897(2)：14.

⑤ 丫光驱使鱼雷[N]. 知新报，1899-10-05, 第一百册.

物电光”“通物电光”等译名，出现在报章杂志中。1896年7月，《万国公报》的文章《照骨续志》介绍了X射线的传播情况和应用前景，预测X射线可以为“铸洋枪管、炼铁路、打火车轮”带来“精益求精之法”[①]。报道将X射线译为“照骨新法”，“照骨”是X射线当时重要的实际应用，医生利用X射线透视人体进行诊视。1898年3月24日，赴日议和的李鸿章，在马关遭到小山丰太郎枪击，虽经抢救脱离危险，但弹头却留在颊骨之内。同年6月，访问欧洲的李鸿章在柏林接受了X射线诊视，成为最早接受X射线诊视的中国人[②]。X射线可以穿过人畜皮肉，如同光透过玻璃一样，“照人手足，只见骨而不见肉”，这在社会上引起了很大轰动。有一位报社编辑，不相信X射线透物的功能，“嘱格物士照其首，追摹印成幅，明现骷髅一具，并无法皮肉毫发，惨惨之状，碜碜可人”[③]。X射线的“透视”功能，使人类第一次看到自己的骨骼，带来了视觉和心理上的强烈冲击，成为大众猎奇的噱头。因此，用“照骨新法”命名X射线也就不足为怪了。

此外，与“照骨新法”类似的意译名还有“隔皮见骨之法”“透骨电光”“电光照骨”等，这类意译名主要存在于1900年之前。随着研究的进一步深入，更多的X射线应用开始出现，如矿物探测、家禽养殖、海关验物等。简单译为“照骨”已不能满足译名指代和解释的需要，因此到1898年后逐渐被意译名“透物电光”和“通物电光”代替。虽不清楚何人最早提出了“透物电光”这一译名，但它在1898年3月至7月间就已经陆续出现在《格致新报》上。作为以“格致”命名的文理综合性刊物，《格致新报》设立“问答”栏目，由向贾二解答读者提出的疑难困惑，“透物电光”的译法至少四次出现在该栏目之中[④]，这体现了当时大众对X射线强烈的知识需求和好奇心。

---

① 义光拍诊治疗[N]. 申报，1931-04-27(本埠增刊)：16197-16198.

② 林乐知. 照骨续志[N]. 万国公报，台北：华文书局，1977，第25本第90册：81.

③ 杜鹏. 最早接受X射线诊视的中国人[J]. 中国科技史料，1995，16(2)：81-83.

④ 李婧，姚远.《格致新报》及其理化知识传播新探[J]. 西北大学学报(自然科学版)，2010，40(4)：742-746.

1899年，国内出版的第一本X射线专著——《通物电光》[①]由傅兰雅口译，王季烈书述出版。该书详述了X射线的产生、性质和医学应用。译者在按语中写道："爱克司即华文代数式中所用之'天'字也。今用'天光'二字文义太晦，故译时改名之曰'通物电光'。"虽然"通物电光"可以形象地反映X射线的特点和性质，但是"通物电光"和"透物电光"两种译名并没有得到认可而逐渐被湮灭。虽未找到直接解释，不过有一种学理上的可能性存在。截至1900年，具有或强或弱"透物"能力的α、β、γ射线相继被发现，如果将X射线译为"通物电光"或"透物电光"，就有可能造成误解。因此，需要一个既可保留该词原意，又能在一定程度上弱化疑义的新译名。

在X射线传入中国的早期阶段，几乎同步出现的"音、形、意"三种译名时常并存和混用。1896—1900年间，"曷格司射光""透物电光""义光"等译名，在报章杂志中交替出现，同一份报纸的不同文章中出现多种译名[②]，甚至同一篇文章中使用两种译名的现象时有发生。针对译名不统一的问题，傅兰雅和王季烈通过借鉴中国传统的文化资源，希望将"通物电光"作为X-ray的译名推广使用，"考究通物电光，不免有多名目，而其解释为最要因，无一定之名目，则议论不能畅达，而其名目与光学电学源流有相关涉，故应详论之"，但从后来的传播效果看，这种尝试并没有成功。

二、20世纪初，"字母词"的出现和创新

伴随着国内外X射线研究的进步和科学知识传播的需要，X-ray的译名逐渐受到中国科学界的关注和重视。相对于大众对于术语本身的"不求甚解"，学界特别是科学家群体更注重从学理角度推敲合适的中文译名，因此产生了不同的意见和看法。进入20世纪以后，诸如X-ray之类的外国科学名词

① 该书译自莫顿（W. J. Morton）和汉莫尔（E. W. Hammer）合著的《X射线——不可见的照相术及其在外科术的价值》（*The X-ray, or Photography of the Invisible and Its Value in Surgery*）。该书1896年由美国技术图书公司出版，《通物电光》由该书第五版译出。莫顿是美国神经学家、医生，是美国最早将X射线应用于医疗的医生之一。

② 例如：刊登在《格致新报》的《学问之源流门类》（1898年3月13日，第1页），《问透骨电光》（1898年4月1日，第12页），《问曷格司光镜》（1898年4月1日，第13页）等。

大量涌现，过去“音、形、意”翻译法的局限性逐渐凸显。一种新的翻译方法，亦即译名的汉语字母词[①]开始大量出现。具体表现在当时的学术刊物和大众媒体中出现了“X线”“X射线”“X光”“X光线”等样式的新译法。这些由X-ray翻译而来的汉语字母词，由于方式新颖、表达简单、便于理解、发音准确，逐渐成为使用率较高的译名。

从文化传播的角度看，字母词的出现是由于一部分知识分子在中西文化交汇中，逐渐熟悉了西方的字母文字，在保留“中体”的文化心理前提下，不再视“西用”为洪水猛兽。为“西用”服务的字母汉语词汇，也成为一种可接受的意向符号，兼有新颖、准确、便利的特征。用这种新汉语词来引进和代表外来概念，反而更加直观易懂，更能克服跨文化传播的藩篱，更好地服务于“西学为用”。

在这个过程中，西方传教士的译介和来自日文的转译也发挥了重要作用。1898年，登州文会馆翻译再版的《光学揭要》提到“其理甚奥，无人能解，故西国又名X线”。这是译名“X线”作为字母词的首次出现，也是中国出现较早的字母词。1902年发表在《大陆》杂志的一篇文章和1903年鲁迅发表在《浙江潮》上的《说鈤》一文均采用“X线”一词[②]，这两份杂志均由留日学生编辑发行，因此受到了当时日文译名转译的影响。1908年，陈文以日本本多光太郎、田中三四郎的《新式物理学教科书》为底本[③]，编译出版的《中等教科新式物理学》将“有一种辐射线，名为X线”[④]。当时中国的留日学生和从日本引进的教科书借鉴了日文翻译“X线”的汉字组合，将“X线”作为“借形词”引入中国。

20世纪初，与“X线”一词的小规模使用不同，受到一些大众刊物的影响，“X光线”似乎有更广泛的群众基础。1903年，《新民丛报》先后刊登了

① 字母词指汉语中含字母的词或者由纯字母构成的词。

② 日本东京浙江同乡会杂志部. 浙江潮[M]. 该部，1903.

③ 咏梅. 中日近代物理学交流史研究（1850—1922）[M]. 北京：中央民族大学出版社，2013：114.

④ 陈文. 中等教科新式物理学[M]. 上海：科学会编译部总发行所，1908：436.

四篇与X射线相关的文章[①]，均采用“X光线”这一译名。尔后，该译名在科普期刊中时有出现。1904年，《大陆报》在第7期刊载了《X光线》，普及了X射线对人体的伤害，“稍不留意，辄受火伤，其痛楚与曝诸炎日无异”[②]。同年，在第11期《用X光线识别蚕茧雌雄之法》[③]中也采用了该名称。由于当时对X射线的本质认识模糊，“虽名为光，亦关乎电，终难知其属于何类，以其与光略近，故权名为光”[④]，使得人们将X射线看作一种特殊的光线，这或许是该译名流行的原因。1907年，以“为广大国民普及科学知识”为宗旨的杂志《科学一斑》，刊登了一篇文章《论X光线》，其中提到“X光线（X-strohlen）[⑤]用X代未知之光线”[⑥]。1909年，国内的综合性杂志《东方杂志》也在其刊发的文章中使用了“X光线”这一名称[⑦]。“X光线”还出现在了晚清学部审定的《普通应用物理教科书》中，该书在“本书编述之体例”中提到译名的原则，“所用译语，无论华译和译，取用时概以于该句意义圆足显明为主”。

而后来被普遍使用的两个译名“X光”和“X射线”出现较晚，直到民国时期才零星出现在《申报》和《协和报》中，使用并不广泛。到20世纪初，虽然一些音译名也偶尔使用，但是字母词“X线”“X光线”已经占据上风。各种译名混合使用，前后不一的情况依然存在。由于中国现代科学界本身还没有成型，也就无法形成统一的规范。而一旦科学家群体开始形成，则科学译名的统一亦将势在必行。该时期有关X射线的报道内容，由早期对新鲜事物的猎奇，逐渐转向对X射线实用化应用知识的报道与普及。

---

① 分别为《X光线治白发》（1903年第38-39期，第243页）、《X光线之利用》（1903年第42-43期，第236页）、《X光线之制革》（1903年第35期，第127页）、《X光线摄影发明家陆近》（1903年第36期第9页）。

② X光线[N]. 大陆报，1904（7）：108.

③ 用X光线识别蚕茧雌雄之法[N]. 大陆（上海1902），1904，2（11）：10.

④ 曹增友. 传教士与中国科学[M]. 北京：宗教文化出版社，1999：143.

⑤ 原文如此，应为X-strahlen之误。

⑥ 任憨. 论X光线[J]. 科学一斑，1907（1）：71.

⑦ X光线之新效用[J]. 东方杂志，1909，6（8）：51.

三、清末民初，国家对X-ray译名的审定与规范

甲午中日战争之后，中国兴起了一股“翻译东洋图书热”，东洋不同于西洋，毕竟同为东方国家，引进东洋的学说文化，阻力大大小于西洋。在此浪潮中，为了编译和注释西学名词，1903年，由汪荣宝、叶澜编撰的《新尔雅》在上海明权社出版。从这部汉语工具书的名称中就可以看出中国当时知识阶层对待东洋文化的态度，《新尔雅》也是《尔雅》，与中国传统文化是相通的，只不过比较新而已。在《新尔雅》的广告中，有一段介绍编撰目的的文字：“凡一种科学，必有专门名词，即所谓术语是也。近来译书迭出，取用名词仍和译之旧。读者望文生义，易致误解”[①]。因此，在《新尔雅》中未将X-ray完全按照日制汉语的惯例译为“X线”，而是译为了“X光线”。作为中国近代最早的一部新语词词典，该书收录和解释了当时常见常用的学术新名词，对使用者的影响不容忽视。

20世纪初，《中华医学杂志》《医药评论》《新医药》等医学刊物以及《科学》《科学的中国》《科学画报》等综合性自然科学刊物陆续问世，其刊登的相关论文和报道也大都采用了“X光线”这一译名。1934年，新生命书局出版的《新名词辞典》和上海华通书局出版的《自然科学辞典》均收录X-ray一词，其译名也为“X光线”。

随着中国现代科学共同体的发育成型，以及科学认识的深入，大家逐渐认识到X射线的一些性质并不完全等同于可见光线，比如难于产生反射和折射现象，因此称为“光”或“光线”，容易与可见光混淆，似有不妥。因此，译名“X光”和“X光线”也就逐渐被物理学界废弃，不再使用。

除了民间和科学界的努力，晚清政府以及后来的民国政府也都在科学术语的规范化方面有所贡献。1905年，清政府设立学部，试图规范科学术语的译名，次年在学部设立编译图书局，下设审定科，开始有计划、有组织地编译、审定名词。1908年，在王季烈的主持下，学部编纂发行《物理学语汇》。该书是中国第一部汇集成书的物理学名词集，其在编排和审定方面参考了

① 赵林凤. 汪荣宝评传[M]. 南京：南京大学出版社，2012：348.

1888年日本出版的第一部物理学名词集——《物理学術語対訳字书》[①]，将X-ray译为“爱克司放射线”，但该译名后来并没有被科学界采纳，也没有大量见诸报章。这也说明“专科学术名词，非精其学者不能翻译”，仅通过和译来审定中文译名是远远不够的。

与此同时，X射线作为一项重要的医学应用，也引起了医药工具书编辑者的注意。博医会的英国传教士高似兰（P. B. Cousland）在医学译名的规范方面做了大量工作，1908年5月出版的《高氏医学辞汇》收录了X-ray一词，并译为“X线”。作为中国近代医学史上影响最广泛的医学辞典，《高氏医学辞汇》与医学进展同步，在20世纪上半叶一直是最重要的英汉医学辞典，影响极大[②]。直到20世纪90年代，“X线”还被很多医学词典收录，并被医学工作者在论文和报道中使用，这一现象可以视为医学工作者长期沿用该译名的结果。

1911年辛亥革命后，科学术语的审定工作得到了中华民国政府和学术团体的重视和支持。1918年，中华民国教育部将原医学名词审查会博医会扩充设立科学名词审查会。1920年，科学名词审查会议决定增加物理学名词审查组，由中国科学社主稿，标志着物理学名词审定进入新的阶段。同年，中国科学社起草的《物理学名词（第一次审查本）》编制完成，但由于种种原因未能出版。1925年，《物理学名词（第一次审查本）》刊登在《科学》杂志上，X-ray收录于“第三集磁学电学”部分，译为“X射线”。1931年，中华民国教育部将《物理学名词（第一次审查本）》订正后，分发给国内物理学家征求意见。翌年，萨本栋在第一次审查本和中华民国教育部增订本的基础上，编著了《物理学名词汇》[③]，书中同样沿用了“X射线”作为译名。

1932年，隶属于中华民国教育部的国立编译馆在南京成立之初，就开始着手物理学名词的审定工作，并在中国物理学会成立大会上，提请组建名词审查委员会。1933年4月，借助中华民国教育部召开天文物理讨论会的机会，

① 王冰. 中国早期物理学名词的审订与统一[J]. 自然科学史研究，1997, 16（3）：253-262.

② 张大庆. 高似兰：医学名词翻译标准化的推动者[J]. 中国科技史料，2001, 22（4）：324-330.

③ 许乔蓁，林鸿禧. 萨本栋文集[M]. 厦门：厦门大学出版社，1995：1.

编译馆将所编物理名词初稿提出讨论。但由于会期短促，大会决定先将名词交中国物理学会负责整理，再请编译馆增修。同年8月，中国物理学会第二届年会推举吴有训、周昌寿、何育杰、裘维裕、王守竞、严济慈、杨肇燫等7位委员对名词进行了逐一审查，于9月2日审查结束。1934年1月25日，国立编译馆将整理后的版本呈请中华民国教育部核定，1月31日，中华民国教育部公布《物理学名词》①，同年8月由商务印书馆出版。在《物理学名词》中，X-ray的译名为“X射线”，与《物理学名词（第一次审查本）》和《物理学名词汇》相同。相比之前知识分子、传教士以及科学家个人对于译名规范的努力，中华民国教育部和国立编译馆审查公布的《物理学名词》最具权威性，“X射线”一词由此被确定为标准译名。

1937年，萨本栋撰写的教科书《普通物理学》采用了“X射线”作为译名，并用专门一节介绍其性质和应用。该书中的物理学术语全部按照中华民国教育部标准使用，对译名的规范和推广起到了很大作用。而从20世纪30年代开始，《X射线》《应用X射线光谱于化学分析：钒之定量》等学术专著以及《科学画报》《科学的中国》《新科学》中的报道也开始陆续使用该译名，这是与X射线物理学的发展相匹配的。物理学名词的审定工作也受到了医学界的重视，在1931年出版的《高氏医学辞汇》第七版中，X-ray的中文译名也被修改为“爱克司光线，X射线”②。物理学术语的规范化是后来“X射线”得以逐渐推广的重要原因。

值得注意的是，尽管“X射线”被确定为标准译名，但是“X线”“X光”“X光线”“爱克司射线”等各种译名依旧大量使用。1934年，《科学》杂志刊出由严济慈和陆学善合作翻译的文章，仍在使用“X线”③。而在1936年，中国物理学会主办的《中国物理学报》上还刊出一篇施士元的文章《热动对晶体反射X线之影响》。在《科学画报》《科学的中国》中，“X光”也还被使用。在医学领域，《中华医学杂志》《新医学报》《同济医学季刊》等还

---

① 国立编译馆. 物理学名词[M]. 上海：商务印书馆，1934：序.

② 高似兰，鲁德馨，孟合理. 高氏医学辞汇[M]. 上海：中国博医会，1931：305.

③ 严济慈，陆学善. 美国物理学会的初年[J]. 科学，1934, 18（11）：1411-1417.

在使用“X光”和“X线”。这种情况与中西文化本位的思考无关，可能与以下几个因素有关。其一，国内从事X射线研究的主体并非单一，包括中央研究院物理研究所、北平研究院镭学研究所和大学等机构，其从业者的文化背景和学术渊源不尽相同，各有其习惯用法，无法完全强求一致；其二，《中国物理学报》以英、法、德三国文字发表论文，其中文标题的名称是否符合最新规范，编者未必十分重视；其三，医学工作者和大众多是关注X射线的应用、疗效和可操作性，通常按照自己习惯的方式来使用汉语名称，名称只要方便记忆和区分即可，并没有完全使用规范译名。《大众医学》就在一篇文章中写道：“……名之曰X射线，一般人则称之为X光，于是X射线（或X光）这个名词就传遍了全世界。”[①]因此，使用“X光”“X线”作为译名对于表达交流并无大碍。

四、小结

自1896年与X射线有关的报道首次在中国出现，到1934年中华民国教育部核定的《物理学名词》确定“X射线”为规范译名，近四十年间，西文科学术语X-ray的中文译名出现了音、形、意和字母词等多种翻译方式和结果。每种方式都有其产生的文化背景和文化心理，从维新派的“中西合体”到保守派的“中体西用”，从猎奇性的“奇门遁甲”到专业团体的学术规范化。各种译名在某种程度上反映了传统知识分子、政府官员、媒体从业者、职业科学家、普通大众乃至外国传教士在思想意识和思维方式上的差异和多样化，展现了中国与西方在科技文化交流领域的碰撞和融合过程。

20世纪初，字母词的出现是近代科技术语的一次创新，既表意准确又便于传播，很快被知识分子和大众接受。最后的结局归于新的汉语字母词，则是中国走向现代化过程中的一次巨大创新，是西方科学在中国文化土壤中的本土化和规范化，以及全球科学一体化的证明，也是中国传统文化具有适应和吸收外来文化的巨大包容性的一个明显表征。与此同时，随着X射线物理

---

① 郭俊渊. X射线[J]. 大众医学，1949，3（1）：18.

学持续快速的发展和医疗应用的普及，人们对学术名词规范化提出了要求，有志之士、传教士、科学家和政府都曾努力提出一个“规范化”的译名。尽管有些译名的使用非常广泛，但科学家群体在政府的支持下，最终提出了更具权威性和科学性的意见。

从知识传播和文化融合的角度看，X-ray译名的演变过程，看似简单实则复杂，是各种社会认识和观念在西方科学传播中的重新整合；看似迅速实则漫长，是数代新型知识分子不断成长的结晶。此外，尽管“X射线”一词被确定为X-ray的标准译名，但时至今日，仍然存在着“X射线”“X线”“X光”等多种译名并存的情况。除了上述字母词，X-ray的音译名“爱克司光”和“爱克司射线”也时常出现。这又预示着科学的本土化和跨文化传播过程并未彻底结束，更可能是个不断深化和向纵深扩展的无止境的前沿。同时，这也提示我们应该继续加强研究，以弘扬优秀传统，适应新的变化。

第四节　本章小结

综上所述，在X射线知识经由期刊报纸在中国传播的过程中，综合性报刊、科学期刊和医学期刊发挥了重要的作用。清末民初时期，综合性报刊利用大众的好奇心，报道了X射线发现的新闻和应用；民国中期，科学期刊在科学化运动的推动下，普及了X射线的基本常识和医学应用，扩大了知识传播的深度和广度，促进了社会对于X光机技术的接纳；民国后期，医学期刊对于国外医学研究的译介，结合社会兴起的防痨运动，为医用X光机技术的推广，提供了知识基础并争取了舆论支持。这些代表性纸媒见证了X射线知识在中国传播和发展的全过程，以自身的社会和学术影响力，介绍了西方科学的进展和先进技术的应用，普及了X射线物理学和医学的基本常识，扩大了大众对于X射线知识的认识和了解，提升了大众的科学素养和认知能力。专业杂志刊登部分中国学者的文章，推动了X射线学术研究的本土化进程。通过分析X射线知识在报刊的传播，既反映了近代报刊在科学技术传播中的作用，同时也体现了大众、科学家、医生和报人在X射线知识跨文化传播过程中所扮演的角色（表3-4）。

表3-4　　知识跨文化传播中的角色与功能

时间	清末民初	民国中期	民国后期
主导群体	综合性报刊	科学期刊	医学期刊
代表期刊	《万国公报》《格致新报》《东方杂志》	《科学》《科学的中国》《科学画报》	《中华医学杂志》《同济医学季刊》
目标动机	满足好奇，报道新发现	普及X射线知识，推广应用	医学共同体内部的交流
传播内容	新闻报道、应用介绍	普及知识、推广应用	译介西方医学知识
社会影响	开启民智	社会科学化，科学社会化	科学的建制化

（作者整理）

1896—1934年，西文科学术语X-ray的中文译名出现了音、形、意和字母词等多种翻译方式和结果。各种译名展现了中国与西方在科技文化交流领域的碰撞和融合过程。20世纪初，字母词的出现是近代科技术语的一次创新。随着X射线物理学持续快速的发展和医疗应用的普及，科学家群体在政府的支持下，最终对“X射线”名词规范化提出了更具权威性和科学性的意见（表3-5）。

表3-5　　概念跨文化传播中的角色与功能

阶段	早期译名阶段	20世纪初字母词阶段	清末民初译名审定阶段
主导群体	社会大众	知识界	科学界
文化心态	猎奇	普及知识	规范化
传播手段	综合性报刊	译著、教科书、科学期刊、医学期刊	会议、协商、工具书
翻译方法	音译、形译、意译	字母词	审定、推广

（作者整理）

晚清、民国期间，国内期刊发表了数百篇关于X射线的文章，作为一项新知识，X射线被及时地引入国内，助益于国内的科学发展。不同于诸如力学等其他科学知识，X射线知识在一开始就及时地被引入中国，国内较早地就开始了研究实践。X射线是一项国内从未涉及过的新知识，从中可以窥探出国内社会接受一项新知识的路径轨迹。借由期刊报纸可以反映出国内的两种传播渠道借此触发的知识传递的过程，一条路径是国外向国内传递，另一条则是国内学术界向大众传递。第一条路径在多数时间显示出的是单向过程，即国内只是接收知识的状态，难以对国外造成影响。主要原因在于在中国转型时期，对于科学尚处于启蒙阶段，是一种学习的状态，难以与发展成熟的西方进行平等对话。随着中国学者们孜孜以求的不断探索，尤其是进入战争时期后，国内学者展示出了一种科研韧性，开启了相对独立的研究，此时期刊介绍的内容才更多是我国学者的研究成果。第二条路径则借由期刊这一媒介存在国内学术界与大众的双向互动。这从学术性期刊和一般性期刊的差异中可见一斑。一般性期刊的传播内容多有夸张失实的情况。造成这一现象的原因，一是期刊需要面向大众吸引眼球，借此提高销量；二是因为科学教育条件受限，此时大众的定位是以被动接受者而非参与者的角色出现在X射线的传播过程中，所以从一般性期刊来看，这种科学传播并不能够说是公众理解科学。对于传播的主题多由学术界向外扩散，只是表述上存在不同。由于二者的受众存在差异，文章的内容也差异显著。纵观两条传播路径，它们存在一种知识传播的梯度差。可以清楚地显示出一条从高到低的轨迹，简而言之是：国外—国内学界—国内大众。

可见对同一问题，因为观察角度的不同会造成不同的结果。正如美国科学哲学家费耶阿本德指出："没有一种理论会同其域内的全部已知事实都相一致。"[①]因此，可以用天文学概念"视差"来作解释：指从保持一定距离的两个点观察同一个目标所产生的方向差异。换言之，视差的存在不仅源于知识的不足。即便有了充足的知识，还是存在着符号性现实，依然具有非一致性。这主要是源于我们对某一领域或者某一知识的掌握还不完全，这在X射线内容传播上是一个很好的例证。最初人们对X射线的介绍停留在其发现者

① 法伊尔阿本德. 反对方法[M]. 周昌忠，译. 上海：上海译文出版社，2007：31.

伦琴以及其基本性质上。后来随着研究的深入，对性质的发掘也更为透彻，并且将内容扩展到各种可能的应用领域。可见科学的发现是未完成的，也是不完整的，现实是存有不确定性的未充分构成的一种形态。科学是持续的，并且是由多个层次所组成的，每个学科或层次虽然有不同的观点，但并非互相矛盾，而是互为补充，如此才可能形成一种关于科学的完整视角。不仅如此，从学术性和一般性期刊传播内容中，特别是早期的传播内容，展现出"科学如何通过设置自身与其他知识类型的边界，来突出自身的特征优势，最终获取社会权威的过程"①。"这也就形成了不同层面上的科学传播过程：科学与非科学的争辩；科学向大众或政府展露自身的知识特征并在此基础上争取自身合法性；非科学知识类型争取自身合法性；科学通过设置边界来对非科学进行批判与驳斥等"②。

纵观这一时期X射线传播的两个阶段，可以发现其具有两个特点："第一，19世纪末的知识主要是来自欧美，通过自身涉猎与私下交流在小范围内传播，20世纪初则转向日本，不仅赴日游历官绅有机会体验日本的X光机演示，相关知识更以日式教科书为载体，进一步向新式学堂扩散；第二，专门书刊对X光知识的归类，大致经历了一个从'光学'到'磁电学'的过程，可见近代学科分类的大背景下，对某一具体知识的分类可能随认识深化而不断调整、区分"③。

晚清到民国这一时期特别是进入民国以后，"尤其是二三十年代是中国科学史上的一个非常重要的时期，现代科学家群体的形成，也意味着现代科学在中国的立足。历史事实表明，中国科学家成功地掌握了现代科学知识（值得注意的是：这些知识并不是中国古代科学的自然延续），并且做出了许多相当水平的工作，我国出现了真正意义上的现代科学家以及科学共同

① GIERYN T F. Cultural Boundaries of Science：Credibility on the Line[M]. Chicago：University of Chicago Press，1999.

② 杨正. 科学权威、意识形态与科学传播：基恩"边界设置"理论研究[J]. 自然辩证法研究. 2020(5)：85-91.

③ 刘菲雯. 异域新知的大众传播史：X光在近代中国[J]. 新闻与传播研究. 2019，26(9)：94-109，128.

体”[①]。在此之前可以说“没有体系完整、属性独立的科学建制，也没有学科分类明确的科研活动和科学家群体，更没有类似科学组织的科学家共同体”。毕竟我国“古代中国人才的选拔主要考查道德品行和经世策论，并且主要依靠权贵精英举荐。实行科举制度以后，科举层级和名次才是获取国家公职的正统途径”[②]，“对于科研能力素质和相关禀赋几乎忽视，因而古代科学家的社会角色独立性无从谈起，导致中国古代科学家角色依附持续很长时间”[③]。

X 射线在中国的传播也佐证了中国近代科学本土化的过程。诸如任鸿隽等留学生的回国，不仅在相关研究上有所助益，而且他们还仿照英国皇家学会的模式建立了中国科学社等学术团体。与此同时，五四新文化运动高举的“科学”旗帜，无疑对于提升科学在中国的地位有着奠基作用。中华民国政府成立后，也大力发展科学事业。不过在这段转折时期，也有许多反对的声音，他们保留着过去私塾的思想，认为现代教育依然是教授知识，“社会和大学自身大半都认他是一种教书的机构”，而有些学会“章程上所定的宗旨，大都是讨论专门的问题，发表创作的著作……可是实际上我们知道有许多学会的出版物，不过‘拾人唾余’，东拉西扯，凑成篇幅就罢了”[④]。但是不可否认，现代科学还是在中国生根发芽，中国也面临对科学家的定位问题，正如陶孟和指出：“中国想要发达科学研究，必须有真正的科学家，必须建立一个科学界，必须有科学上的权威引导科学的进步。”他认为“科学家必须是对于现存的知识有新的、独特的贡献，发明前人所未发明的人”[⑤]。任鸿隽在回国之初便以《何为科学家》进行了公开演讲，他认为科学家“是个讲事实学问以发明未知之理为目的的人”。“如其人立意做一个学者，他大约仍旧在大学里做一个助教，一面仍然研究他的学问。等他随后的结果果然是发千人所未

① 王大明. 试论二、三十年代中国科学家的社会声望问题 [J]. 自然辩证法通讯，1988（6）：36–41.

② 阎平. 中国近代科学家群体的形成及其特点评析 [J]. 江汉论坛，2009（6）：78–84.

③ 汪士，丁兆罡. 中国科学家角色流变、拓展及迭加探析 [J]. 合肥工业大学学报（社会科学版），2019, 33（6）：33–38.

④ 沧生. 中国的科学 [J]. 现代评论，1927, 118：4–5.

⑤ 陶孟和. 再论科学研究 [J]. 现代评论，1927, 119：5–7.

发，于世界人类的智识上有了的确的贡献，我们方可把这科学家的徽号奉送与他"[①]。可见，伴随着科学的兴起，科学家作为一种独立的社会角色也开始在中国启蒙了。

不过由于中国科学家的形成与西方科学家依照科学自身发展规律形成不同，中国科学家自伊始便担负起了强国的责任。借以X射线传入路径也可以发现中国科学发展的路径，最初在学术性期刊或者一般性期刊中发表的文章多见翻译内容，可以说第一代科学家以翻译西方科学技术知识为主要任务，这也是引进西方科学技术的第一步。随着西方科学技术的引进，第二代科学家可以在此基础上进行研究，换言之，中国的科学技术研究的起点是建立在西方已有基础之上的，后发优势在此体现出来。随着中华民国成立后现代教育体系的逐步建立，第三代科学家则以教书育人为主要责任。这一过程也使得中国学界逐步改变对科学技术的看法，回归到了科学的本质："科学的目的是为知识，科学的任务是求真理……我们科学界努力的方向，从坚甲利兵的功利主义，已经进步到科学研究的理想境界，实在是合于科学的本质的……从前利用科学去达到坚甲利兵的情绪，终于为四千年来重知识爱真理的理智压服了。我们将要为科学而研究科学，而求对于世界的科学有贡献。从科学的立场看，前面是一条康庄大道。"[②]与此同时，社会对科学技术的认识和对科学家的形象也得到了相应的转变，朱家骅曾表示"治学的人是不好讲求名利的，须有富贵不能淫，贫贱不能移，威武不能屈的精神，再守之以衡，持之以久，朝斯夕斯，终身不倦，方能有所成就……绝对不能把金钱名位混为一谈……希望全国学术界大家起来，提倡为学术而研究的作风，尤其对于研究纯粹理论科学的学者，更加以尊重与协助，俾能孜孜不倦，终身从事，庶几可以提高我国现代学术的水准，奠定我国学术的基础"[③]。

纵观历史，我们可以发现有很多被人们忽略或者没有得到充分利用的发现与创造。虽然X射线的发现和青霉素的发现同样充满着戏剧性，但是它的

① 任鸿隽. 何为科学家[J]. 教育，2016，49：78.

② 顾毓琇. 科学研究与中国前途[J]. 中山文化教育馆季刊，1935，2(1)：55.

③ 王聿均，孙斌. 朱家骅先生言论集[M]. 台北："中研院"近代史研究所，1977：10-11.

应用无疑是幸运的，不同于其他复杂的科技应用需要很长时间在大众中推广，它几乎在一开始就进入了能够让它发挥最大效用的医疗领域中，并且被大众较快接受。这一点对于注重使用价值的中国大众而言格外重要，X 射线的实用性使其不同于注重理论的科学知识。X 射线在国内的物理传播路径展示出“科学和科学研究并不是孤立的，对科学知识的理解和传播无法绝缘于政治、文化和经济等情景之外”[①]。然而由于 X 射线自身局限性，其应用广度早已被限制，可能在未来很长一段时间都不会有突破，直到科学家找到新的领域对其用途重新定义为止。

① 朱晶. 论民国时期科学理想与社会诉求的建构：以进化论的传播为例 [J]. 上海交通大学学报（哲学社会科学版），2019, 3: 92-103.

第四章

实践的体验：医用X射线技术的接受与扩散

科学技术的跨文化传播既是科学技术自身发展的内在诉求，也是社会进步的客观需要。科学技术赖以生存与发展的背景往往具有历史、社会、文化等层面的复杂性。因此，通过对科学技术知识跨文化传播的分析，可以生动再现不同文化视域的景象、特征和规律。

医用X光机作为一项医学诊疗技术，具有显著的实用特性。大众与技术的交互过程既可以提升大众对技术的认识，也可以推动X射线科学知识和技术的传播。因此，技术与社会大众的互动提供了一条科技知识传播的有效路径。此外，“技术与社会是相互塑造的。技术塑造了社会和文化，反过来，社会文化也要求与之相适应的技术，规范着技术可能的发展方向、方式和途径”[①]。医用X光机的跨文化传播，还引发了中西医学乃至东西方文化的冲突与融合，并在这个过程中助力了技术自身的发展。

医用X光机在近代中国跨文化传播的过程，体现了技术对文化“解构—建构—重构”的过程机制。首先，医用X光机加速解构了民众的原有认知。通过变革诊疗方式，医用X光机以其高效、准确的诊疗效果，逐渐打消了民众对医用X光机透视身体的恐惧，进而削弱了民众对西医的误解与排斥。其次，X光机作为一项重要的诊疗手段，推动了近代医院放射诊疗体系的建制

① 张桂芳，陈凡. 技术与生活世界[J]. 哲学研究，2010(3)：112.

化发展。同时，医用X光机作为一项技术产品，经历了本土化的改造升级，逐渐形成了销售、制造、修理医用X光机全流程服务链。最后，在全民防痨运动中，医用X光机不仅有效发挥其筛查作用，而且使由“治”到“防”的科学防控观念深入人心，并推动X光机检查被纳入常规的健康体检之中。

综上，本章在立足近代期刊、报纸、档案史料和研究著作等资料的基础上，以“实践”的视角，关注医用X光机技术在20世纪上半叶的应用过程，系统而全面地分析医用X射线技术与经验基础、文化观念、医院制度、社会政治的互动关系。从技术实践角度，生动描绘中国近代医用X光机接受与扩散的历程，并反思医用X光机跨文化传播过程及其影响。

第一节　技术的传入与接受

在跨文化传播中，技术实践是一个贯穿技术引入、接受、应用、推广的扩散过程。外来的技术传入后，在民国医疗界、社会大众和媒体界等群体的作用下，既有接受和继承，也有冲突与调和。

一、技术的传入：从“宝镜新奇”到技术困境

1.“宝镜新奇”：好奇心驱动的早期技术传入

19世纪末至20世纪初，X射线的发现和X光机技术的传播在欧美各国方兴未艾。在中西会通、思想激荡的背景下，X光机成为中国名人交际的谈资和积极尝试的新奇事物。1896年3月，维新派人物谭嗣同在上海见到英籍学者傅兰雅，就详细地谈起使用X光机摄影的情况：“观照相一纸，系新法用电气照成，能见人肝胆、肺肠、筋络、骨血，朗朗如玻璃，如穿空，兼能照其状上纸，又能隔厚木或薄金类照人如不隔等。”[①]还有记录显示，“1896年6月，李鸿章在德国柏林医院接受X光检查之后，颇为震撼，和院长提出要为大清

① 蔡尚思，方行. 谭嗣同全集（增订本）[M]. 北京：中华书局，1998：458.

国购买一台透骨机器（X光机），结果院长表示愿意无偿奉送一台”①。如果资料属实，那么李鸿章不但是最早接受X射线检查的中国人，而且是引进X光机的先行者。另据一公司的资料称，1900年，紫禁城内安装、启用了中国第一台X光机，清朝的末代皇帝溥仪还曾经利用X射线进行身体检查。可以确定上述几台传入中国的X光机并没有在医院真正用于医学诊断，而只是达官显贵之间交流的谈资或者“奇技淫巧”。由于史料的限制，对于李鸿章是否真的带回了一台X光机，以及在宫中使用X光机的具体情况不得而知。不过可以肯定的是，19世纪末，通过传教士和国际交流，X光机已经进入了国人的视野。

清末的洋务运动提倡“采西学”“制洋器”，促进了西医教会医院在中国的发展，尤其是在义和团运动结束之后，传教士在中国兴办的医院迎来了发展的“黄金时期”②，同时期的各地教会医院为X光机的传入起到了带动作用。据戴吾三考证，我国引进的第一台X光机是苏州博习医院于1897年引进的作为“一般透视、检查致密物质的简易X光机”③，《点石斋画报》描述该X光机“其镜长尺许，形式长圆，一经鉴照，无论何人心腹肾肠昭然若揭”，结果苏州博习医院在当众展示X光机的时候，“苏人少见多怪，趋而往观者甚众”④，可以想象当时的轰动效果。另根据《苏州市志》记载：“博习医院，在光绪二十九年（1903年）即设有X光机，至民国六年（1917年）正式装备X光全套仪器，并添置显微镜、膀胱镜、验眼电镜等。”⑤可见在苏州的教会医院中很早就应用了X光机，并在1917年就拥有了用于疾病检查的全套X光机设备。

2.《通物电光》：对于X光机技术资料的译介

在X光机被引进并应用于教会医院的过程中，有关X光机技术原理与使

---

① 赵斌，夏宝枢. 中国放射百年史[M]. 济南：山东教育出版社，2014.

② 李传斌. 基督教在华医疗事业与近代中国社会（1835—1937）[D]. 苏州：苏州大学，2001：26-42.

③ 戴吾三. 1897年苏州博习医院引入简易X光机[J]. 中国科技史料，2002，23（3）：224-227.

④ 王馨荣.《点石斋画报》里的博习医院旧闻与新知[J]. 档案与建设，2009（1）：38.

⑤ 苏州市地方志编纂委员会. 苏州市志（下册）[M]. 南京：江苏人民出版社，1995：1059.

用方法的文章、著作也随之从海外传入中国。对于医用X光机的早期认识也步入到萌芽阶段。虽然X光机使用的介绍多见于报刊的文章中，但是对于原理和构造的描述还不多见。1898年4月《格致新报》问答的内容展示了X光机的成像过程，“故照人体，无不见其肺肝，但须于所照人物之后置白纸白布，则能将其形象印于其上，或置小照片，则能将其片印出小照”，还提供了当时美国报纸刊登的购买X光机方式，“在美国纽及缠地方出售郎脱仅电光器具。西文Roentgen Ray Apparatus。兹写西文如下，可托洋行家购致也。至于价值未得其详，可向该行索价值单阅看也。Roentgen Ray Apparatus, etc.Ellison Decorative and Miniature. Lamp Dept.（General Electric Co.）Harrison, New Jersey”[①]。说明当时通过洋行就可以购买到美国生产的X光机设备。之后《中外日报》有报道详细介绍了X光机的工作原理，“或曰透光镜，一名义光镜，其机器仿自欧人郎忒根……窃考其器，盖用附电圈，由真空而发电光，以铅质作凹形为出电极，以铂质作平圆板为入电极。电既通过，即发绿色光线，然人目网筋不能觉此光线，唯照相片可显其形。若人目睹其物，必当隔以含钨质之板，而于是光轴乃直行，始可于目中成一实相。凡皮肉及竹木布帛之属，质点较疏，故能透光，备见其内所藏之物；若骨骸、金石之类，质点极密，光不能透，故可于肉中照出，骨体筋骸，无不毕现。其光线之奇，询为罕见焉矣”[②]。文中“透光镜”“义光镜”是当时中国人对于X光机的翻译，在其他文献中，它也被译为“曷格司射光镜”“曷格司射光机”“透骨镜”等。

1898年，登州文会馆翻译出版的著作《光学揭要》提到了X射线的功能，但是对于如何产生X射线并没有过多的介绍。1899年，傅兰雅口译、王季烈笔述，翻译出版了美国医学家莫顿[③]和电气工程师汉莫尔合作完成的*The X-ray, or Photography of the Invisible and Its Value in Surgery*。底本在1896年由美国技术图书公司出版，《通物电光》由该书第五版译出。《通物电光》详述了X光机的基本原理、技术构成、操作方式和主要功能，是早期介绍X射

① 向贾二，钱嘉穀. 问曷格司光[N]. 格致新报，1898(3)：13.

② 曷格斯射光机器说[N]. 中外日报，1899-09-01.

③ 莫顿，美国神经学家、医生，美国最早将X射线应用于医疗的医生之一。

线和X光机的重要译著。

《通物电光》对20世纪末X光机相关的概念、技术原理、使用方法和主要功能进行了系统的介绍。全书共计五个部分，第一卷介绍了基本的电气知识，包括电压、电流、电阻、电功率、电容和电磁效应等概念，每一节后附习题供读者练习，可见掌握这些概念是理解X射线产生的基础。第二卷介绍了X光机的基本组成部件，包括发电机、变压器、克鲁克斯玻璃管、荧光屏和照相机。发电机产生电能是获得X射线的基础，本卷特别介绍了变压器的作用，“本书特论通物电光，而成此光之要器，内以附电圈（变压器）为尤要，虽别器亦能成此光，然用附电圈为最简而无误”[①]。本卷还介绍了多种类型的克鲁克斯管，包括伦琴实验用的阴极射线管和爱迪生（Edison）发明的射线管等。荧光屏是用作“看其克路克司泡与厚纸之间所隔不通光物所成影”[②]。照相机一节则对比了X光机拍片和日光照相的区别，揭开X光机摄影的神秘面纱。第三卷则介绍的是X光机的部件构成和操作方式，包括X光机的三种电路连接方式，X射线的基本性质，射线管产生X射线的位置和证据，射线管真空的制备方法，拍摄X光片的详细步骤和注意事项，如何使用荧光屏成像，如何洗X光片。第四卷介绍的是X射线在医疗上的应用功能，包括X射线对于人体的摄影，利用配图对骨折、脱臼和骨病的X射线诊断进行了说明，利用X射线检查骨质的坚硬程度，牙科的X射线诊断，体内异物和结石的检查，体内软组织的检查，X射线用于案件审理，X射线用于皮肤病的治疗。最后一部分是总论，认为X射线应用最广的地方在外科，“与上所论之者，大半与外科相关之事”，其次还有“用此光能直分金刚石之价值”。因为该书是X射线发现后不久完成的，作者对技术未来的发展充满了期待，“惟新事新理总属日多一日，将来所查得之事与所知之理，自比今更加确实”[③]。

---

① 莫耳登. 通物电光[M]. 上海：江南制造局，1899：卷二第二章47.

② 莫耳登. 通物电光[M]. 上海：江南制造局，1899：卷二第二章71.

③ 莫耳登. 通物电光[M]. 上海：江南制造局，1899：总论171－172.

3. "X光机困境":新技术引进中的障碍

20世纪初,X光机发明之后在很短的时间内就被引入中国,理论著作中X光机的技术原理和操作流程也非常清楚。但由于X光机操作复杂、维修困难导致其在实际使用中困难重重,甚至没有发挥其诊疗的功用。

北京协和医院放射科的建立得益于1919年美国放射学家霍奇斯(P. C. Hodges)的到来,虽然在此之前协和已经购置了X光机,但是拍片效果不甚满意。霍奇斯一方面帮助协和医院购置X光管等相关的仪器设备,改善诊疗效果,另一方面也根据中国的情况,积极地改进X光机的性能,并为其他医院制造了一批X光机①。广州博济医院也是西方来华传教士创办的典型医院之一,最早可以追溯到1835年传教士伯驾(P. Parker)创办的"新豆栏眼科医局"。1901年,博济医院通过慈善捐款引进了一套X光机,与协和的情况类似,因为缺乏专业指导,X光机的工作效果一直不甚理想。直到1922年,放射专家哈维(J. L. Harvey)携带一架手提X光机到博济医院工作,建立了博济医院放射科,并在此后又购买了一台大型的X光机,才显著提高了诊疗水平②。

在综合考虑技术、成本和社会环境等因素的条件下,这种情况的形成主要有三个原因:首先,在技术层面,早期所引进的X光机技术还处于初级阶段,构造较为简陋,在性能上无法保证使用的稳定性与安全性。X光机对电压的要求较高,霍奇斯发现由于近代中国电压不稳,加上气候潮湿,从美国引进的X光机在中国南方使用时候经常发生故障。为解决这一问题,他在中华医学会的资助下,重新设计了X光机,配备了自耦变压器以适应中国电压不稳的情况,同时尽量减少木质零件的使用,以降低潮湿气候的影响。这批X光机的高压变压器、电压表、电流表、球管等均从美国订购,而直流表、检查台、球管支架则在中国生产制造,后来共生产了12台X光机③,供长沙、安庆等地

① 刘赫铮,甄橙. 霍奇斯和中国早期放射学[J]. 中国科技史杂志,2014, 35(2):160-161.

② 崔军锋,叶丹丹. 民国早期广州博济医院的专业化发展(1914—1926年)[J]. 学术研究,2017(6):133.

③ 赵斌,夏宝枢. 中国放射百年史[M]. 济南:山东教育出版社,2014:4.

的教会医院和大学使用，成为在中国制造的第一批X光机设备。

其次，专业人才匮乏。由于缺乏接受过系统训练的X光机操作人员，放射诊疗的效果并不能让人满意，而且操作稍有不当还会造成机器损坏。无论是北京协和医院还是广州博济医院，X光机引进后都因为使用效果不佳而停滞，直到掌握技术的专业放射医生到来之后，这种情况才开始正常好转。协和医院有一位叫王和善的工程师从事X射线的工作，因为没有受到过专门系统的训练，摄片工作难以令人满意，这个问题使得协和医院的院长焦头烂额，"亟需一位能够摆脱困境的能人"①。因为人才匮乏，机器损坏后也常常维修不及时，造成X光机使用率低下。1915年夏，霍奇斯第一次来华的时候，除了在上海哈佛医学院讲授生理学，还主管了X光实验室，并在上海红十字会医院当X射线医师②。1915年，霍奇斯在上海华山医院参观时，发现一台损坏的Philadelphia Snook X光机闲置，因为高压击穿而不能使用，霍奇斯凭借他的技术与工程师施密特（H. Schmidt）合作，修复好了高压电缆，并清理了高压绝缘油，使这台闲置的X光机得以重新使用③。

最后，鉴于X光机本身构造的复杂性，要求医生不但要有一定的操作训练，还要有丰富的经验积累，才能开展医学诊断工作。X光机的操作和诊断对医生的知识积累和专业训练提出了更高的要求。X光机的发明是西医诊断走向科学化的关键步骤，医生对病人病情的掌握，不再是单纯依靠经验或者语言交流，而是基于一系列专业技术的操作和专业知识的积累。而这些要素在20世纪初的中国显然并不具备，因此技术虽然很快地传到中国，但在使用过程中却面临很多困难。

从早期医院引进的情况看，虽然在1900年前后中国已有几所教会医院引进了X光机设备，但X光机在操作和使用中挑战重重，导致技术传播出现"水土不服"的现象。除了归因于中国近代供电不稳等客观条件外，还受制于专业操作人员与诊疗医生。X光机刚引入时，是地地道道的舶来品，而经

① 刘赫铮，甄橙. 霍奇斯和中国早期放射学[J]. 中国科技史杂志，2014，35（2）：160.

② 刘赫铮，甄橙. 霍奇斯和中国早期放射学[J]. 中国科技史杂志，2014，35（2）：159.

③ 赵斌，夏宝枢. 中国放射百年史[M]. 济南：山东教育出版社，2014：4.

过早期霍奇斯等人的改进后，X光机开始具有了适应中国本土的技术特征。但这仅仅是X光机能够在中国使用的前提，并非意味着它已被中国民众所接受。

二、技术的接受：观念、效用和诊断体验

尽管早期引进中国的医用X光机在设计和功能上存在若干不足，但这并未影响其被大众接受的过程。在报纸、期刊等大众传媒和科学传播工具的积极推广下，以及医学专业团体和专业医疗期刊的权威影响下，新引进的X光机获得了更多的公众曝光机会，进而提升了其在大众中的接受度和认可度。

同时，在医院应用X光机的直观的医疗体验也让大众减少了技术使用的顾虑与恐惧。X光机作为一项外来医疗技术，其技术接受的过程同时受到中国传统社会文化、患者X光机诊断体验和传统中医理念的影响。

1.歪打正着：文化理解的“相似性”助力技术接受

就跨文化的传播而言，文化理解上的相近或者相似性有利于科技知识的传播。首先，X射线带来的“透视”与中国传统文化中的“奇门遁甲”“穿墙透物”等传统观念具有一定的相似性。神秘主义的想象激发了大众强烈的好奇心，报刊为了迎合大众的口味，也在“透骨”“透物”上多下笔墨，甚至有耸人听闻之嫌。在1897年《时务报》的《电光摄影奇观》中，“此活人之心，在身内跳动，以及骨架之影确能显见”①，类似的还有“隔皮见骨之法，秘而不授”②，这种描述无疑给读者带来了强烈的心理冲击。尽管受到“身体发肤，受之父母，不可毁伤”的传统观念影响，但是在猎奇心态的驱使下，大众仍表现出了一探究竟的意愿。1896年，《万国公报》登载了一报社主笔拍摄X光片的故事，因该主笔对X射线的真伪存疑，特地“嘱格物士照其首，追摹印成幅，明视骷髅一具，并无皮肉毫发”③。结果这位原本好奇的主笔看到“瘆瘆可人”的惨状之后，不免心惊胆战。

① 张坤德.电光摄影奇观[N].时务报，1897(18)：19.

② 考求照骨[N].知新报，1897(2)：14.

③ 林乐知.照骨续志[N].万国公报，台北：华文书局，1977，第25本第90册：16197-16198.

其次，X光机摄影和照相术之间具有一定的相似性。在X光机传入中国以前，西方的照相技术已经在中国发展了近半个世纪。1845年，山西人杨昉就开始在北京从事摄影活动[①]；1860年之前，摄影技术在南方几省开始传播；第二次鸦片战争之后，南方的开放口岸已经有很多国人开办的照相馆。照相技术对于X光机技术在中国的推广具有重要的示范效应。以至于《点石斋画报》对于《宝镜新奇》一文的配图也是根据照相机使用方法的想象进行创作的。可见当时画师虽未亲眼见过X光机及其使用方式，却能通过自己对照相机已有的认识背景尝试建构X光机的使用方式。

其实普通照相术和X光机摄影的工作原理截然不同，照相机利用的是光学成像原理成像并记录图像信息，而X光机是利用X射线穿透能力和荧光性，最终在荧光屏或者胶片上呈现立体像的技术。正如《通物电光》所言："故照相家近闻暗物可以通光而照相，则以为大不合理，闻得木板或人体能视之透彻，则又以通物电光为虚渺之谈，非目观断不肯信，但既观之后，又未免信之太过，几以此光为无不可作"[②]，并进一步区分了二者的不同，"凡通物电光所显之形……俱不能当为平面之形，而实为其立体之影。通物电光通各物之性，各不同，犹日光之通玻璃比通纸为易，其理相同。但有日光所难通之物，或绝不能通之物，而通物电光通之极易者"[③]。

民国初期，照相机技术早已"深入人心"。在X光机新技术传入后，民众尝试以类似照相机技术的背景知识去认识与接受X光机。虽然狭隘的知识背景易使民众将二者混淆，且夸大了X光机的功能效用，但不得不承认，在相关技术认知文化的背景下，民众对新技术的整体认知和应用兴趣得到了激发。

---

① 于红，李豫. 近代中国北方摄影技术的应用与传播：以山西杨昉摄影活动为例[J]. 科学技术哲学研究，2018，35(3)：112-116.

② 莫耳登. 通物电光[M]. 上海：江南制造局，1899：卷二第五章76.

③ 莫耳登. 通物电光[M]. 上海：江南制造局，1899：卷二第五章77.

2. 真情实感：话语建构中的X光机诊断体验

20世纪20年代，医用X光机在上海、广州等地区逐渐开始流行起来，当时患者对X光机的使用体验反映了大众对于X光机技术的接受情况。1923年5月，《小说日报汇订》中就有一篇文章描述了X射线治愈肺病的故事。金君曾在一年前患上肺结核，求医问药不见效果，后来发现报纸上X射线治病的报道，就转到该院治疗。“某医生以爱克司光很悉心替他疗治，果然不到一礼拜，病却痊愈了”[①]。金君赞叹此医生“医法精通，手术高妙”，特托人登报致谢。尽管不到一礼拜就让肺结核痊愈康复似有夸大之嫌，而且X光机主要是在诊断和观察肺结核病情时效果显著，并不能“以爱克司光很悉心替他疗治”。不过，该报道反映了大众对使用X光机进行肺结核诊断与治疗的肯定态度和认可度。

另一则患者就诊的体验事实更加确凿。1926年，范凤源在《申报》的《爱格司光试验记》中细致形象地描述了X光机诊断的整个过程。伯氏因便秘来到上海，范凤源带他去庞医生那里进行检查，庞医生先让他服用了白色药物，三个小时之后用X射线进行透视。当时“伯氏之身前为爱格司光灯，后则钡铂衰纸版，自版之后而睹之”，观察到“见黑物缘肠而下不见阻碍”。医生说道：“无妨矣，此症易治。”然后关闭了X光机开列药方。最后伯氏高兴地离开了医院，“乐甚偕余称谢而去”。文章解释了X射线产生的过程“真空管内二电极正电极自后而前，其端有白金靶，负电极自右而左其端有铝质凹镜，倘真空管富有传电之电子，则高压电流自负极急力努射于正极靶上，立即反映射出不能目见之爱格司光”。而白色药物正是钡化物，“夫钡之一物，爱格司光不能透过，故其形黑”。报道详述了X光机检查肠道的原理和步骤，无形当中也是为X光机的诊断做了一次广告宣传。复杂的诊断过程并没有给患者留下不好的印象，反而因为X光机检查准确直观，更容易让患者信服，所以最后“乐甚称谢”。

对技术认识不足的患者在进行X光检查时，难免会产生抵触心理，

① 凌辛农. 爱克司光号[N]. 小说日报汇订，1923-05-27，增刊：25.

这些体验的细节被徐志摩的学生李祈写成了小说《照X光室》，发表在1929年的《新月》杂志上。故事描述的是一位对西医毫不知情的妇女第一次做X射线检查时候的情景，当时徐志摩十分欣赏这篇小说的泼辣幽默，并大力推荐发表。X光暗室被主人公彩蕉想象为“黑道生意的地窖子，剥皮房”；肠胃检查的钡餐，被认为是“蒙汗药”；X光机荧光板被看成是“三月间半夜大雷雨时的电闪”。主人公在整个X光透视的过程中都十分恐惧，因为自己身体的缺陷被医生拿来考验和分析，她越发的开始怀念中医，“就咒诅医生，医学，科学的发明，爱克司光，谁要他们这一套？发寒发热，中风伤暑，多模糊多顺耳多近人情的名字，心肝脾肺肾，金木水火土，金克木，木克土，血气不足，水亏火旺，你不懂？但那打甚么紧，反正他不侵犯到你身体上来，谁像这种不客气的外国医生，一把揪住了你不放松，把你的根底全抖搂出来，说得出那里不对”[①]。描述医生在X射线摄影的时候，“脸上的神情同一个玩把戏的无二样”。医生在诊断的时候，“指指点点讲论他腹部内的情形，如同一个元帅带着他的军师，骑马上高山上用马鞭指指点点讲山川的形势，敌人的军容一样”[②]。尽管这只是一个小说作品，但它却影射出缺乏知识的患者对于技术化西医的深深恐惧，复杂的技术已经让大众难以理解一套程序背后的因果，只能是听从医生的安排，这种无力感和恐惧感使主人公更加怀念中医的关怀。

比较而言，近代报刊中关于X光机医疗事故的报道则给大众构建了另一种印象。《民众医报》在1930年第3期刊登一则新闻《验X光偶尔失慎》称：“本市东山有妇人高氏，因其幼子患百日咳症，经月未愈，恐变成肺痨症，亟欲细为检查，随往东山两广浸会医院，请求检验；讵料该院之X光机件损坏，而医生又不先行试验，即开放电击，刹时电气相撞，火光四射，声响如雷，高自灼伤多处，痛哭失声，人皆大惊失色，后以各人均获无恙，故不深究云。”[③]编者分析，因为之前发生过X光机触电身亡的只有法国一例，而且是在X光

① 李祈. 照X光室[J]. 新月，1929, 2(2)：1-4.

② 李祈. 照X光室[J]. 新月，1929, 2(2)：1-4.

③ 验X光偶尔失慎[J]. 民众医报，1930(3)：79-80.

机尚不成熟的时候，现在机器的构造精巧又有各种安全措施，接受X光机的检查应该“诚安是泰山”。发生事故的这家医院刚刚发生过其他的事故，又接连给反对者留下口实，所以做了“落水狗”，因此这则消息应是误传。

在20世纪20—30年代，由于X光机技术在医院的应用普及，大众有了更多的机会接触X射线检查和治疗，这种新式的诊疗方式，也为患者带来了全新的就诊体验。一方面，民众在这种真实、直观的实践体验中逐渐打消了对X光机使用的顾虑与恐惧心理；另一方面，由于医用X光机冲击了传统社会的医疗观念，导致其在市场竞争和发展过程中有可能成为反对者污蔑、诋毁的对象。

3. 效用几何：中西医围绕X光机的争论

X射线透视和摄影第一次使得医生能够在不借助手术解剖的情况下，清楚地洞察人体内部构造，为医学诊断提供了一种迅速可靠、直观准确的手段。这推动原来依靠医生经验和交流的诊断方式向“科学化”的诊断方式更近了一步。在实践层面，西方医学技术如天花疫苗和眼科手术的历史已经证明，疗效是医学技术最好的通行证。医用X光机技术作为20世纪最重要的诊断技术之一，其在华传播的过程自然受到X光机技术有效性的影响。

当时，大众直接接触X光机的机会相对有限，因此报刊成为大众获取X光机相关知识的主要渠道。1896年8月，在《时务报》转译自《日本西字捷报》的文章《照相新法》中，讲述了一个故事，美国少将马理斯的儿子摔伤了头部和手臂，马理斯因不知道伤情如何而焦虑万分，“欲查伤原时病人不受苦楚之法，惟有用牢忒照相机探之，始知臂骨脱节，非骨碎也”。通过X光机检查确定伤情，儿子得到了有效的救治，少将因此说“自今而后，无论何处医院皆宜备用牢忒照相机器”[①]。报道简明扼要，显示出了X光机在诊断中的重要作用。《时务报》还刊载多篇文章介绍X射线在矿物探测、行李检查、检查鸭生蛋等方面的应用，以至于这些接连的报道，让人产生了购买X光机的愿望。浙江嘉兴钱嘉縠给《格致新报》来信表示：“如欲购，须价若干？在何处

① 照相新法[N]. 时务报，1896-08-19，第二册：114.

出售？望一一赐复。”[①]1903年，《新民丛报》的文章《X光线之利用》介绍X射线的医用功能时候提到，“凡脏腑筋络骨髓中，有何病状，及有何物存在，皆能明细照澈，医学家依此作用，得大有进步云”[②]。同年《万国公报》连载《近百年来医学的进步》亦提到，“此光亦可用照相之千片照下，医家近多用此光，以授求病原或用以治病”[③]。这种类似的报刊宣传一直持续到20世纪20年代，给大众建构了一种X射线“科学有用”的正面形象。

X光机在诊断和治疗中的有效性逐步提升，促使其在医院中的应用逐渐扩大，然而，在这一过程中，它也遭遇了来自中医界的质疑与反对。最典型的是中医何立三刊登于《医界春秋》的文章《对于爱格司光之怀疑》。1926年5月，《医界春秋》由上海医界春秋社创办，是近代中医史上持续时间较长、影响较大的中医医学刊物，是中医维护自身合法地位的重要阵地，因此该文章立场颇具代表性。文章中何立三开宗明义特地亮明身份，“余中医也，在医言医。初非对于西医有所攻击，亦以使医家病家知所审慎，并供病理上之研究云尔”，并现身说法质疑X光机的有效性。

他忆及自己在行医过程中的一次经历，有一位二十四岁居住在老北门内的马姓妇女，经常伴有腹痛，“痛甚而昏厥，时或落红点点”，到处求医问药，不见效果。结果到本市一家著名的医院，医生多次用X光机检查，认为是肿瘤，需要剖腹治疗，“日服药水，痛依然，医屡以爱格司光窥照，谓症系子宫炎，子宫两旁已溃脓，非剖腹疗治不可，否则殊无希望”。由于病人坚持不肯开刀，只好转到中医处治疗，何立三“诊其脉讫，并细视其腹部，亦无块，按之反不甚痛”。何立三从病理上观察，认为此症绝不是子宫肿瘤，如果是子宫肿瘤，两旁一定有肿块，而且按下会刺痛，小便会有灼热感。因为没有上述症状，从诊脉判断，排除肿瘤无疑。于是私下问妇女的丈夫：“尊夫人之病，必系经未净时，行房感寒所致，事果有之乎？”获得了肯定的回答。于是便开了几味中药和自制的药丸进行调理，结果“一日而痛减，三日而痛止。调食

① 向贾二，钱嘉穀. 问曷格司光[N]. 格致新报，1898(3)：13.

② 观云.X光线之利用[N].新民丛报，1903，第42-43期：236.

③ 论百年医学之进步[N].万国公报，台北：华文书局，1977，第35本175册：21962-21963.

数月，渐如常人”。

何立三颇有感慨：“若任西医之解剖，其危险为何如。此爱格司光之失败史乎。”至于为什么爱克司光会在诊断中出现失误，何立三认为：“人尝谓西医重实验，近于科学的；中医重理想，近于哲学的。然天下万事万物总不离情理二字，治病亦何独不然，即所谓病理是也。”[①]在中医眼里，西医过分重视实验，重视仪器的使用，而忽视“病理”是造成失误的原因。该文先被何立三以“醉痴生”的署名发表在《申报》上，并举一反三，“又去岁有胡姓少年，患腹痛有块，西医谓系肠痈，须剖腹。亦赖余投以温剂面痊，曾详述其事，刊之本报增刊。兹不赘”[②]，特别提到西医的这种诊断存在失误并非偶然。该文先被《申报》广泛宣传，后刊发在《医界春秋》，可见其观点社会影响之大。

从19世纪中叶开始，西医对于身体的检查逐渐发展出了一系列以听诊器、显微镜为代表的技术工具，这些技术工具以及相应的诊断方法被视为西医胜过中医的理由之一[③]。X光机的传入使国人在认识西医的过程中更近一步，对于中医已有的利益格局造成了损害。X光机作为一种诊断工具让中医的危机感进一步增加，何立三登报发文可以看作中医受到X光机影响后的一种反击，希望能利用X光机的误诊事实在中西医“存废”的对峙中扳回一城。

民国期间曾经为胡愈之、夏衍、杨东莼等治病的著名医生张友梅[④]，在《科学画报》刊载过一篇专门普及X射线的医用功能文章，对中西医的诊断方法进行对比，强调X光在临诊上是一种很重要的工具，与之前何立三的观点

① 何立三. 对于爱格司光之怀疑[J]. 医界春秋，1927(9)：14.

② 醉痴生. 对于爱格司光之怀疑[N]. 申报·自由谈，1927-01-05：19339-19687.

③ 李恒俊. 听诊器与西医医疗技术在近代中国的传播和接受(1844—1910)[J]. 自然辩证法通讯，2016, 38(4)：73.

④ 张友梅于1927年获上海震旦大学医学博士学位，后留学欧洲，就读于法国巴黎大学、英国伦敦医学院等。其间，师从居里夫人研究放射物质，并于1932年获法国巴黎大学医学院放射和放射治疗学博士学位。学成归国后，张友梅一直在上海卫生系统工作，是上海医学放射科学方面的开创者之一，在胃肠道X射线诊断上享有盛誉，曾培养了许多医学放射科学的业务骨干。民国期间经常为胡愈之、夏衍、杨东莼治病，中华人民共和国成立后担任上海第一人民医院、华东医院等X光部的主任医师。

可谓针锋相对。他将中医的诊断描述为“郎中先生把把脉息，看看舌头，就可以开方治病”。因为诊断疾病，绝不是这样容易的，而中医因不知病原所在，就抓方开药，很容易就“头痛医头、脚痛医脚”，其实真正的病原并不在头或脚。他把西医的诊断视作“科学的方法”，而只有“用X光诊断来决定他的病根之所在，然后下药，才可以药到病除”，这样的诊断治疗才可以称之为治其根本①。

值得关注的是，张友梅于1927年获上海震旦大学医学博士学位，后留学法国跟随居里夫人（M. Curie）学习放射和放射治疗学，1932年获得博士学位，因此他对于西医的理解应该甚于常人。张友梅对中西医诊断结果的剖析颇为有趣，“标本兼治”本来是中医的重要术语，指在治病过程中既要缓解病症又要根除病原，但在张友梅看来因为中医诊断手段的落后难以找到病原，只能是“治标不治本”，反倒是西医更好地实践了“标本兼治”的原则。之所以如此，除了中医自身的原因之外，也与西医积极利用科学研究的成果有关，“X光最普遍的用途，如诊察，即临诊上所不能断定的病状，就要用X光来证明，所以X光在临诊上，实与医生用听筒来听病人的肺等方法相同，但X光所给我们的征象是一种荫翳”②。这段引文中有两处值得关注：一是X射线的医学应用，能够断定很多原来医生难以确诊的疾病，从而使西医的诊断能力大大增强；二是X射线应用于肺部检查与西医之前采用听诊器办法相比可以更加直观地判断病情。

西方医学通过不断地采纳新的科学技术，发明了一系列医学诊断设备，如：X光机、显微镜、听诊器、血压计、温度计等，通过这些技术手段，西方医学开始以一种全新的方式思考健康和疾病，从而与传统的中医有了本质的区别③。从新技术引入到社会真正理解并适应是一个漫长的过程，由X光机技术接受过程中的中西医对峙可以看出，技术被社会逐渐接受的过程是中西医不断交锋的过程。这种交锋一方面伴随着科学认识层面的突破和深入，另

① 张友梅. X光在医学上的应用[J]. 科学画报. 1934, 1(15): 562.

② 张友梅. X光在医学上的应用[J]. 科学画报. 1934, 1(15): 563.

③ 波特. 剑桥医学史[M]. 张大庆，等译. 长春：吉林人民出版社，2000: 4.

一方面还有既得利益者们的较量和冲突。

新兴技术能否在中国近代顺利传入，主要源于中国早期对技术的接受程度。中国近代早期受照相等其他技术传入影响，营造了接受X光机的文化土壤，能为其接受与传播提供文化认知滋养。此外，通过医用X光机真切的体验实践，大众的使用顾虑与认知障碍进一步消解。同时，中西医针对X光机效用的争论促使X光透视作为一种新的诊疗技术得到大众更广泛的认可。自此，中国近代医疗体系迎来了X光科学诊疗方式的历史性变革，也为后期X光技术的推广迈出了关键的一步。

第二节　技术的演进：多维度审视X光机技术发展演化

从人类技术发展历史看，技术是动态的、累积的、渐进的。技术会随着时代变迁、地域轮转与需求变化加以改进。通过深入研究技术演进的历史，有助于我们更好地把握时代规律、地域特色文化以及社会动态变化。

本章节将着重从X光机作为诊疗技术、医疗商品与技术产品三个维度深入探讨X光机技术的演进。一方面着力还原X光机技术从发明至技术成熟的整个动态发展过程，另一方面则通过技术的演进过程溯源中国近代社会结构与价值导向。

一、作为一种诊疗技术：医用X射线技术的发展历程回顾

1895年，伦琴发现X射线，利用X射线为夫人拍摄了世界上第一张人体掌骨的X光片，成为X射线最好的宣传品。公布四天后，X射线就在美国被用于透视脚部弹片的位置。一个月后，维也纳的医院开始利用X射线显示病人骨折的位置[①]。尽管当时人们对X射线的本质还缺乏认识，但利用X射线

① 孟君，张大庆. 大众医学史[M]. 济南：山东科学技术出版社，2015：105.

的穿透性进行医学诊断的应用前景已被广泛关注。作为产生X射线的技术设备，X光机于1896年由德国工程师拉塞尔·雷诺兹发明①。

传统中医治疗疾病的思想和方法是"辩证论治"，通过"望闻问切"掌握疾病的信息。与之类似，早期西医主要依靠病人的主诉，结合观察、气味、脉搏学和验尿术了解信息，最终通过"敏锐的直觉和经验"来诊断病情。随着温度计和脉动计的发明，西医诊断走出了经验和思辨的框架，真正转向了实验研究。之后叩诊法、听诊器以及分析化验技术开始应用，但这些诊断主要还是依赖医生的直观经验，非常不准确，而且无法真正洞悉人体内部的病灶。医生们开始寻求一种更为科学准确的诊断方式，并针对不同的疾病进行鉴别诊断。直到19世纪末，医生发现可以利用X光机的透视功能，较为准确且直观地看到患者体内的影像。相比于此前的诊断手段来说，这被视为现代医学诊断学领域一次具有里程碑意义的创新。

最早，拉塞尔·雷诺兹发明的简易X光机由两部分组成，其主体部分是一个产生X射线的玻璃球管，球管的两端连接高压电源，球管其实是一个内部真空的阴极射线管（克鲁克斯管），阴极产生的大量电子在高压电场的作用下飞向阳极，轰击瞬间产生X射线。X射线具有透过致密物质的特性，并最终在荧光屏或底片上留下影像，而根据成像可以直观检查人体骨骼。据此原理，1896年，德国西门子公司研制出世界上首个X射线管。早期的X光机只能产生少量的X射线，得到一张曝光的照片往往需要30分钟②。经过最初的狂热和不严格的使用之后，人们发现长时间接触X射线会造成皮肤灼伤，身体不适并诱发肿瘤，需要尽量减少曝光的时间③。1913年，美国工程师柯立芝④（W.D.Coolidge）发明高温阴极管，可以精确地控制X射线的波长和电压，减少了X光机的曝光时间。之后X光机的发展经历了几个关键技

① 邹博. 百科知识全书：外国卷6，科技百科[M]. 北京：线装书局，2011：192.

② 孟君，张大庆. 大众医学史[M]. 济南：山东科学技术出版社，2015：105.

③ 玛格纳. 医学史[M]. 刘学礼，主译. 上海：上海人民出版社，2009：483.

④ 柯立芝（1873—1975），美国工程师和物理化学家，曾在麻省理工学院和莱比锡大学任教，后加入美国通用电气公司研究实验室。对钨丝的改进、白炽灯和X射线管的发展起到重要作用。

术改进：1914年，帕特森用钨酸镉代替爱迪生的钨酸钙来改进荧光屏；1915年，布基（G. Bucky）发明X射线滤器，提高了影像质量；同时变压器的改进提高了机器的效能[①]。到第一次世界大战，居里夫人曾为一战法国军队提供移动X光机，应用于检查骨折和弹片的位置，X光机检查只需要几秒钟即可，效果已经大大改善[②]。后来，为了避免伤害而增加了防护设施，"板照相术（Laminagraphy）"使得X光机适用于深层病灶的诊断，成为现代医用X光机的雏形。20世纪50年代后，随着计算机断层扫描技术的攻克，豪斯菲尔德研制出了第一台临床X射线断层扫描仪——CT。整个20世纪，X光机在安全性和清晰度方面不断改善，成为一种临床医学重要的诊断手段[③]。

早期X光机主要用于骨折和骨病的诊断和异物的识别，外科医生通过观察病人的X光片，来诊断骨骼的损伤情况或异物的位置。随着技术发展，X光机在医学检查和诊断的范围日益扩大，利用X射线检查肺部和支气管，可以诊断早期的肺结核。1896年，莫顿在《牙科世界》（Dental Cosmos）中发表的论文标志着齿部X摄影的开始，同时产科也开始利用X射线诊断[④]。1897年，美国医学家坎农（W. Cannon）用铋配合X光检查，观察动物的食道[⑤]，硫酸钡则为探究人的胃部肠道疾病提供了帮助。20世纪初，四碘酚酞、碘化钠和碘油等"显影剂"的使用，让X射线可以用于人体胆囊、尿道、膀胱和肾等器官的检查[⑥]。20世纪20年代，X光机被应用于进行大脑、脊髓造影，并被证明对定位病灶有效。X光机的发明为医生提供了一种新的诊断工具，穿透包绕骨骼的肉体，在没有切口的情况，使现代医学直接透视人体，并检测疾病的存在[⑦]。

虽然X光机在治疗方面的效果没有诊断那么突出，但是很早就被开发利

---

① 卡斯蒂廖尼. 医学史：下[M]. 程之范，甄橙，主译. 南京：译林出版社，2014：1183－1185.

② 孟君，张大庆. 大众医学史[M]. 济南：山东科学技术出版社，2015：105.

③ 杨建宇. 医学史[M]. 北京：中医古籍出版社. 2006：205.

④ 卡斯蒂廖尼. 医学史：下[M]. 程之范，甄橙，主译. 南京：译林出版社，2014：1180.

⑤ 张大庆. 医学史[M]. 北京：北京大学医学出版社，2003：193.

⑥ 卡斯蒂廖尼. 医学史：下[M]. 程之范，甄橙，主译. 南京：译林出版社，2014：1181－1182.

⑦ 波特. 剑桥插图医学史：修订版[M]. 张大庆，主译. 济南：山东画报出版社，2007：61.

用。发现X射线之后，人们注意到X射线对动物组织的作用。1896年4月，丹尼尔（J. Daniel）用X射线进行皮肤的反应测试和脱毛；1868年，维也纳弗洛恩德（L. Freund）用X射线治疗毛痣病和须疮①。此时，X射线还被尝试性地用于治疗乳癌，成为放射治疗的先声。20世纪初，随着X光机技术的改进，X射线的剂量能够实现有效测量和控制，X射线治疗稳步地扩展到许多疾病之中。1902年就有了X光机治疗白血病的先例，还用X光机缓解霍奇金氏病症状。因为发现X射线对生发细胞和新生细胞的毁灭作用，使得X射线在1906—1908年开始用于内部肿瘤的治疗，之后逐渐扩大到皮肤癌、胃癌、喉癌和乳癌等②。X光机在医院的应用，促进了放射学的研究。20世纪初，一批放射研究所在意大利、美国等地建立，吸引了医学界的不少人才从事放射临床研究。美国放射医学的鼻祖威廉（F. H. Williams）在1901年出版《内外科中的X射线》并创立了放射学专业。1927年，美国生物学家赫尔曼·缪勒（H. J. Muller）在研究基因突变的过程中，用X射线照射了上百个果蝇，发现了X射线对于动物基因的影响，X射线人工诱发遗传突变获得成功，开辟了辐射遗传和人工诱变研究的新领域，因为发现X射线影响基因突变，缪勒获得1946年诺贝尔生理和医学奖。

X光机对于社会的影响体现在两方面。一方面，X光机的发明和技术改进，使西医在诊断疾病方面更加科学准确，并在治疗方面取得了一定效果，放射诊断成了一门专业、科学、精细，需要专门研究和系统学习才能掌握的专项技能。X光机在医院的大量使用，标志着诊断和治疗技术开始成为医学的中心③。另一方面，X光机改变了当时病人和医生的关系，使医生的形象逐步具有科学化和技术化的特征。站在病患的角度看，“科学化”的诊断方式不仅能排查病情，而且可以消除病患受不确定病因的困扰与担忧；而站在医生的角度看，医用X光机作为一种“技术化”诊疗的标准工具，能够更好地帮助医生对症下药，从而改善对疾病的治疗。

---

① 卡斯蒂廖尼. 医学史：下[M]. 程之范，甄橙，主译. 南京：译林出版社，2014：1185-1188.

② 卡斯蒂廖尼. 医学史：下[M]. 程之范，甄橙，主译. 南京：译林出版社，2014：1185-1188.

③ 玛格纳. 医学史[M]. 刘学礼，主译. 上海：上海人民出版社，2009：483.

到20世纪50年代，美国几乎一半的全科医师的办公室都配备了X光机，而在英国这一比例更高①。可以说，医用X光机既引领了新的科学“诊疗革命”，同时它也是推动医学专业领域分化、促进医疗实践发展的一项重要技术。

二、作为一项医疗商品：X光机的日常销售、使用与维护

虽然技术的演进和发展有其自身的规律性，但任何具体技术形态的开发或运行都是在一定时代的社会场景中展开的，并受到社会系统及其构成要素的影响②。本节从医疗商品的角度，将X光机的销售、使用与维护放在技术发展的外部环境中进行探究和讨论，探究X光机对于社会的影响。

1.X光机的日常销售情况

在早期阶段，引进的X光机的定价不菲，让近代医院“望而却步”。多数医院对X光机诊疗效果处于“静待观望”状态，因而X光机进入中国的数量是十分有限的。通过查阅海关档案，当时进口X光机全部为整机，其附属的配件如胶片等材料进口较少。这也间接表明，当时中国引进医用X光机的医院不多，应用X光机进行诊疗还比较少见。

20世纪30年代，部分医院开始购置X光机，并应用X光机对病患开展医学诊疗活动。从技术发展的角度看，当时国外X光机的制造技术已日趋成熟，其准确性、安全性都得到保障，X光机能够发挥其精准诊疗的作用；而从社会需求的维度看，应用X光机在提高诊断效率的同时，更在增加医院收入和扩大其影响力方面发挥了重要作用。因此，在技术成熟度与社会需求的双重影响下，X光机开启了规模化引进的序章。

由于当时中国并不具备生产、制造与装配X光机的条件，早期医院购置的X光机主要依赖于国外进口。例如，上海老公茂洋行已将X光机纳入进口商品项目，并相应制订了详细的收费准则。上海铁路医院起初并未引进X光

① 波特. 剑桥插图医学史：修订版[M]. 张大庆，主译. 济南：山东画报出版社，2007：88.

② 刘大椿. 科学技术哲学概论[M]. 北京：中国人民大学出版社，2011：239.

机，随着时间推移，应用X光机的效用逐渐显现，其诊疗效果也被院方所接受。该院最初通过租借方式对受创或患病员工进行X光诊疗，但这并不划算。于是该院向上海老公茂洋行订购大号X光线机（The new fischer, 60-88）全架，安置于杭州铁路医院。又订购轻便手提X光线机（Caldwell）一具，设于本院，可以随时移装到医务车上，运至沿线各站，以供不时之需①。

而随着医用X光机诊疗使用率的提高，胶片及其他附属配件等耗材的使用也逐渐增加，甚至出现耗材短缺的现象。因此，近代医院还会结合X光机的使用情况，对其配件及时补给，以免因胶片、配件不足而搁置诊疗。

市立医院呈称，窃职院增设X光镜电疗一科，需用菲林片及冲片药物等，业于本年六月间编造岁出经常费预算书，呈请追加，以资职用在案，惟此项预算，日久尚未奉行核准，以致用品缺乏，对于一切检验事项，不免暂行搁置……迅予核定指遵。

广州市卫生局属市立医院编造中华民国二十一年度（由二十一年七月起至二十二年六月底止）岁出预算书

科　目	二十年度预算数（单位：元）	增　比（单位：元）
市立医院追加经常费	396 000	396 000
第一项追加经常费	396 000	396 000
第一目X光镜菲林片	372 000	372 000
第二目冲片药物	24 000	24 000

备考：五寸—七寸菲林片二打，每打约九元，计为一十八元

八寸—十寸二打，每打约二十元，计为四十元

十寸—十二寸二打，每打三十元，计为六十元

十一寸—十四寸三打，每打约四十元，计为一百二十九元

十二寸—十六寸一打，每打约四十八元

一寸四分之一—一寸八分之五又一寸六分之三至二寸各二打，共四

① 佚名. 装置X光线机[J]. 铁路杂志，1936，2（3）：105.

打，每打约六元，计为二十四元，合共月支三百一十元，岁出如上数

第二目冲片药物，月支二十元，岁出如上数。①

根据广州市卫生局属市立医院申请进口X光机配件的预算材料，可以明确：当时医院在配件购置种类与数量上已经形成了较为规模化的进口趋势。另外，所引进的不同尺寸胶片订制充足，尚可满足X光机在不同科室、不同诊疗部位的诊疗需要。从侧面也能反映出，X光机作为诊疗手段使用率提高，得到了医生和患者的认可。

医用X光机的使用日益普及，也让医用X光机设备及其附属配件成了“紧俏”商品。近代中国还不具备自主制造、生产医用X光机的能力，因此受制于国外，这使得各大医院购入医用X光机的价格并不稳定，在战时阶段更加吃紧。为了缓解这一困境，1949年之后，经过重新改制的国营医疗机械厂逐渐开始走自主制造医用X光机之路。

1952年，上海精密医疗器械厂（原X线机修配所，当时称为华东工业部器械二厂），历经9个月时间攻关，先后试制出X线管灯丝电压稳定器等关键零部件。10月1日前成功制造出我国首台200 mA医用X光机。同年，东北精密医疗仪器厂成功研制了另一台200 mA医用X光机②。

1956年，上海精密医疗器械厂开始生产复旦大学研发成功的X线球管和高压整流管，并用自己生产的球管装备X光机，从而实现了X光机关键部件国产化。到1961年，上海精密医疗器械厂先后试制成30 mA、100 mA、200 mA、400 mA X射线机和牙科X射线机并投入生产，X光机的年生产能力超过1 000台套③。直到20世纪70年代，我国医疗机械厂才真正达到批量生产的要求。

从早期订购进口X光机到国内医疗器械制造商的生产，X光机的销售已呈现出一定规模化、专业化、本土化特征。同时，基于自主创新的X光机及

---

① 市长报告据卫生局呈转据市立医院呈请追加X光镜电机需用菲林片药物等岁出经常费预算案[Z]. 广州市市政公报，1932(403)：8-10.

② 唐东生. 中国现代医用X线设备产业发展回顾[J]. 中国医疗器械信息，2010, 16(1)：12-13.

③ 唐东生. 中国现代医用X线设备产业发展回顾[J]. 中国医疗器械信息，2010, 16(1)：13.

其配件的销售进一步提高了医院使用率，医用X光机作为诊疗手段在医院中的使用在当时已经非常普及。

2.X光机的日常使用状况

医用X光机引进后，医院相应配备放射医师、设立放射科，并将其X光机诊疗设为医院常规治疗项目之一。在采用X光诊疗之初，由于价格昂贵且多数患者并不了解其检查状况，所以在常规诊疗活动中鲜有应用。随着X光机的生产规模扩大和诊疗费用的相应降低，病患对X光机的认识逐渐转变，X光机在日常医疗诊断中才发挥出真正的作用。

此外，X光机使用范围也从医院的个别诊疗项目逐步扩大到可以对群体（如士兵、学生等）开展常规身体检查。一方面，低廉的X光机检查体现了X光机检测、诊疗的便捷性，可以有效对患者身体疾病进行常规筛查；另一方面，X光机的普及与应用进一步拓展了人们的认识，继而加速推进该技术的创新与发展。

尽管早期X光机与其配件耗材较为昂贵，医院引进需支付高额费用，但部分医院为了秉持其慈善服务原则，在X光机使用费用上酌情对贫苦市民进行减免。广州市立医院便是这样一个典型的例子。当时该院采用X光机治疗，每月须购置菲林片及冲片药物以满足使用需要，由于耗费量大，在月底还需多追加预算。但尽管如此，该院因其具有的慈善性质，X光机大多为普通病房的贫苦市民患者使用，同时对其费用酌情减免①。这也反映出当时医用X光机已经惠及于普通市民，乃至贫苦市民，医用X光机虽未到达到完全普及的程度，但就普通民众而言，已经“深入人心”。

3.X光机的后期修理与维护

X光机只要运转就会有损耗，就需要修理与维护。医用X光机早期的使用率并不高，加之其为国外引进，因此在早期的国内医疗市场中还未出现对X光机及其零部件的售后服务需求，X光机的维修业务规模上也并不大。而

---

① 市长报告据卫生局呈转据市立医院呈请追加X光镜电机需用菲林片药物等岁出经常费预算案[Z]. 广州市市政公报，1932(403)：8-10.

随着X光机在医院诊疗的需求量不断增加，机器损耗不可避免，另外部分操作者操作不熟练，易造成医用X光机出现各类问题。而受其高昂的购买费用影响，弃之购新绝对不是首选。最终，国内医疗市场悄然兴起了X光机维修业。

华东人民制药公司在原有制药基础上增设了X光机维修业务，因其主要修配X光机，并修配短波诊疗器及其他物理诊疗器材，也由此申请更名为爱克斯射线机修配所[①]。随着X光机维修业务不断扩大，治疗院也着手创办X光机修理工厂。比如，上海镭锭治疗院，鉴于该院有大量X光机修理业务，并可以为上海市其他市立医院开展X光机装置和修理工作，该院呈报上海市政府，申请在该院创建X光机修理工厂，并聘用洛克（苏联籍）担任X光工程师，同时招收技工与学员[②]。维修工厂、修配所的相应设立，充分反映出当时医用X光机维修业务已初具规模。

X光机的销售、使用和修理业务，折射出当时X光机作为一项医疗商品已完全融入近代中国的医疗市场，与此同时，日渐完整的产业和服务链也反映出医用X光机技术已经趋于成熟。

三、作为一个技术产品：媒体视域下X光机技术的全面革新

从近代媒体视域下审视当时X光机技术的革新，既是一种对当时X光机技术发展的客观描摹，也是X光机在近代中国短短几十年传播、发展的缩影。

1. 体积的变化

X光机的结构与体积变化是X光机最直观的技术革新。虽然X光机在结构、体积上呈现的变化多有相似之处，但其产生这样的变化却是源于不同的技术设计。

① 资料来源：上海市档案馆，《华东人民制药公司关于请更改生物学实验所、爱克斯射线机修配所名称的呈文》，查档时间：2018年10月24日，档号：G97-1-123-8。

② 资料来源：上海市档案馆，《上海市政府关于镭锭治疗院创办X光机修理工厂并任用苏联籍工程师洛克的报告和上海市政府的批复》，查档时间：2018年10月24日，档号：B24-2-116-211。

其一，加强X光的放射能量，治疗某些疑难杂症。提高X光放射量势必需要对其装置与配件加以改良，如大变压器[①]、X光管[②]等，这就需要更大的体积。例如，加利福尼亚的一所工艺院，耗时数月的研发，发明出世界最大的X光管用于治疗难症，效果显著。X光器“具足有三十尺长，可放射近一百万弗打电位的光力”，强光经过试验安全可靠，可用于人体检查[③]。由于X光器具过大，所以这一类型的X光机的体积也随之增加。

其二，满足多人同时医治的需要。小型的X光机虽灵活轻便，却不能全面透视身体。为了能节约检测时间、提高检查效率，美国哥伦比亚大学癌病研究院新装一个极强的X光机。该X机由美国著名物理学家爱克斯纳（F. Exner）研发成功。它不仅可以满足医学研究和治疗癌症的需要，而且其庞大的体积还可以同时医治五人[④]。

其三，用于大中型动物检测。制造庞大体积的X光机不只是为了医治民众，还被应用于对体型过大的动物开展诊疗，这一革新也为同时期开展工业X光机的应用提供了技术支持。据媒体报道，世界最大的X光机，已设置于贝锡尔威尼（Pennsylvania）大学之兽医院中，用以治兽病，此机悬于一起重机上，故可搬移至室中任何地位，它重八百磅，电压为二十万伏特，技术人员在另外一铅壁的小室中，透过安全的小室的玻璃窗可查看病兽情况，并管理X光的发射[⑤]。

2.X光机功能的完善

X光机在功能上的日臻完善，得益于人们发现X光的放射性与穿透力不仅可以满足医学上透视身体、检查脏器与骨骼的需要，还可以在工业等领域应用，拓展X光机的应用与普及。X光机的内在功能改良主要集中于增强放射性（或透射性）、加速摄影效率、缩短成片露光时间，以及实现动

① 海. X光之大变压器[J]. 四海，1932，3（7）：44.
② 鸿溟. 最大的X光管之效用[J]. 现代学生，1931，1（7）：5-6.
③ 世界最大的爱克司光用以治痫[J]. 科学的中国，1933，2（8）：52.
④ M. M. U. 强X射线机辅助癌的研究[J]. 科学画报，1937，4（20）：832.
⑤ 巨大X光机医治兽病[J]. 科学生活，1940，2（4）：126.

态摄影等方面。

首先，提高X光机放射量，增强其透射效果。通过X光透射人体，可以清晰捕捉到人体内在结构、发生疾患的位置和程度等。为了能让其更好发挥作用，科学家们开展新型高强度的X光放射性研究。1948年，英国在医用X光机上制作了一种电子加速器，可实现放射约3 000万伏的X光，基于极强的光透射力可以对恶性瘤进行医治[①]。当然，强大的放射性能不仅可以在医学诊疗上发挥重要作用，在工业检测，尤其是重要的交通运输路段、桥梁，也可以实现对建筑物构造的检测[②]。

其次，高速摄影、缩短露光时间使检测更便捷。针对X光机摄影露光慢影响摄影速度的问题进行改良，之前用X射线穿过一块四寸厚的钢板照一张相，露光时间需要一小时之久。据报道，用美国通用电气公司研究实验室的新式百万伏特X射线照相机照同样的一张相，露光时间不到两分钟，进一步降低X光机检测的时间，提升X光机检验的效率。此外，为了避免超强的X光放射对操作者的身体伤害，美国通用电气公司研究实验室制造出特制房间，可进行远程操控，进一步保证了使用X光机的安全性[③]。

再次，通过改良X光机动态摄影清晰度，进一步提升X光机拍摄的准确性。采用以X光机作为医用诊断手段的关键在于它能透视人体内部，捕捉脏器、骨骼等发生的病况。因此，提高医用X光机的诊断准确性会利于医生的判断，提高病患治愈可能性。据报道，威斯汀豪斯厂（Westinghouse）的工程师通过改良镜箱，用极速快镜可拍摄到跳动的心脏[④]，从而减少医生误诊的情况。此外，德国科学家通过对X光机重置，也能提高X光机的准确性[⑤]。

最后，改良X光机适用电压等配置，制造便携式X光机。便携式X光机除了具备体型轻便，便于携带的优势外，因其能适用家庭普通电流，它还可以

① 世间最强爱克司光新机器问世[N]. 消息，1948（8）.
② L. D. U. 百万伏特X射线照相机[J]. 科学画报，1942，8（8）：590−591.
③ L. D. U. 百万伏特X射线照相机[J]. 科学画报，1942，8（8）：590−591.
④ 宝. 特快正确之X光摄影机[J]. 实用科学，1939，1（8）：19.
⑤ 德国最新之X光机（中外文对照）[J]. 医学及文化，1942，2（3）：4，35.

放置家中诊断[①]。而且便携式X光机能够对病患的其他细小部位开展更为灵活的诊断活动，如牙齿、小关节等。

如果说以上的功能完善是对X光机内在性能或者内部装置的优化，那么对其外在功能的优化则体现了技术的协同创新。据中华自然科学社讯报道，在芝加哥所召开的美国西医协会会议宣布用电话成功传递X射线照相，传输时间三分钟就可以完成，可推广应用于陆地上任何地点，若以无线电代电话，即可扩张其范围至海上[②]。这种改进的传输技术，为X光照相远程传输、异地就诊提供了技术支持。

3.X光机配件的优化

X光机相应的配件改良在一定程度上可以使该设备满足更多需要，同时降低X光机价格。X光机发射的X光需要高压电流通过真空玻管完成。优化X光机的真空玻管，一方面可以针对人体的不同部位调节相应的放射剂量，以此减少人体受到的辐射；另一方面，可调节的X光机可以满足低耗能的需要。通过《科学的中国》上的一篇文章，可以看出当时的玻管有两种类型，人们可以结合玻管的不同放射特点完成不同的放射操作：

凡X光线之发生系赖高压电流通过真空玻管。X光线软管及硬管于用时不同：

玻管类型	软管	硬管
放射特点	低压电流能通过	仅高压电流能通过
	有多数之X光线发生	有少数之X光线发生
	所发生之光线不易透过物质	光线易透过物质
	光线之波长（为高度之波长）	其X光线之波短（为低度之波长）

据上表观之，软管适用于检查身体之薄部分，如手等，因薄部分无需有大透力之光，但其厚部分如头或骨盆，宜用硬管，使X光线能透过，因其透力较

① 俞一苏. 轻便的X射线机[J]. 科学画报，1939，5(19)：765.

② 佚名. 用电话传递X射线照相研究成功[J]. 文藻月刊，1948，1(10)：54.

大也。[①]

随着医用X光机的普及，胶片成了X光机的主要耗材。如何获得成像清晰、价格低廉的胶片成为医院面临的问题。据报道，当时一种新型的简捷摄影检查很受欢迎，采用了4″×5″底片，该型号的底片价格低廉，成像清晰，具有22%的准确性，可以初步筛查96%的初期肺结核病症[②]。

纵观X光机技术的演进过程，可以明确，X光机技术是动态的、发展的。一方面，社会需要是推动技术发展的原动力。随着医用X光机的普及与应用，X光机不仅在中国近代形成了从销售、使用到维修的完整产业链，而且在体积、功能与配件上被不断优化，以满足民众的不同需要。另一方面，X光机在技术上的不断演进也推动了该技术在中国近代的传播与发展。

第三节　技术的实践：医用X光机技术的发展与影响

医用X光机技术在中国近代医院的应用，对传统的医疗体系产生了一系列影响。医用X光机的传播变革了旧式诊疗方式、产生了新的职业放射医师、设立了放射科室及其配套的管理运行制度、确立了X光透视等收费标准。近代医院在X光机技术的影响下，重构了中国近代的医疗体系。

一、培养专业放射医师

在当时从事X射线放射检查或者透视工作的专业人员有三类：第一类是只从事技术操作的X射线技师，主要从事的是X光透视检查和X光片的拍摄、洗片工作；第二类是利用X光检查结果从事病情诊断的内科或者骨科医生；第三类是既能从事X光透视和X光片拍摄，又能从事医学诊断的医师。三类专业人员都不同程度地与X光机打交道，X光机的使用者常常同时担任

① 张载. X光线（三）[J]. 科学的中国，1938（3）：9-12.

② 邓仲. 防痨新利器：X光简捷摄影检查机[J]. 科学画报，1946，12（8）：364.

技师和医生的双重角色，本文统称之为“放射医师”。

1. 中国放射医师的引路人

霍奇斯（协和医院）

中国最早的一批X光机多是由来自海外的传教士或者医生带过来的。他们将X光机带到中国的同时，还通过“师傅带徒弟”的方式培养了第一批本土的X光机技师，这些X光机技师只负责X光机的基本操作。

第一位推动中国放射学实践的先行者是美国放射学家霍奇斯。他曾经于1915—1916年和1919—1927年两次来华。他在中国从事的放射学工作以及在协和医院放射科的活动，对中国X射线放射科学的发展具有重要历史意义。

1915年夏，霍奇斯来到上海。他在上海哈佛医学院讲授生理学，此后不久还主管了X光实验室，并在上海红十字会医院担任X射线医师①。1915年，霍奇斯在上海华山医院参观时，发现一台损坏的Philadelphia Snook X光机，经过详细查看发现此X光机是因为高压击穿而不能使用。霍奇斯凭借他的技术，并和工程师施密特合作，最终修复好了高压电缆，同时清理了高压绝缘油，使这台闲置的X光机能够重新使用②。

之后，霍奇斯返回美国，继续在放射学领域学习研究，于1919年获得博士学位。1919年8月，霍奇斯第二次来到北京协和医院。其实早在霍奇斯来到协和之前，协和医院就已经有了一台X光机，有一位叫王和善的工程师从事X射线放射工作，由于他未受过专门系统的训练，摄片工作并不令人满意，所以协和医院亟需一位能够摆脱困境的能人③。霍奇斯了解情况后，一方面帮助协和医院购置X光管等相关的仪器设备，另一方面也根据中国的情况，积极改进X光机的性能。他发现由于电压不稳、很多地方气候潮湿，致使中国南方多家医院从美国引进的X光机在使用时频发故障。为解决这一问

① 刘赫铮，甄橙. 霍奇斯和中国早期放射学[J]. 中国科技史杂志，2014，35（2）：158-165，118.

② 赵斌，夏宝枢. 中国放射百年史[M]. 济南：山东教育出版社，2014：4.

③ 刘赫铮，甄橙. 霍奇斯和中国早期放射学[J]. 中国科技史杂志，2014，35（2）：158-165，118.

题，他在中华医学会的资助下，重新设计了符合中国客观情况的X光机。改良之后，为适应中国电压不稳的情况，新的X光机配备了自耦变压器，同时机器内部尽量减少木质零件的使用，以降低潮湿气候的影响。这批改良的X光机所用的高压变压器、电压表、电流表、球管等均从美国订购，而其他配件如直流表、检查台、球管支架则在国内制造订购，后来共计生产了12台X光机①，供长沙、安庆等南方地域的教会医院和大学使用②。这也成为在中国本土改良、制造的第一批X光机设备。

哈维（博济医院）

1922年，广州博济医院的医务人员中第一次有了一位放射医师。他就是由美国长老会任命的哈维③。他为博济医院带来第一台小型的手提X光机，并在该院开展相关的医疗服务。不久，博济医院获得了一笔印度帕西绅士的捐款。据悉，捐款者曾有胆结石，幸好在博济医院应用X光机检查确诊，并通过手术成功摘除胆结石。博济医院用此笔捐款又购买了一台大型X光检查设备。哈维医生在博济医院服务了有四年之久，在日常的医疗诊断中，他还培养了史少衡小姐（Miss Sze Shiu Hang）做X光技师，后来史少衡小姐一直留在医院从事该项工作。

X光机除了可以做日常的透视检查之外，战争期间，在对伤兵救援上还发挥了重要作用。1923年，广东一带经历了多次战争，据谭约瑟（J. O. Thomson）在报告中的回忆，“住院的床位很大程度上被伤病独占……医院被当作一所基地医院，用来治疗所有军队的伤员——广东的、云南的、湖南的，等等。数以千计的军队伤病员在这个医院和诊所得到治疗。只有伤势较重的，头部、颈部、胸部、腹部受伤的，断了骨头的，子弹还在身体里头的，被接纳进这所医院……两台X光机在确定中弹的位置上，派上大用场。有一些困难的手术，得直接在透视镜头下把子弹取出来”④。在当时医院收治的

① 赵斌，夏宝枢. 中国放射百年史[M]. 济南：山东教育出版社，2014：4.

② 刘赫铮，甄橙. 霍奇斯和中国早期放射学[J]. 中国科技史杂志，2014，35（2）：158-165，118.

③ 嘉惠霖，琼斯. 博济医院百年[M]. 广州：广东人民出版社，2009：226.

④ 嘉惠霖，琼斯. 博济医院百年[M]. 广州：广东人民出版社，2009：244.

病人中，“伤员占到80%，其中有80%是中了枪或中了弹片受伤的”，通过借助X光机的诊疗手段，极大地提高了中弹伤员治疗的效率和效果。伤员胸部洞穿：死亡率为13%；腹部洞穿：死亡率为20%；脑部洞穿：死亡率为45%；全年收治枪伤803例。由此可见，博济医院借助X光机的诊疗手段与医生优质的治疗水平，在救治伤员中取得了不错的效果，以致蒋介石曾多次到该院探望伤员。

在20世纪30年代，博济医院拥有优秀医生和良好的医疗设备，可以满足在日常诊疗中开展大型手术、进行研究诊断以及X光拍照的需要。博济医院在当时还收治了从乡村诊所和分院无法医治的病患，可见其较高的医疗水平。

甘德（中华医院）

新设立放射科的医院大多位于沿海的开放城市和地区，如上海、广州、宁波、唐山等地。因为商业活动日益频繁，人员活动的规模日益扩大，人们对医疗技术具有更高的需求，X光机作为一种新兴技术也容易在这些地方被引进。唐山的开滦医院是一家伴随着煤矿发展起来的现代医院。1879年，开平矿务局开凿第一眼矿井时，由于职工人数较少，起初只邀请了一位附近村子的老中医李石子为工人看病。后来随着采矿业的不断发展，职工人数越来越多。为解决治病诊疗问题，1892年，开平矿务局设立了唐山第一家诊所，聘请英国的马绍尔担任医师，主要是为外国的工程技术人员看病，由于中国人当时对西医了解甚少，所以很少有中国人去看病。再后来到1899年，开平矿务局已经发展到近万人的规模，于是便设立了“华人医院”，解决看病问题。但是中国人对院名非常反感，故1901年改称“中华医院”，由英国医生墨海负责，全院有三位中国医务助理和两名工勤人员，主要负责开平矿务局和京奉铁路职工和家属的治疗。1909年，墨海医生退休后，英国甘德博士担任医院总医官，并对医院进行了扩建改造，增加床位，增设手术室、消毒室、化验室。并在1911年安装了由甘德医生朋友捐赠的一台X光机。1912年，开平、滦州两家公司联营，甘德成为开滦矿务局医务部总医官。在他的主持下，医院对病房进行了扩建，并拨款200英镑由英国伦敦纽汤洋行订购一批医疗设备。1924年，医院聘用了10名外科专业大学毕业生担任主任医师，购买了最新式X光机、活动床和手术器械。此时，具有较高医疗水平和医疗设备的开滦医院已经成为以外科为主，具有煤矿职业特色的医院。除了负责开滦职工和家属的治疗外，开滦医院还对京奉铁路、启新洋灰公司、华新纺织厂等单位的职工开展诊疗活动，冀东、天津、山海关一带的患者也时常来看病。

1911年，开滦中华医院安装X光机之后，最初由甘德操作X光机和诊断工作，他培训的两名助手分别负责摄片和冲洗工作。在此时期，从事X线工作的人员大都是兼职，往往由临床医师兼任，技术工作则由药房调剂人员或化验科人员兼任。1925年，甘德去世后，外科医生马永乾兼做X光诊断，到了1930年前后，药房司药李绍棠兼任摄片的工作。李绍棠在兼任摄片工作时，曾将增感暗盒放入冰箱以降低暗盒温度，从而提高增感屏的增感效率，降低摄影时的管电压，也相对提高了小型X光机的使用效率。这一操作经验最终以“Cold screening in low power radiography”为题发表于英文版《中华医学杂志》上，是可追溯的最早由技术人员撰写并正式发表的学术文章。

2. 一个新的职业养成：X光机放射医师的形成与发展

X光机变革了医学诊断方式，不但提高了诊断的准确性与治疗的及时性，还在X光技术的影响下，重塑了一种“科学化”的医生形象，并由此产生了一种新的职业——放射医师。放射医师既不同于传统意义上的中医大夫，又与当时传入中国的西医大夫有所区别。放射医师不但要精通放射学的专业知识，能根据X光透视或X光片对患者进行科学诊断，而且要掌握X光机操作的技能知识，对X光机如何运行、如何准确拍片等操作了如指掌。因此，放射医师是一种集医学科学与机器技术于一身的全新职业。

中国当时本土培养的放射医师，最具有典型代表性的就是谢志光。谢志光出生于广东省，1917年考入湖南长沙湘雅医学院，1922年毕业获得医学博士学位。他因成绩优异，爱好诊断学，1923年由美籍老师推荐，到北平协和医院跟随霍奇斯工作。谢志光到协和之后深受霍奇斯的器重，并于1925年被送往美国密歇根大学医院跟随Hickey教授进修一年，获得美国医学科学硕士学位，并取得美国放射学会会员资格。1928年接替霍奇斯出任北平协和医学院放射科主任，成为放射科第一位由中国学者担任的科主任。20世纪30年代，谢志光通过将放射专业理论与当时放射诊疗实践结合，为放射医学提出了众多重大理论与操作手段，为放射医学作出了卓越贡献。谢志光成为首个对中国人肠结核、长骨结核的X线表现提出全面、系统论述的人，并否定了国外认为长骨结核罕见的观点；同时他首创了髋关节的一种特殊照片位置，被国际上命名为“谢氏位”，至今仍为国内外专业学者和书刊所沿用。他还将X线作为测定视网膜有无萎缩的检查，以及作为对中心盲点检查的一项先进技术。他还对寄生虫的X线表现和心脏的面积测量进行研究。

在他的经营下，协和医学院除放射诊断外，还率先建成了放射治疗室、放射生物和放射物理实验室、氡治疗室等，进一步拓展了放射诊疗的医学功用。谢志光在培养临床放射学人才的同时，也不忘造就一代放射物理学和放射生物学的技术骨干，他特地从北平清华大学、辅仁大学和燕京大学招收理工科毕业生来协和医学院放射科进修学习，使得协和医学院放射科不但成为当时创建中国临床放射学的中心，也成为培养放射物理学、生物学专业人才的基地。荣独山、汪绍训、胡懋华、张去病、丁德泮、徐海超等国内外知名的临床放射学家和放射物理学家，都是当年谢志光培养出来的①。

除了少数人能在国内接触到放射学并担任X光医师之外，还有一些中国人到海外学习X光医疗技术之后回国从事该项职业。1921年，蒋士焘赴美国哈佛大学医学院学习放射学，1923年回国，成为我国医生出国学成放射学的第一人。1923年，蒋士焘在《美国放射学杂志》（简称“AJR”）发表论文“*Time-saving device for skin therapy*（皮肤放射治疗的省时装置）”。该文章是中国人在国外发表的第一篇放射学论文②。

① 广州市地方志编纂委员会. 广州市志（卷十九）[M]. 广州：广州出版社，1996：261－266.

② 赵斌，夏宝枢. 中国放射百年史[M]. 济南：山东教育出版社，2014：4.

1931年1月，从法国留学归来的张友梅担任上海圣心医院X光电气治疗主任①。张友梅于1917年赴法国留学，学习X光镭锭及电学专业，毕业后在法国国立巴黎夏利旦医院X光部和巴黎镭锭治疗院担任助教。后来完成论文《X光副光对于有生物之利害》，受到教授们的好评和优等的奖励，获得巴黎大学X光镭锭及电气学博士学位。1930年，他学成归来，并在医院组建X光治疗室，担任X光诊疗医师。至此，X光医师的职业化进程进一步加快。

可以说，中国近代早期X光放射诊疗的快速发展，得益于这些本土化放射医师的贡献。一方面，在他们的提议下，医院能有意识地设立放射科室、引进X光机，并通过X光准确诊疗病症、及时施以治疗，从而提高医院的诊断率与治愈率；另一方面，这些本土化的放射医师同时还担负培养放射医师的重任，其放射科室也成了众多放射实习医师的前沿阵地，为发展放射诊疗提供了人才储备。

3. 放射医师的职业化道路

尽管医用X光机在近代中国主要城市的医院逐渐普及应用，且越来越多的医院通过设立放射科开展X光放射诊疗活动，但当时放射医师的人才匮乏仍然是制约其发展的主要瓶颈。一方面，虽然以“师徒”为形式的放射医师培养方式能得到“真传”，提高了放射技能，但学习的内容多是碎片化的知识，且“出徒”时间远不及系统学习来得快；另一方面，出国留学系统学习放射诊疗虽然学习全面，但高昂的留学花费，加之漫长的学制，是多数学生无法企及的。

为了解决放射医师培养慢、耗时长、知识散与医院放射医师人才匮乏的矛盾，中国近代的医院、医学团体尝试开设放射医师专业培训班。这样既可以满足大量放射医师同时接受系统化、专业化课程学习的需求，也能为放射科培养后备人才。

1919年，霍奇斯第二次来华后，也发现中国放射学之所以发展不足，很

① 周树尧. X光镭錠专家返国[N]. 时事月报，1931，4（2）：59.

大一部分原因在于缺乏专业的放射操作人员。于是在1922—1927年之间，利用暑假，在各地区招收医师参加培训。由霍奇斯亲自编写授课教材、上台演讲授课、全程督导课程，培训班在每星期和期末还要进行考试。这也是我国首个放射专业培训班。

以中华医学会为代表的医师职业团体主要通过集中培训、实习实训的方式对广大医生进行培训。1933年11月15日，中华医学会上海研习所开办X线班，为期六周①。中华医学会在上海设有上海医师研究所，该所于1934年开办了"爱克司光班"②。邀请X光科钱慕韩医师为学员培训，主要以讲授医疗上的实际知识为主，并在上海搜集了三百多种X光幻灯片用作实物进行教学。整个培训为期六周，每周集中授课两次，每天晚上7点到8点半为研习时间。

在南京，中央医院也开办了放射学技术人员训练班，基于他们当时所发布的招生简章，可以明确当时对招收放射科技术人员的文化水平是有一定要求的，即高级中学或其他同等学历，训练时长为期六个月。同时，设有考试科目进行人员筛选。其培训课程丰富，不仅包含有如解剖生理学的医学知识学习，而且还有X光机洗映照片的技能知识，另外英语、物理学的学习也会提升放射学科技术人员的综合操作能力。训练班还设有实习，有利于放射学科技术人员提高实践操作技能与丰富实践经验，确保训练班结束后能直接进入医院放射科开始工作③。

此外，医学院校的专业教育也是培养专业性医师的主要阵地，较早设立放射技术专业教育的是北京大学医学院附设的放射技术班，该班由中国放射技术学的奠基人徐海超、陈玉人等负责教学工作，当年的学员如史元明、杨午等后来均在放射专业的不同岗位上取得了卓越的成就。在专业教育领域中，谷铣之曾参与编写我国第一部放射治疗教材《X线治疗学》，并主编了我

① 赵斌，夏宝枢. 中国放射百年史[M]. 济南：山东教育出版社，2014：6.

② 上海医师研习所开爱克司光班[J]. 中华医学杂志（上海），1934，20（10）：1328.

③ 资料来源：上海市档案馆，《上海市卫生局关于防止霍乱、租界公产调查、举办放射人员培训班的训令、函》，1946年10月11日，档号：Q580-8-20。

国第一部肿瘤放射治疗学专著。谢志光特地从北平清华大学、辅仁大学和燕京大学招收理工科毕业生来协和医学院放射科进修学习，协和医学院放射科成为当时中国临床放射学的中心，同时也成为培训放射物理学专业人才的基地。荣独山、汪绍训、胡懋华、张去病、丁德泮、徐海超等国内外知名的临床放射学家和放射物理学家，都是当年谢志光的学生[①]。放射技术专业教育标志着我国近代放射医学形成了系统化、专业化、规模化、标准化的教育雏形。医学院校补充了关于X光诊疗技术的学科专业教育，进一步完善了近代中国医学教育管理体制，使医学教育更为规范、专业，为X射线技术应用创造了条件。

到了抗战时期，美国为中国的战地医院提供器材、设备、人员培训和管理运作方面的支持，其中也包括一批X射线设备和培训X线技术员。我国生物医学工程学的奠基人蒋大宗先生因抗战的需要最终投笔从戎，于1944年提前毕业入伍，先后在军队中担任翻译、电信工程师和X线技术员。他是我国早期接受规范培训和操作训练的X线技术员。

放射医师职业的诞生源于X放射技术在医学上的广泛应用，也可以说放射医师是技术发展变革的新兴职业。而放射医师本身又与普通医生不同，他们一方面须具有专业诊疗的医学知识，可根据X光片或控制放射量对患者进行诊断治疗；另一方面也须具备专业操作的技能知识，对X光机进行常规操作，可根据患者不同患病位置进行放射拍照。因此，放射医师在当时是集“科学知识与技术技能”于一身的新兴职业。

二、放射科室的设立

放射科（或X光诊疗室）是我国近代医院设立的一个全新科室机构。与以往设立如内科、妇产科等医疗科室不同，放射科在诊断上涉及几乎所有的医学学科，同时高度依赖于X光机。近代多家医院，如北京协和医院、河北中华医院（现开滦总医院）、上海医学院红十字会医院（现复旦大学附属华

① 广州市地方志编纂委员会. 广州市志（卷十九）[M]. 广州：广州出版社，1996：261-266.

山医院）、广州博济医院（现中山大学孙逸仙纪念医院）等也相继引进X光机①，并相应增设放射科进行常规检查与诊断。不仅开启了我国近代医疗卫生事业中利用X光作为诊疗手段的新篇章，而且重构了医院管理体系。

博济医院是中国较早应用X射线进行诊断的医院。1901年，博济医院通过捐赠筹集了一笔资金，购置了一台X光机及相应的配套设备。1922年，X射线专家哈维被派到博济医院，主持该院的放射科工作，他也是博济医院有史以来的第一位放射专科医师。哈维到来后，不仅着手应用X光机进行诊疗，开启放射科的工作，而且他还带了一台当时最新型的手提X光机。基于专业的医师、可操作性强的诊断设备，博济医院的放射科就此设立。后期，博济医院用印度帕西绅士的捐款又购置了一台大型的X光机。据统计，在1923年一年中，该院放射科做了1 000次造影，包括500个X光片、300个牙科X光片和200个X光透视片②。

随着越来越多的患者、医师开始认识到X光诊断的优越性，其他医院也相继增设了放射科，并有大量的患者开始在医师的指导下进行X射线诊断。放射科室的设立逐步走向正规。首先，放射科一经设立就开始相应配备专业医护，满足放射诊疗需要。1929年初在南京建的中央医院，其放射科室的X光设备、紫外线装置等都是新的，且医生和护士都受过良好的培训，经验丰富。随着放射科诊疗业务的增加，放射科设立的数量也随之扩展。以上海市为例，1948年，上海市公济医院、市立医院，乃至第一、二劳工医院都设立了放射科，并明确设有X光相应的检查项目与收费价目。

其二，医院放射科的规模不断扩大，初期设立的放射科还较为简陋，仅有一台X光机可供诊断，同时专业医师也仅配备一人。而随着诊断人数的增多，部分医院开始扩建放射科。不仅筹集了资金修建放射科室，还引进了专业人才与专业器材。1947年，上海市政府会计处就第三医院X光室修建费给予批复，同意其改造二层楼及X光室手术室院舍工程。工程包括办公室、贮

① 嘉惠霖，琼斯. 博济医院百年[M]. 广州：广东人民出版社，2009：8.

② 刘赫铮，甄橙. 霍奇斯和中国早期放射学[J]. 中国科技史杂志，2014（2）.

藏室、暗室、X光室、手术室、预备室，总价共计三亿五千万元整①。而在县级公社卫生院上，鉴于原X光室规模较小，无法满足诊疗需要，公社卫生院申请扩建近百平方米的X光室，并配有X摄片室、观片洗片室、X光透视室、诊断储片室等四个功能区。与其他科室相比，当时放射科建设还是较为完善的②。

其三，放射科开展诊疗业务范畴得以完善。在不同科室、不同诊断部位的放射需求与X光机本身技术发展的双重影响下，放射科诊疗的业务也在进一步完善。从诊断方面，增加了骨骼、心脏、肠胃、牙科等不同专科的诊断项目与收费标准；而从治疗方面，增加了对皮肤病、癌症的放射性治疗；特别在医师的诊断上，增加了X光主任摄片报告与X光主任透视报告的项目。从功能的角度，放射科诊疗发展也逐步走向正规。

三、管理制度的建立

在技术社会建制中，管理制度是一项重要的考量内容。规范的管理制度不仅从根本上有效规约了科室医生的职责，加强了对放射医师的管理与监督，还明确了科室诊疗的范畴。随着近代中国医院陆续设立放射科室，放射诊疗的规章制度也相应建立，规章制度一方面凸显了X光机技术的主体功能，另一方面也完善了放射科室的管理体系。

由于医院的管理体系侧重不一，在放射科成立后，规章制度也略有不同。如京沪沪杭甬路上海及杭州铁路医院，在管理制度上规定了对待不同的病患的收费标准，这其中包括本院的职工、医生等不同群体的收费优惠。

京沪沪杭甬路上海及杭州铁路医院X光照相及诊察收费暂行办法

（一）本路员司工警因公受伤，或有特殊情形，经医院院长转请卫生课许可者，X光照相或诊察，均得免费。

---

① 资料来源：上海市档案馆，《上海市政府会计处关于第三医院X光室修建费》，1947，档号：Q124-1-3277。

② 资料来源：上海市档案馆，《上海市南汇县革命委员会关于周浦公社卫生院扩建X光室申请用地的报告》，1969年8月4日，档号：B45-5-22-136。

（二）本路员司工警因病就医各院所，医师认为应用X光照相或诊察，经院长转请卫生课许可者，得予免费。但员司工警因研究本身健康状况，请求各医院诊所所用X光照相或诊察者，应照其家属使用X光诊断纳费例，半价缴费。

（三）本路员司工警之直系亲属（限于父母、配偶、子女），因病就医于各院所，经医师认为应用X光诊断者，应照下列资率收费：

X光诊察须照相者，每次收胶片药料费小片三元，中片五元，大片十元。然须照相者，每次收诊察费壹元。

（四）本路员司工警之亲友，因病就医于本路各院所，经医师认为应用X光诊断者，应照下列资率收费：

X光诊察须照相者，每次收胶片药料费小片三元，中片五元，大片十元。然须照相者，每次收诊察费贰元。①

而本路总医院X光机则通过公布《透视照相暂行办法》，规定了放射科具体的照射时间、照射人数、收费标准、照射手续等相关内容，明确了在放射科进行病患照射的全部流程与相应的事宜。

本路总医院X光机透视照相暂行办法

（本局卅七年十一月八日总字六〇六号训令附发）

（一）照射时间：每逢星期二、五上午九至十一时为透视时间，下午二至五时为照相时间。

（二）照射人数：每次透视不得超过六人，照相不得超过五人，以保证机件安全。

（三）收费：路外民众暂不照射，员工及其直系家属概照定价收费，其收费价目订定如次：

1.透视——普通透视每次金元一元五角，肠胃透视每次金元三元；

2.照相——大号每张金元一十二元，中号每张金元八元，小号每张金元四元。

（四）照射手续：员工或家属需照X光，应先经本路医师诊察，认为必要时，填发X光许可证，交由病人持往总医院X光室填注收费数目，至等级室缴

① 京沪沪杭甬路上海及杭州铁路医院X光照相及诊察收费暂行办法[Z]. 1936, 2(3): 105.

费后，连同收据一并交由X光室排定照射时日次序，不得争先，其在总医院住院病人需照X光，亦比照办理；但遇有急重病伤，得临时照射，不受限制。

（五）附注：所定收费价目，系比照其他路外医院酌予减收，嗣后物价如有波动，得随时调整之。①

此外，放射科作为一个常规的诊疗科室，医生们可根据科室一年来的工作状况进行工作总结，形成完整的工作报告，为接下来的科室工作提供参考。如上海警察医院《X光电疗科工作记要》：

X光电疗科工作记要

本院放射学理疗部分，自经X光修复后，业务逐渐展开，其间迭经添置，修理，改进，经一年余之努力，方于卅六年初全部开放应用。计分电疗室及X光室两大部分。电疗室中有短波电疗器，紫外线及人工太阳灯等设备，X光室则分透视及摄影两项工作，包括心、肺、胃、肠及骨骼等之检查，现有X光机三架，内计巨型者二架、小型者一架，可随意移动透视及摄影，应用，尤称便利。兹将三年来业务概况分述于后：

X光室部分工作重在透视方面，摄影则限于物力维艰，非必不得已绝不浪费一片。自卅六年初开放以来，迄今行将二载，透视人数已达四千余人，摄影者亦有一千人左右，包括口、肺、肠、骨骼及肾脏、胆囊等之检查，检查人数亦按月俱增。卅六年一月份透视人数四十名，至本年八月份增至二百五十余人。其中本局员警眷人数略见增加，透视方面以心肺透视估第一位，有三千五百人之多，胃肠检查次之，有三百二十人，骨骼及关节透视较少，大半须摄影观察。摄片方面，亦系心脏最多，二年来共计六百零五张，骨骼关节二百八十六张次之，胃肠八十五张又次之，泌尿系统五张最少。检得之疾病，计有肺结核者八百七十七人、心脏病者二十三人。胃肠疡六人，胃炎九十九人，胃下垂二十六人，骨折者一百五十人，脱白者十八人。

肺部检查人数三千五百人，有病变者八百七十七人，其疾病率为22.2%，即每百人中有廿二人患肺结核症。初期肺结核居多，但有空洞形成者，竟达二百零三人之多，顾系本局同人及眷属中之最大若段，并宜设法挽救。关于

① 本路总医院X光机透视照相暂行办法[Z]. 粤汉半月刊，1948, 3(23): 17-18.

肺结核症之预防及治疗，另有专者，本文暂略。至于心脏检查时，有心脏病者二十三人，其中以曾帽瓣闭锁不全居多，主动脉扩大次之。胃肠检查比较复杂，检查前必须服用泻剂并饥饿半日，使肠胃内容易排除，临查再用硫酸钡乳剂显影观察，查得之病变，以慢性胃炎为多，胃下垂者亦不少。关于骨折病人之检查，恒与外科医师合作进行之。

本科业务日见繁重，但因物力财力之不足未能达到理想境界，来日新警体格复检举行。则本科工作加重，惟新警体格当可进一步，使肺结核患者逐步减少，使每一位员警发挥其一份力量。①

通过所呈现的X光电疗科工作记要，可推断：其一，当时上海警察医院的X光电疗科设备完善，可应用于多个人体部位的X光诊断；其二，受到摄影耗材的限制，医院对摄影片耗材进行严格控制，因此在两年诊断中透视患者较多，而摄影人数较少；其三，医生通过对病患在X光诊断的类别及病理分析发现，当时应用X光诊断的病情，主要集中在如肺结核、慢性胃炎等疾病上，X光诊断可利于筛查初期肺结核，为患者的早期治疗提供了可靠的依据；最后，报告中明确指出该科室还将承接新警入职体检的工作任务，这体现X光诊断已经可以应用于常规的身体检查，并成为职工入职筛查疾病的有效手段。

近代医院放射科在设立后，通过制定相应的管理制度，进一步规范了对X光技术的操作，同时在管理制度的规约下，医师可开展更为专业、更为系统的诊断工作，由此放射科也从简单的诊疗临时科室蜕变为建制完整、业务规范的常规科室，从而促进医用X射线技术的应用。

四、制定收费标准：以民国时期上海医院为例

医院将X光放射诊断纳入日常的医疗诊断收费项目，体现X光技术作为一种重要的诊断、治疗技术已经在医院得到广泛认可并普及。本节特展示了几个同一时间段不同医院设置的收费价目表，以此通过不同医院收费标准的异同分析放射科的建制情况。详见组表4-1。

① 杨可培. X光电疗科工作记要[J]. 上海警察，1948, 3(5)：61-62.

表 4-1　　医院收费价目表（单位：元）[1]

A. 公济医院收费价目调查表

名称	头等	二等(A)	二等(B)	三等	四等
住院费	36 000	27 000	13 500	6 000	3 000
伙食费	18 000	15 000	11 000	8 000	5 300
医药费	11 000	9 000	6 000	3 000	免
陪客费	12 000	9 000	8 000	3 000	
陪客伙食	16 000	13 000	10 000	7 000	
暖气燃料费	11 000	8 000	6 000	3 000	1 500
入院预缴费	相当于十天的住院手术医药费				
1. 住院费不包括药品材料、X光化验等费；2. 头、二、三等允许陪客					
手术费 大	360 000～1 260 000	300 000～1 050 000	120 000～360 000	75 000～225 000	12 000～45 000
手术费 小	150 000～360 000	120 000～300 000	45 000～120 000	23 000～75 000	12 000～45 000
接生费	225 000	1 800 000	90 000	60 000	30 000
婴儿室	12 000	12 000	8 000	5 000	3 000
1. 手术材料费：分大小手术费，依手术费等级折至八折计算，证明属老、贫者免费；					

① 资料来源：上海市档案馆，《上海市人民政府卫生局关于兹检呈市立各医院重订收费价目表调整表请鉴核赐予备查示遵的函》，1950年1月26日，档号：B242-1-221-10。

2.接生费不分难产							
X光	透视费		9 000	8 000	6 000	5 000	3 000
	拍照费		120 000	100 000	90 000	80 000	60 000
	牙齿	乙只	23 000	18 000	12 000	9 000	5 000
		全扣	230 000	180 000	120 000	90 000	20 000
短波透热电疗			10 000	9 000	8 000	6 000	5 000
太阳灯			14 000	12 000	9 000	6 000	5 000
人工气胸			90 000	80 000	60 000	50 000	30 000
1.门诊病人普通者依四等计，特别依三等计算； 2.人工气胸三个月计算，其中途停止每次十分之一							
门诊挂号费	初诊600，复诊300，特别初诊3 000，特复2 000，急诊3 000，赤贫者经证明免收，指定医师6 000						
敷料费	普通门诊1 200，特别门诊3 300，赤贫者经证明减半或免收						
化验费	参照卫生试验收费						
药品价	头等照市价加50%，二等加30%，三等加20%，四等照市价优待20人以上						
体格检查费	8 000（X光费透视费化验费另加），20人以上团体七折优待						
出药费	普通45 000，指定医师90 000，随请随到68 000						
会诊费	90 000						
救护车	每次以两升汽油为原则，路速者另计						
附注	1.门诊除外科换药外，眼鼻喉用药一律免费						
	2. X光拍照费尺寸小者递减						
	3.本表自1950年1月28日起实行						

B. 市立医院暂行收费目调查表

名称	特等	头等	二等	三等
住院费	18 000	13 500	6 000	1 500
伙食费	13 500	13 500	9 000	4 500
手术费大	180 000~600 000	150 000~450 000	75 000~225 000	只收药材费
手术费小	60 000~180 000	45 000~150 000	15 000~75 000	只收药材费
接生费	120 000	90 000	45 000	只收药材费
医药费	11 000	9 000	3 000	免
保暖费	11 000	8000	5 000	1 500
门诊挂号	初诊500，复诊200，特别门诊1 800，急诊1 000			
体格检查	4 500（X光费透视费化验费另加），20人以上团体七折优待			
陪客费	伙食费同病人伙食相同（不用伙食者除外），特头等病人住院费减半			
X光拍照	拍照费照市价计算			
透视费	住院特头等6 000，二等3 000，三等1 500，特别门诊加倍用药另加			
化验费	参照卫生试验收费，三等病人及门诊减半收费（特别号除外）			
人工气胸	特头等60 000，二等45 000，三等1 500，门诊与三等同（三个月计划，中途停止每次十分之一）			
婴儿室	1 500，营养另加，按市价收			
理疗费	每十分钟2 000~5 000，每超过五分钟加二分之一			
药品费	按市价收门诊费，赤贫者免收			
敷料费	门诊1 600，大1 800，二等加50%，特头等加100%，三等门诊同			
手术材料	特头等按手术分等级减半收，三等照二等材料减半价收			
入院预缴	相等于十天之住院伙食手术医诊等费，其三等是在赤贫实在出不起者免收			
附注	1. 门诊手术费免费			
	2. 门诊除外科换药外，眼耳鼻喉用药一律免费			
	3. 门诊妇科冲洗及眼科验光只收1 500元			
	4. 三等病人及门诊化验费证明等级照卫生试验费所减半收费			
	5. 本表1950年1月28日起实行			

C.第一二劳工暂行收费价目调整表

名称	市天	工厂职工	备注
住院费	3 000	对折	
伙食费	4 500	无折扣	
手术费大	15 000～113 000	只收药材料	
接生费	23 000	只收药材料	平难产收费同
门诊挂号	500	对折	
门诊挂号复诊	200	免	
门诊挂号急诊	1 000	对折	
体格检查	4 500	八折	20人以上团体七折优待
陪客费	只收膳费	低折扣	
X光拍照	照材料市价收	低折扣	
透视费	3 000	对折	用药照市价另收
化验费	参照卫生试验价格减半	八折	
人工气胸	45 000	八折	三个月计划，中途停止每次十分之一
婴儿室	1 500	八折	营养另加按市价收
理疗费	每十分钟2 000	八折	每超过五分钟加二分之一
药品费	按市价收	无折扣	赤贫者证明属实者免收
敷料费	大1 800，小600	无折扣	
手术材料	7 500～53 000	无折扣	
入院预缴	相等于十天费用，酌情处理，赤贫者经证明免收		
附注	1.门诊手术费免费		
	2.门诊除外科换药外，眼耳鼻喉用药一概免费		
	3.门诊妇科冲洗及眼科验光只收500元，职工八折		
	4.本表1950年1月28日起实行		

D. 中山红会中美澄衷医院收费价目调查表

名称	特等	头等	二等	三等
住院费	36 000	27 000	13 500	3 000
伙食费	18 000	18 000	12 000	5 300
手术费小	360 000~1 260 000	300 000~1 050 000	120 000~360 000	45 000~120 000
手术费大	150 000~360 000	120 000~300 000	45 000~120 000	12 000~45 000
接生费	225 000	180 000	9 000	3 000
医药费	11 000	9 000	3 000	免
保暖费	11 000	8 000	5 000	1 500
门诊挂号	初诊600，复诊300，特别门诊3 000，特夜2 000，急诊3 000，赤贫者经证明免费，指定医师4 000			
体格检查	8 000（X光费透视费化验费另加），20人以上团体七折优待			
陪客费	伙食费与二等病人伙食相同（不用伙食者除外），特头等并收房费11 000外加膳费共约20 000			
X光拍照	14×17，特头等120 000，二等90 000，三等60 000，尺寸小者递减			
透视费	住院特头等9 000，二等6 000，三等3 000，因另加特别门诊加倍，赤贫者经证明免收			
化验费	参照卫生试验收费			
人工气胸	特头等90 000，二等80 000，三等30 000，（三个月计划，中途停止每次十分之一）			
婴儿室	特头等12 000，二等8 000，三等3 000，营养另加按市价收			
理疗费	每十分钟3 500~8 000，每超过五分钟加二分之一			
出诊费	普通45 000，指定医师90 000，随请随到68 000，会诊90 000			
药品费	特头等照市价加50%，二等加30%，三等照市价，普通门诊照市价，特别门诊加30%			
敷料费	普通门诊1 200，特别门诊3 300，赤贫者经证明减半或免收			
手术材料	分大小手术费，依手术费等级五折至八折计算，赤贫者经证明免收			
入院预缴	十天之住院伙食手术医诊等费，其三等是在赤贫出不起者可酌情减收			
救护车	以汽油两介仑为原则，路速者另计			
附注	1. 接生费难产按平产收费			
	2. 手术费定属赤贫者（只限三等）经证明者免费			
	3. 本表1950年1月8日起实行			

针对1950年上海市四所医院收费价目进行比较分析可以发现：首先，1950年，不同类型医院（包括市立与职工医院）都已完善了放射科室及其相应X光技术诊疗项目，并相应设立X光诊疗项目不同的收费标准。同时，X光技术在不同医院同一时段所体现的不同价格，主要取决于医院自身的发展规模。因此，组表中公济、市立医院的X光及其他诊疗费用高于普通职工医院。

其次，通过比较常规的收费项目（如住院费与X光透视、X光拍照价目）发现，在1950年，一次X光透视的费用大致相当于特等、头等和二等病房一天住院费用的三分之一，和三等、四等病房一天的住院费用接近。但是X光拍照的费用却高出透视若干倍，这也造成了价格低廉的X光透视比X光拍照诊疗应用更为普遍的现象。

再次，比较X光透视与X光拍照发现，X光拍照会按照市场浮动价格，X光透视则为固定价格。造成收费悬殊的原因源于X光拍照需要附属配件耗材即胶片，而胶片在当时国内还不能自行生产，只能依靠国外进口，一旦进口胶片费用高涨或者数量紧缺等状况出现，X光拍照费用也会随之“水涨船高”。因此，多数医院要根据市场购置情况随时做出调整，通过价格杠杆控制X光拍照次数，以免因胶片不足而耽搁诊断。

最后，X光诊断的收费项目种类日渐齐全，范畴广泛。例如，公济医院X光放射项目中，还有专门拍摄牙齿X光的收费项目。鉴于不同科室、不同部位的治疗需要，以及功能日趋完善的X光技术，X光诊疗项目可为多个人体部位提供较为准确的病灶透视，以此X光诊疗手段已被纳入常规诊疗项目中，并相应制定合理的收费价格标准。在中华人民共和国成立前夕，在X光诊疗的收费价格标准方面，上海X光放射诊疗的建制已经趋于完善，并逐步走向专业化。

短短几十年，近代中国医用X光机得以飞速发展，同时也相应带动了近代医疗体系的崭新变革。一方面，X光诊疗技术需要有专业放射医师操作X光机、诊断X光片，这推动了医用人员专业业务培训、职业技能培训的发展。而随着近代各大医院相继设立并扩建放射科室，X光诊疗从原来的“鲜为人知”的治疗方式转变为“众人熟知”常规化诊疗项目。另一方面，医院通过对放射科设立规范管理制度、制定X光诊疗项目收费标准，进一步规范医用科室的日常管理，从而推动医疗诊室建制化的跨越式革新。

第四节　技术的推广：防痨运动中的X光机

X光机真正走进大众生活、实现技术推广，与近现代中国的防痨运动密不可分。在缺医少药、公共卫生体系不健全的近现代中国，如何对肺结核进行防控与治疗，X光机在其中发挥了什么样的作用，防痨运动又对X光机的技术推广产生了哪些影响。本节将具体围绕这些问题展开。

一、“不治之症”：民国初期的痨病与传统疗法

由结核杆菌引起的肺结核这一慢性疾病有着漫长的历史，在成书于战国至秦汉时期的医书《黄帝内经》中已有记录，隋朝时出版的《诸病源候论》中列出了此疾病的70多种病症。清末民初以前，肺结核被称之为“肺痨”，医书《黄帝内经》记载患有肺结核的症状：“咳，脱形；身热，脉小以疾”。中医对此疾病的诊断，即为著名的外感内伤说，意思是痨虫进入身体，自身免疫力不足所致。除此之外，肺结核在我国还被称之为“尸疰”“虫疰”“骨蒸”等，随着西医的引入发展，“肺结核”这一名称逐渐代替“肺痨”使用。西方国家将此病称为“白色瘟疫”，从济慈、雪莱到鲁迅、林徽因等都是因肺结核去世，可见这一传染疾病的严重程度，具有非常高的致死率。

民国时期，防痨协会干事胡嘉言对肺结核的认识是“它的情形，几乎是包罗万有的。种种病症的经过，既属人人不同；种种征象的偏重，也是各自为别；就是病症正确的认识，也是未易言的，须用种种精密的检查法方可了然的”[①]。说明肺结核这种传染病具有症状多样、确诊困难的特点。与此同时，肺结核作为一种慢性传染病，其社会影响容易被忽视，导致肺结核产生的影

① 胡嘉言. 肺结核浅说[J]. 防痨月刊，1936(5)：36.

响更为恶劣。

尽管结核病也是传染病，但通常在统计人口的疾病致死率时，往往将结核病单列出来。其根源在于患结核病死亡的人众多，光肺结核这一种病就可以位列死因榜前几名，甚至是首位。例如，根据北平第一卫生事务所1926—1932年的统计，每十万人中就有303人死于肺结核，肺结核位列死因榜榜首①。直到1958年，结核病依然在中国位列死因榜第一位②。而且感染结核病的多是青壮年，它是当时成人传染病的第一大杀手。

在20世纪上半叶并没有十分有效的痨病治疗办法，这一疾病也被认为是“不治之症”。《大众医学杂志》曾发表过一位患有肺结核的患者给他朋友的信件，写道：“身体一直康健，一日晨起突然吐血，继而被诊断出肺结核。平日从亲友口中所听到，认为肺结核是没法治疗，顶可怕的传染病的一幕，立刻呈现在自己脑中。完了！难道这一生就此终止了吗？”③在医生看来，当一位患者被确诊为肺结核后，“现在一般肺结核病人，多数以为肺结核是不能治愈的，是死的使者，没有一日不在结核病康不知下呻吟”④。对于患病的亲戚朋友而言，则会风声鹤唳，自己稍微咳嗽，就以为自己也患有了肺结核，生活得胆战心惊、惶恐不安。

肺结核作为一种世界性疾病，西方医学也一直致力于对其研究，其中19世纪法国化学家巴斯德发现微生物、德国医生科赫宣布找到结核杆菌、德国科学家伦琴发现X射线是破解肺结核病成因的三个关键环节。这一时期“细菌学”被西方大众广为接受，细菌理论的建立成为西医发展的一个灯塔，加之X光在诊断上发挥的有效作用，西方社会开展了大规模的防治肺结核行动，成功使肺结核成为人类可控的传染病之一。伴随着西学东渐过程，西方医学开始在我国传播开来，防治肺结核的代表人物是留日学者丁

① 张大庆. 中国近代疾病社会史[M]. 济南：山东教育出版社，2006：40.

② 佚名. 目前结核病的流行病学调查工作中存在着什么问题？[J]. 中华结核病科杂志，1958，6（4）：273.

③ 舒壁清. 大众之声：你感觉吐血可怕吗[J]. 大众医学杂志，1949（3）：107-108.

④ 董道蕴. 怎样能使肺结核治愈[J]. 民众医报，1930（4）：18.

福保与旅美学者卢永春。1908年，丁福保翻译了日本竹中成宪、寺尾国平的《肺痨病预防法》一书，他关于肺结核的书目不下10余本。卢永春更是一生都与肺结核打交道，是我国最早创办西式结核病院和结核病疗养院的人之一，撰写的《痨病论》再版四次，系统介绍了西方医学关于结核病的成因、治疗方法等，使我国医学界渐渐认识到肺结核对国人危害的严重性。20世纪30年代初，我国发起的防痨救国运动，使国民逐步认识到肺结核的致病原因以及如何预防，通过此运动“唤起国人知痨病之严重后果性，起而注意，起而预防，起而抵抗；对于已病者，予以实行补救之治疗，导其摄生之方法”①。

二、从“治”到“防”：X光机改变人们对“痨”的认识

1. 患痨的诊疗困境

民国时期，肺结核被视为不治之症。首先，肺结核无有效的治疗手段，特别是对患有重症或末期的结核病患者。尽管当时已经出现了疗养、人工气胸、胸廓成形术等治疗方法，青霉素与链霉素也是当时最新的医学科学发明。但因无“专能毁减结核菌之特效药”，所以肺结核仍是高致死率、低治愈率的“绝症”。

其次，没有较为准确的肺结核诊断手段。近代中国很多医院对肺结核的确诊方法还是存在一定的模糊性与不确定性。一种诊断形式是观察患病者的病症来确诊。王君纲结合了F. M. Pottenger博士的观点，系统而全面地将结核病症状分为三类，即：第一种是中毒性症状，主要表现在衰疲的感觉，不能持久工作、体力衰退、神经质性、消化系障碍、体重减轻、脉搏增加、晚间盗汗、寒热、血液改变；第二种是反射性症状，主要是咳嗽、胸肩疼痛、消化系障碍、颜面潮红；第三种是固有症状，会出现频发频愈的感冒、胸膜炎、咯血、咯痰、喉音粗嗄、寒热②。众所周知，病原发作会呈现多个病症，仅依靠

① 颜福庆. 敬请全国各界领袖参加防痨事业书[J]. 防痨，1935, 1(7).

② 王君纲. 防痨与教育[J]. 防痨，1935, 1(1): 588-589.

病症表象确诊病情，其误诊的几率会大大增加，同时如果病症表征显著，虽能判断病人已身患肺结核，而此时却是“病入膏肓”的状态，难以治愈。另一种诊断形式，则是医生利用听诊器作为辅助诊断手段，通过探听肺部的声音来确诊。丁福保对此评论道：“如果一个患者在一位医生那里被诊为肺结核初期，便即刻再往叩第二医生之门，如果第二位医生告之是支气管炎，则最初之医生，会被病人斥为误诊，大伤信用。患者必请第二位医生，为之治疗。”[①]可见，利用听诊器作为肺结核诊断手段也存在误诊现象。因此，无论是“察言观色”，还是“听音诊断”，这些诊断方式对于确诊肺结核都存在着模糊性与不确定性，极易造成误诊。

最后，由于近代中国民众普遍缺乏基本的卫生常识，患病之后不及时就医，从而错过了最佳的医治时间，也促使肺结核进一步扩散。同时很多患者对西医并不信任，北平协和医院结核专科医师Hall曾表示：“即使是在如上海或香港这类具有一定公共卫生基础的大都市，当地的大多数人生病时，都仅仅愿意去咨询旧式医生。”[②]因此，在匮乏的医学常识影响下，很多患者陷入了诊疗困境，导致肺结核一度被列为传染病中死亡率最高的疾病之一。

2. 痨病诊断的福音

那么，是不是肺结核一定无法“治愈”呢？其实不然。早期虽然没有较好的治疗方法或者较为理想的特效药物，但是初期肺结核治愈的可能性很高。因此，在专治肺结核的特效药还未发现之前，唯一控制肺结核的办法就是尽早发现然后加以适当的治疗。同时对所筛查出的肺结核患者进行隔离，阻隔其肺结核的扩散与传播。

X光机为诊断筛查肺结核提供了行之有效的科学方法。它可以通过透射肺部，展现肺部患病情况从而进行准确诊断。不仅可以在患肺结核早期确诊，而且其准确率高，可以减少误诊事故出现。施丹富曾言：“虽然肺痨病患

① 丁福保. 肺病预防法[J]. 卫生月刊，1934(1-6)：181.

② HALL G A M (From Department of Medicine, Peiping Union Medical College). Tuberculosis in China[J]. British Journal of Tuberculosis, 1935, 29(3): 132-144.

者有猛烈咳嗽、痰里带血症状，能确定多数征象为肺痨病，但是这些征象不能完全确定，此外如果确实得了该病，达到这样的病症也是肺痨病发展一段时间所表现的。而且早期的肺结核并不存于痰液中，但X光可以发现可能存在胸部的病毒，因此诊断早期患者是否患有肺结核，采用X光照相是较为科学的诊断方式。X光拍照可不受地域影响，其方便程度如照相一般，时间很短就能完成一个人的拍照，并由后期医生进行分析与诊断。”①

此外，X光拍照较为清晰，能直接判定肺部的感染情况。以一般的慢性肺结核为例，用X光检查，“则增殖性病灶的阴影，均境界明朗，间亦杂以境界模糊的渗出性像，大小种种，或如蔷薇形，或如苜蓿形，无互相融合的倾向，故称作腺样结节状病灶”②。

而且，X光筛查还可应用于儿童的早期筛查。“据柯尼博士之报告，强有力之X光线能澈查初期肺痨病，在患者未表露病微以前，此法查验儿童肺病尤为重要，肺痨之发生有历数月或数年而无病微表现者，将成年童子外表甚健康，然或患剧重之肺痨，此种情形最宜用X光线照察，发现其初期病症”③。

然而，虽然X光机对筛查肺结核病具有显著的优势，但在初期X光机的使用率并不高，这主要源于X光机高昂的检查费用与繁琐的检查手续。因此，相对于普通的防痨检查，多数患者会选择荧光指示术（Fluoroscopy），从而达到经济性与便利性的目的。但是这种检查方式并不能达到百分之百的诊断率，没有诊断出来的病人，可能不知不觉地由初期转入第二期或者末期肺结核。随着X光技术发展，出现了一种更为简洁的X光机。这种X光机“可诊断百分之九十六的初期肺结核，而其费用仅及普通X光摄影检查十分之一强。同时应用光度时间计，非但可使所摄的X光照片精细，且可增高检查病人的速率”④。不仅如此，通过X光机、实验室的显微镜等西方医学设备，西医向国人展示了曾经无法描述的肺结核成因，为疑似病人的诊断提供可靠的

① 施丹富. X光与肺病疗养[J]. 时兆，1949，44（11）：2-3.

② 陈方之. 传染病学[M]. 北京：商务印书馆，1950：237.

③ X光线与肺痨[J]. 科学，1931，15（5）：805-806.

④ 邹仲. 防痨新利器——X光简洁摄影检查机[J]. 科学日报，1946（12）：364-365.

依据，提高了国人医学常识水平。

民众逐步认识到X光机可以高效、准确筛查肺结核，并且在X光机检查费用不断降低的影响下，民众逐渐解除了原有的诊断顾虑。接受X光机检查的人数上升，带动了全国各地医院对X光机的购入量。以上海市为例，1950—1953年期间，全市各医疗机构初步统计专及兼为结核病使用的X光机共有115架（其中50毫安以下46架，50毫安以上12架，100毫安以上15架，200毫安以上30架，毫安不明12架），全市开业X光人员78人，X光机81架①。

3. 防痨的团体筛查

虽然X光机能准确筛查早期肺结核患者，但肺结核具有一定的传染性，仅仅依靠个人的健康检查不足以有效控制肺结核。因此，为了能有效控制肺结核的蔓延，防痨形式也逐步以个人治痨为主转向以群体防痨为主，出现团体健康检查的群体防痨方式。X光机由一种诊断的诊疗手段逐步演化为常规体检的一项重要项目。通过X光机能快速、准确筛查出肺结核患者，然后对患者采取隔离等防治手段，进一步防范痨病传染。

据当时广东省法商学院的报道，为了明确学生健康状况，防范痨病传染，特邀请穗联合胸科诊疗所协助检查，诊疗所派出2位专业医师，通过对学生进行集体X光筛查。最终检验发现有6名学生染病，而后对患病程度加以分析，根据病情对6名学生劝令休学，以资疗养②。以此确保校内其他学生的健康安全，阻隔肺结核在群体中的扩散。

1949年后，X光机在医院常规体检项目中应用得越来越多。以上海医院为例，在1950—1953年四年间，民众接受的X光机健康检查活动以集体检查为主。据当时的数据统计，在四年时间里，集体健康检查人数共增加了247.5%（表4-2）。团体健康检查的人数逐年升高，也能侧面反映出民众及单

① 资料来源：上海市档案馆，《上海市四年来防痨工作报告》，查档时间：2018年11月21日，档号：B242-1-530-1。

② 穗联合胸科诊疗所应邀派医师来院做X光检验[N]. 广东省法商学院报（第5版），1948(17)：第四版.

位团体更加重视筛查肺结核病，减少团体内部肺结核病的扩散概率，确保群众健康安全。

表4-2　　1950—1953年上海医院团体健康检查人数统计[①]

名　称	1950年/人	1951年/人	1952年/人	1953年/人	共增加/人	增加/%
市立肺结核病防治院	—	15 111	26 599	34 715	19 604	129.7%
上海防痨协会所属院	14 939	24 882	63 285	85 784	70 845	474.2%
上海医学院内科学院肺科	16 185	36 788	28 201	22 420	—	—
共　计	41 124	76 781	118 085	142 919	101 795	247.5%

三、防痨协会：助推X光机技术推广

民国时期，伍连德博士曾指出“中国每年有120万人死于结核病，估计超过1 000万人感染结核病”，反映出当时的肺结核流行情况[②]。而据民国十六至十七年（1927—1928年）北平第一卫生事务所调查统计发现：痨病死亡人数共计495人，其中10～20岁有100人，20～30岁为127人，30～40岁为91人[③]。正如北平卢永春医生所言，“我国死于痨病的，多是壮年人，在二十岁与四十岁之间”[④]。

由于青壮年是社会经济发展的主力军，所以肺结核病所带来的危害在一定程度上还制约了社会经济发展。从这个角度看，肺结核病已经成为一个亟待解决的公共卫生问题。近代中国如不彻底消除肺结核病，那么其将会成为整个社会发展的障碍与瓶颈。而若想彻底消除肺结核病，单靠几家医院、几个诊所远不能及。因此，还需要对全国各地的防痨进行统筹管理与系统指导。

① 资料来源：上海市档案馆，《上海市四年来防痨工作报告》，查档时间：2018年11月21日，档号：B242-1-530-1。

② 张宜霞，伊懋可. 近代中国的环境和结核病[A]//刘翠溶，伊懋可，主编. 积渐所至：中国环境史论文集[Z]. 台北：台湾“中研院”经济研究所，1985：801.

③ 王君纲. 防痨与教育[J]. 防痨，1935，1（1）：586.

④ 王君纲. 防痨与教育[J]. 防痨，1935，1（1）：585.

1915年，伍连德在《中华医学杂志》创刊号上撰文呼吁中国政府开展防痨卫生活动[①]。

除了在医学上已掌握根治结核病的方法外，还需要建立结核病防治组织。在1966年出版的《结核病的预防和治疗》一书曾这样论述："虽然现代医学科学向人类提供了许多有利于控制和消灭结核病的条件：像结核病致病菌的发现，发明结核病的预防接种，明确结核病的传染途径和致病原因，具备结核病各种诊断和发现方法，掌握有效制菌药物和外科手术等；但有效控制和消灭结核病的可靠保证，是决定于建立结核病防治的组织，有计划、有步骤地来负责执行。因此，结核病防治组织是目前控制结核病的基本条件。"[②]

中国近代政府的作用相对薄弱，因此民间发起的防痨协会就成了防痨的主力军。国内有识之士首先在上海筹办全国防痨联合会。该会以传播肺结核病的基本知识为目标，治痨工作为辅。此后各地防痨协会陆续成立。通过防痨协会的努力，其所开展的各项实质性工作为我国肺结核病的防治作出了巨大贡献，也充分调动了全国参与防痨运动的积极性。以上海防痨协会为例，上海防痨协会成立于1933年。在上海解放初期，仅有医院1所，诊所4个。发展至1953年，上海防痨协会第一医院的病床增加到180张，第二结核病防治所扩充局部防治所的规模，第三诊所与第一医院的门诊部、第四诊所改组为流动队，深入工厂做结核病防治工作[③]。

要明确的是防痨协会的工作重心是"防"。因此，各分会、所办的诊所和医院所推行的工作多是预防，如健康检查、接触者检查、家庭访视、社会服务，以及病人善后等工作[④]。

---

① 何玲. 西医传入中国：结核病案例研究（1900—1967年）[D]. 上海：上海交通大学，2011：147.

② 刁友道，陈湘泉，等. 结核病的预防和治疗[M]. 上海：上海科学技术出版社，1966：381.

③ 资料来源：上海市档案馆，《上海市四年来防痨工作报告》，查档时间：2018年11月21日，档号：B242-1-530-1。

④ 吴绍青. 访视各地防痨协会印象记[J]. 防痨通讯，1948，1（2）：2.

1. 宣传教育：拓展X光机的普及深度

各地防痨协会对防痨教育工作十分重视，通过多种多样的方式向民众宣传防痨的重要性和预防方法等。第一种宣传形式为统一印制宣传教育书籍，1948年，全国防痨协会连同各地分会，印制的宣传书籍包括：①怎样预防肺病蔓延；②肺病家庭疗养法；③危机潜伏阁下知道吗？④人工气胸；⑤为什么要照X光？⑥若要痨病好，不忘了休息、营养和新鲜空气；⑦探病必读；⑧肺痨书册等。同时，为了方便市民阅读，出版委员会还编制防痨主题书画[①]。第二种形式是防痨演讲，防痨协会邀请医务人员通过广播台演讲预防痨病及疗养方法，或在学校、工厂等地开展不同形式的演讲活动，向市民宣讲防痨重要性与防护措施。第三种形式则是为了各分会便于联络，同时掌握防痨协会工作情况。防痨协会通过创办、发行防痨杂志、通讯，对各个分会开展工作加以总结，进一步推动防痨工作协同开展。除此之外，宣传手段还包括拍摄防痨宣教电影、举办防痨展览以及流动宣传车等形式[②]。

2. 增设机构：拓宽X光机的筛查广度

在设立防痨专业治疗机构方面，防痨协会积极添置设备，筹建防痨专业机构，以此满足市民身体检查及治疗需要。中国防痨协会上海市分会通过在美国订购X光机，先后筹备了三所痨病诊疗所，专门从事痨病的诊断和治疗。据中国防痨协会第一届年会医务报告显示，从1934年6月至1936年9月，共有出诊病人1 864人次，复诊病人5163人次，X光透视739人次，X光摄片52人次，家庭访视142人次。另一方面，防痨协会通过改革诊疗方式，以流动诊疗为工厂、学校开展诊疗活动。上海防痨协会接受了美国合作委员会所赠送的新式X光机后，又从总部调拨一辆六轮卡车，将车身加以改装，设有X光暗室、诊疗室等，组建出一个X光流动诊所。该流动诊所可接受单位预约，为市民服务。可直接到学校、工厂、机关、公司，为各单位人

① 吴绍青. 访视各地防痨协会印象记[J]. 防痨通讯，1948, 1(2)：3.

② 中国防痨协会. 建国十年来中国防痨协会的工作成就[J]. 中国防痨，1959(5)：1.

员检查肺部[①]。便捷的X光流动诊所还解决了集体检查耗时旷工等问题。

此外，在开展其他大型活动宣传防痨教育中也相应举办义诊检查活动。上海防痨协会参加上海市卫生运动大会期间，不仅通过讲演宣传防痨问题，而且免费为市民进行身体检查，半费照X光。市民积极踊跃参加义诊活动，在市内各医院如上海时疫医院、广仁医院、中国红十字会医院、圣心医院等23家医院接受身体检查的市民每日应接不暇。惠民义诊活动，进一步为贫苦市民提供便利，加大了筛查痨病范围，也减轻了市民预防痨病的经济负担。

3. 团体检查：加快X光机的筛查进度

通过X光机进行肺部检查，配合诸如验痰、体温等检查的办法，可以快速准确诊断出肺结核。因而，防痨协会及其分会协同各机关、工厂与学校等单位，以团体身体检查为中心开展工作。通过统一开展身体检查，有效筛查团体中患有痨病人员，从而及时进行隔离预防措施，保障团体的健康。“上海防痨协会十分强调西医X光检查的重要性，并开始在上海进行一定的规模防痨检查”[②]。上海的防痨协会还为全市医师免费发放X线检查证1万张，并免费为4 000余名师生进行检查[③]。

中国防痨协会重庆分会在1948年团体检查的情况如表4-3所示，可见当时学校、机关、公司、工厂等单位都有参与进行统一身体检查。通过统一身体检查，有效筛查出患病人员，可见当时体检已经成为防痨的一项重要举措。

表4-3　中国防痨协会重庆分会卅七年四·五月份工作团体透视情况[④]

团体名称	检查人数/人	患病人数/人
社会部重庆实验救济院	321	9
联动总部第六汽车修理厂	320	10

① 吴绍青. 访视各地防痨协会印象记[J]. 防痨通讯，1948，1(2)：12.

② 进行防痨检查[J]. 医药评论，1936(11).

③ 王东胜，黄明豪. 民国时期健康教育文集[M]. 南京：江苏人民出版社，2008：67.

④ 吴绍青. 访视各地防痨协会印象记[J]. 防痨通讯，1948，1(2)：5.

（续表）

团体名称	检查人数/人	患病人数/人
树人中学	981	17
南开中学	2 107	49
重庆中学	466	18
社会部陪都育幼院	272	12
重庆警察保安第二大队	205	17
宝元通公司	98	8
重庆市立高级商业职业学校	48	2
重庆市下水道工程处	22	1
合　计	4 840	143

除了上述的活动以外，各地防痨协会还开展其他实质性工作，如防痨疫苗的研发与测验、组织募捐活动、举办儿童健康营、护士访视病家、防痨专业人才培养等[①]。

四、政府主导、社会参与共同构筑防痨体系

中国近代政府的力量薄弱，所发挥的防痨作用甚小。直到1949年之后，在中国共产党统一领导下，政府才逐步在防痨运动中发挥更大作用。同时企业、集团等单位也纷纷加入防痨的队伍中，配合推行X光机健康检查，提供自办疗养场所。自此，政府、防痨协会、企业形成了合力，共同抗击肺结核。

1.政府主导，卫生系统为主建立科学防痨体系

肺结核是社会性的慢性传染病，其感染人数与致死率愈发扩大，严重影响了中国近代经济社会发展，成了当时中国社会亟待解决的社会性问题。民国时期，政府管理处于混乱状态，并未制定切实可行的防痨方针、开展有效

① 吴绍青. 访视各地防痨协会印象记[J]. 防痨通讯，1948，1(2)：4.

的工作。直到中华人民共和国成立后，在中国共产党的领导下，中国才建立了自上而下的防痨体系，防痨卫生以前所未有的速度和力度在全国范围内推行①。政府首先颁布了“预防为主”的卫生总方针，大力推动爱国卫生运动、人民体育运动、劳动保险、工厂安全卫生措施，为防止肺结核的流行创造了优越条件②。

中央人民政府卫生部决定从1954年开始，以北京、上海两市为防痨重点试验城市，根据苏联的先进经验解决肺结核问题。依据中央的部署安排，上海市制订了防痨五年计划，其总方针为：整顿巩固、重点发展、保证质量、稳步前进。上海市逐步实施以下行动方案：第一，统一领导，分散经营；第二，广泛宣教，重点防治；第三，防治重点以工厂、机关、学校为主，根据卫生工作必须与群众运动相结合的原则，发挥各团体力量来解决本身问题，在技术上则由防痨机构予以指导和协助；第四，整顿巩固现有的结核病防治机构，在工作方法方式上力求统一，并逐步发展新机构③。

华东卫生局作为上海市负责开展防痨工作、推进爱国卫生运动的主管机构，开展了一系列肺结核防治的工作。首先是卡介苗的接种工作，据统计，自1937年迄至上海解放，上海仅接种了卡介苗约一万人左右。而在1950年开始至1953年底止，上海全市已皮内注射接种卡介苗386 381人，取得了预防的初步成效。在结核病防治干部的培养方面，1950—1953年，由华东卫生局办的卡介苗训练班，抽调全市公私立医院医师及护士予以短期训练者共有300余人，卡介苗训练班一、二期，共训练260余人。结核病防治人员通过专业培训，提高其工作能力，进一步推动防痨工作的开展。其次，在防痨宣教方面，1949年冬，华东卫生局与上海防痨协会联合举办了一次大规模的防痨宣传周，包括展览会、防痨游行、电台广播、影院幻灯片、讲座等。上海防痨协会制作了两套防痨幻灯片，在其他工厂、学校的小型展览会、演讲会上播

① 何玲. 西医传入中国：结核病案例研究（1900—1967年）[D]. 上海：上海交通大学，2011：147.

② 资料来源：上海防痨协会，《上海市防痨协会五年计划草案》，查档时间：2018年11月21日，档号：B242-1-656-24。

③ 资料来源：上海防痨协会，《上海市防痨协会五年计划草案》，查档时间：2018年11月21日，档号：B242-1-656-24。

放。1953年，上海防痨协会协助华东卫生局摄制防痨电影一部，并创办上海防痨期刊等。通过宣教活动，向市民普及了防痨知识与方法，以及X光机筛查的重要性，从而使市民树立并巩固了防痨意识。最后，以华东卫生局牵头推行了先进医院经营与新疗法研究工作①。政府主导，牵头开展各项防痨工作，有利于防痨工作的全面、系统推行。

2.社会协助，自办疗养室

除了政府、防痨协会开展防痨工作以外，企业、工厂等其他集体机构也相应加入防痨运动中。由于肺结核属于慢性传染病，虽然医疗机构在不断地扩建防痨治疗所，但仍出现床位供不应求的状况，现有的床位难以满足日益增多的结核病治疗需求。而在X光机的筛查下，很多轻度的肺结核患者只需在休养、隔离、营养条件下就能逐步恢复健康，不需要去医院住院治疗。因此，为了缓解医院结核病患者床位紧张的状况，同时对轻度患者采取相应治疗，各个工厂企业开始自办疗养室。

自办疗养室，指由机关、工厂、学校等单位在行政、医务室及该单位工会等组织共同努力下创办，为本机构轻症患者提供治疗服务的疗养室。自办疗养室的医疗指导由结核病防治机关（或各单位医务人员）负责，与正规医院治疗的效果区别不大。自办疗养室主要工作有：第一，对本单位内部人员统一组织筛查肺结核；第二，提供隔离床位，对一经发现的肺结核患者采取隔离措施；第三，通过对患者加以营养、休养措施，达到早治早愈的目标。

当时，仅市立肺结核病防治院、上海防痨协会、上海医学院等三个单位联系的自办疗养室统计有19处，共有病床655张②。可见，当时自办疗养室已初具规模，为轻症肺结核患者提供医治场所，缓解了市内公私立医院床位紧张的情形。

---

① 资料来源：上海市档案馆，《上海市四年来防痨工作报告》，查档时间：2018年11月21日，档号：B242-1-530-1。

② 资料来源：上海市档案馆，《上海市四年来防痨工作报告》，查档时间：2018年11月21日，档号：B242-1-530-1。

3. X光机技术赋能效果显著

到20世纪60年代中期，在中国，结核病的患病率已由1949年的4%下降到1.5%左右，死亡率由0.25%下降到0.04%左右，结核病、脑膜炎等疾病已大为减少[①]。到20世纪60年代后期，我国肺结核传染病基本得到了有效控制。

那么中国在近代经济、社会、医疗卫生发展尚不健全的情况下，是如何战胜肺结核的呢？

首先，先进诊疗手段的应用与普及是防痨胜利的技术支持。X光透视在临床诊断上的应用，可以快速、准确透视出病人肺部及其他脏器的病症情况，是肺结核早期筛查的“利器”。结合切实有效的隔离、治疗方法，能使轻症肺结核得以治愈。这一快速诊疗手段也被纳入医院的常规体检项目中。时至今日，X光透视依旧是日常体检筛查的有效手段。

其次，通过科学普及促使大众确立由“治”到“防”的科学观念，这是防痨胜利的思想基础。近代中国民众受教育程度低，对基本的医学常识知之甚少。而政府、防痨协会、医院，通过宣教形式，向大众宣传痨的病因、传播途径和防治方法等。在宣传过程中，民众逐步树立了科学防治肺结核的理念，在生活、工作等环境中保持个人卫生，从思想意识上扫除对痨的认识盲点。

最后，科学施策、多方协同是防痨胜利的组织保证。一方面，要科学施策。结核病控制的两条路径，一是隔离并治疗病人，切断传染链；二是提升人群的免疫力。围绕这两条路径，政府和社会不仅强化了团体身体检查的工作，而且通过在厂区、学校相应设立疗养室，阻断传染源，加强营养，增进免疫力，从而降低了肺结核致死率。另一方面，要多方协同形成合力，除了各地各级防痨协会配合开展工作，还与政府、工厂、医院、学校相互协作。通过政府与社会的协同配合，促进防痨工作有序进行，进而取得全面胜利。

① 黄树则，林士笑. 当代中国的卫生事业（上）[M]. 北京：中国社会科学出版社，1986：12－13.

第五节　本章小结

本章论述了X射线在“西学东渐”过程中的物化载体——医用X光机。医用X光机技术的传入不是一帆风顺的，通过梳理医用X光机在近代中国传入、接受、应用直至推广的整个过程，生动展现了近代中国医用X光机在医疗体系变革、肺结核防控方面所发挥出的重大作用。

医用X光机在近代中国得以生根发芽，不仅需要适应中国的社会环境，还需要根据客观条件对技术本身加以改变；而且民众能否接受医用X光机，还取决于文化、观念层面上的技术认知。X射线知识在近代中国的传播为大众普及了X光机的原理和功能，特别是在大众切身体验医用X光机的效能之后，逐渐接受了西医的这种诊疗手段。医用X光机从传入到接受为中国近代医学开启了科学诊断的新篇章。

随着中国医疗诊断需求的增长，医用X光机作为技术产品也逐渐发展壮大。一方面在技术应用的影响下，医用X光机从此前的技术进口逐渐发展出制造、销售、使用与维修的产业链条；另一方面，中国的医疗市场为技术革新提出新的诉求，以致X光机在体积和功能上进一步优化，同时医用X光机所具有的低价格等“亲民”特质也进一步促进其在中国近代社会的推广与普及。

医用X光机在近代中国的传播和应用不仅变革了传统的诊疗手段，而且助力了我国近代医疗体系的发展。首先，在专业人才培养方面，由于放射医师既要具有诊疗医学知识，也要兼具机器使用技能，所以放射医师的培养从“亲手相传”的师徒制转变为医学院校专业教育；其次，近代医院放射科室的设立，开辟了专业、科学的诊疗机构，是近代中国以技术驱动的一次医疗体系改革；最后，通过医院对放射诊疗的统一定价，不难看出X光机已纳入当时常规医疗诊断中，价目根据不同诊断部位、不同诊断方式、不同医院而有所不同，反映出X光机诊断功能已经得到社会的充分认可与接受。

在防痨运动中，筛查诊断使医用X光机从医院推广到社会。医用X光机出现在全国各地的医院、学校和工厂中，最终助力中国近代防痨的胜利。肺结核困扰了中国近代几十年，它既是当时致死率最高的传染病，也是制约我国近代经济、社会发展的顽疾。X光机科学诊断在筛查肺结核中发挥了重要作用。第一，科学、高效、准确的X光机的筛查诊断为早期患者提供了更多治愈的可能；第二，医用X光机的诊断方式促使国内防治传染病方针由“治”转向“防”，由“个人治疗”转向“群防群控”，在集体健康检查中，对患者及早进行隔离治疗，阻绝肺结核的传播；第三，在统筹领导下，全国各地医疗机构有序开展X光机的筛查、诊断，同时强化宣传教育，优化防痨普及，逐步增加近代中国民众的医疗卫生常识，从而在思想观念上植入防治肺结核的科学理念。

回顾技术传播过程，总会让人留有余思。医用X光机技术在近代中国传入、接受、应用、推广历经曲折。究其原因，第一，与X射线知识传播相比，医用X光机技术更贴近生活。在跨文化传播过程中，技术产品的受用程度越高，就越提升其传播速度、扩大其传播范围。医用X光机在国内近代的传播得益于作为高效的诊疗手段，能够规避以往医疗中所出现的误诊，从而给民众带来福音。第二，技术要直面大众，并在社会和文化的交融中发挥价值。在技术实践体验的过程中，大众逐渐放下了对医用X光机的恐惧，加速大众建立医用X光机技术的认知，推动大众广泛接受X光机。第三，技术跨文化传播也是技术交流、互动与重塑的过程。在这个过程中，技术得以吸收不同文化氛围、不同社会背景的要素，最终演化、变革出适宜本土发展的“新兴技术”。

可以说医用X光机在近代中国的传入、接受、应用与推广，既是一个“新兴技术”传播发展的历程缩影，也是近代中国医疗卫生体系为应对这种“新兴技术”发展进行适应性调整以推动科技现代化的一个鲜活案例。

第五章

社会的响应：X射线学术谱系的形成与常识建构

X射线从报纸上的新闻猎奇到实际应用的快速推广，再到相关常识与观念的普及，都离不开技术实践的检验与科学知识的建制化。第五章的内容，一方面，从技术实践的角度论证了X射线技术传入、应用到技术建制化的过程；另一方面，X光技术对人民群众生活常识的影响为X射线学术常识的建制化过程做了铺垫。从X射线相关的各主体来看，在20世纪前30年X射线传播过程中，通过报纸媒介的传播，人民群众对X射线观念的变化为X射线技术应用铺垫了基础，X射线技术实践又进一步塑造了X射线常识的可信性，而早期X射线物理学家则为X射线科学研究的建制化做出了奠基作用。

在科技跨文化传播的过程中，传播者会对科学技术的传入做出响应，进行科学技术知识的“在地化”或者“本土化”。在此基础上，以X射线为研究对象，以个别研究者为节点形成本土的科学共同体，最终实现学科研究的建制化，使传播者成为世界科学体系的一员。本章从两个层面理解社会对科技跨文化传入的响应：一个层面是X射线物理学学术建制化的过程，即中国X射线物理学学术谱系的形成过程；另一层面是在社会观念常识之外，建构新的学术常识，即以X射线为代表的放射知识在我国中学物理教科书中的传播。

物理学是自然科学和应用技术的基础，20世纪物理学的突破推动了其他自然科学和应用技术的发展。现代物理学知识传入中国后，在相当长的时间内，中国以单方面被动地接受知识为主，还谈不上在某个领域进行科学研究和理论贡献。直到20世纪30年代前后，物理学的研究在中国才略有起色，在理论物理、X射线光谱及放射物理等领域内的某些问题中建立了一些基础[①]。虽然这些基础非常薄弱，而且在抗战时期遭到了严重的破坏，但是这些研究尝试为中国人从事科学研究带来了希望，促进了现代物理学知识在中国的传播，吸引了更多的年轻人投身科学，为20世纪后半叶中国的科技发展奠定了知识基础，建立了人才储备。

目前学术界关于X射线物理学历史的研究很多，主要包括一些著名科学家的传记，如胡刚复、吴有训、余瑞璜、陆学善等，还有这些著名学者及其后学的回忆文章，但尚没有运用谱系学方法的梳理和总结。上述研究为厘清中国X射线物理学发展的学术谱系奠定了基础，学术谱系的分析有助于厘清学科发展的内部结构、传承特征和学科脉络，本章节是运用新方法弥补研究空白的一种尝试。

第一节 学术谱系的研究综述

一、谱系研究：一种新的研究方法

谱系学（Genealogia）是一种传统的历史研究方法论，通过对家族世系、血统关系和重要人物事迹考察，探索事物的起源和演变过程，如1847年美国发行的编纂谱系刊物《新英格兰的历史和家谱登记》（*The New England Historical and Genealogical Register*），通过谱系分析确定家谱和移民的来源。20世纪70年代，福柯运用谱系学方法研究知识与权力的关系，以补充知识考古方法在权力和知识研究中的不足，赋予了"谱系学"新的内涵[②]。谱系学方法逐渐从关注"家族"扩展到文学、历史、经济、自然科学、技术工程等学术研究范畴，由此国际上出现学术谱系研究。2011年，中国科协设立"中国科

① 王竹溪，王守武，吴有训，等. 十年来的中国物理学[J]. 物理学报，1959（10）：507－512.

② 石德生. 米歇尔·福柯的谱系学及其渊源与理路[J]. 青海师范大学学报（哲学社会科学版），2011，33（4）：44－48.

学家学术谱系研究”项目，进一步推动了中国物理、化学、数学、医学等学科的学术谱系研究，围绕中国科学技术发展中的特定领域、学科和重要人物进行了特色鲜明的工作。

20世纪70年代，随着STS的蓬勃兴起，科学社会学家朱克曼（H.Zuckerman）在群体志研究中开拓性地关注了自然科学领域的师承关系，并发现师承关系在谱系中的重要作用。朱克曼通过分析92位美国诺贝尔奖获得者的生平经历，总结了诺贝尔奖获得者成长的一般特征，并对92名在物理、医学、化学领域的诺贝尔奖获得者进行考察，梳理了美国诺贝尔奖获得者的学术谱系，发现有一半以上的获奖者曾是更年长的获奖者的学生、博士后或助手。顶尖科学家通常在其他顶尖科学家的实验室里工作过，然后成为下一代顶尖科学家的导师①。曹聪对中国科学院79位院士群体进行研究，总结了中国科学界精英的基本特征，其中包括院士的师承关系②。卜晓勇、徐飞分析了中国现代数学的师承关系，解释不同时期数学精英成长的特征和一般规律，主要体现在早期精英的火种作用；后来团队培养，形成“一生多师”的师承关系；中后期“一师多生”，师承关系发生新的变化并日益复杂③。罗伯特·卡尼格尔（R. Kanigel）在《师从天才：一个科学王朝的崛起》中介绍了医学领域一个具有师承关系的研究谱系“香农→布罗迪→阿克塞尔罗德→斯奈德→珀特”，包括代际之间研究风格的传承，重大发现的取得，以及如何获得奖励并得到认可。该书通过学术谱系的分析，阐述了师承关系在培养科学顶尖人才方面具有作用④。吴培熠等通过分析国家最高科学技术奖，发现获奖者往往是中国科学界承前启后的一代，在国内跟随学术谱系的开拓者进行学习或者研究，之后留学深造，回国后继续推动本领域的研究，展现了“承前启后、联通中

---

① ZUCKERMAN H. Scientific Elite: Nobel Laureates in the United States[M]. New York: The Free Press, 1977.

② CAO Cong. China’s Scientific Elite[M]. NewYork: Routledge, 2004.

③ 卜晓勇，徐飞. 中国现代数学精英师承关系及其特征状况研究[J]. 科学技术哲学研究，2009, 26(04): 102-107.

④ 卡尼格尔. 师从天才：一个科学王朝的崛起[M]. 上海：上海科技教育出版社，2012.

西”对科学发展的意义[①]。由此可见，师承关系是谱系中的重要一环，而默顿学派将师承关系定义为师徒之间的双向互动关系，具体体现在选择关系、导学关系和合作关系中。不过在特定的政治和社会环境中师承关系的作用机制也会发现变化。比如，张煌和傅中力以大科学为背景，研究了中国“两弹一星”工程对师承关系产生的影响，呈现出任务导向、导学关系和团队协作等特征[②]。

二、基于“带头人”和具体领域的谱系研究

基于师承关系，围绕学术带头人的谱系研究越来越多，这是由于一个领域或者一个团体在草创阶段，往往需要一个行动力强的行动者，这个行动者往往成为某个谱系的开山鼻祖。Virginia和Varro通过分析药理学家A. E. Schwarting的谱系，探究20世纪40年代药理学从一个描述性的植物科学发展为动态的生化学科的变化过程，指出Schwarting及其谱系中的成员（包括欧美的著名科学家）是这一转变背后的重要推手[③]。生物学家D. C. Jackson以个人视角分析了自己的学术谱系，包括自己的导师和博士生，总结了每个人的科学工作和成就。现代的科学研究非常关注当下和未来，但是不应该忘记个人的学术传统与曾经学习和继承的前辈[④]。Bennett和Lowe总结了有机生物学家G. A. Bartholomew的谱系，其中包括他亲自指导的39位博士生和5位博士后，其他衍生出来的7代科学家共计1 200人，以谱系簇的形式展示了Bart在该领域的个人联系和影响力[⑤]。韩天琪、樊小龙、袁江洋探究了中国量子化学家唐敖庆谱系产生和发展的过程，并与日本福井谦

① 吴培熠，陈印政，张世专，等. 国家最高科学技术奖获得者群体特征分析[J]. 西北大学学报（自然科学版），2016，46（1）：151-156.

② 张煌，傅中力. 科研工程领域师承关系研究：以中国“两弹一星”工程为例[J]. 工程研究—跨学科视野中的工程，2017，9（4）：400-407.

③ TYLER V M, TYLER V E. The academic genealogy of Arthur E. Schwarting Pharmacognosist[J]. Journal of Natural Products, 1992, 55(7): 833-844.

④ JACKSON D C. Academic genealogy and direct calorimetry: a personal account[J]. Advances in physiology education, 2011, 35(2): 120-127.

⑤ BENNETT A F, LOWE C. The academic genealogy of George A. Bartholomew[J]. Integrative and comparative biology, 2005, 45(2): 231-233.

一的谱系进行了成果产出的对比统计分析，分析了差异及其背后的文化和制度原因①。汪志荣和丁兆君对中国半导体物理开拓者黄昆的学术谱系进行了分析，并对黄昆的重视基础研究、善用简化模型等学术传统传承进行了总结②。此外，还有学者对水稻学家杨守仁③、昆虫学家周尧④、地质学家刘东生⑤进行了深入分析。以科学家个人为中心的学术谱系，有助于展示科学家的代际关系和学术传承，梳理知识进步和技术发展的代际关系，但是与某一学术领域的谱系相比，忽视了同一时期其他同行科学家的工作和影响，不利于认识整个领域的发展。

除了关注师承关系和科学家个人的谱系之外，谱系学的研究还逐渐深入到了某一研究领域、学科分支中，基于广泛的经验材料获得了更深入的认识。韩国学者张水荣（Chang Sooyoung）分别对欧美国家的物理学家⑥和数学家⑦的师承谱系进行了研究，在历史的语境下对科学家的国别、教育经历、成就进行了扎实的资料收集和分析。乌云其其格和袁江洋基于对日本诺贝尔物理学奖获得者的考察，发现日本现代物理学研究的成功取决于明治维新后三代物理学家移植西方科学传统的共同努力和国家社会对于科学的一贯支持，通过获奖者谱系的研究揭示了日本现代物理学研究传统的构建过程⑧。丁兆君分三个阶段梳理了20世纪上半叶留学归国的物理学家群体，将谱系形成早期以教学和学术普及为主的传承称为“前谱系”，在草创阶段，中国物理学的

---

① 韩天琪，樊小龙，袁江洋. 唐敖庆谱系与福井谦一谱系比较研究[J]. 科学与社会，2013，3（1）：110－123.

② 汪志荣，丁兆君. 黄昆半导体物理学术谱系初探[J]. 自然辩证法通讯，2015，37（1）：77－83.

③ 李昕升，夏如兵. 以杨守仁先生为核心水稻科学家学术谱系研究[J]. 沈阳农业大学学报（社会科学版），2012，14（1）：11－16.

④ 夏如兵，刘倩文. 周尧昆虫学学术谱系研究[J]. 中国农史，2015，34（3）：35－44.

⑤ 常欢，吕瑞花，张佳静. 学术谱系内合作网络研究：以刘东生为核心的第四纪学术谱系为例[J]. 情报理论与实践，2016，39（4）：14－19.

⑥ CHANG Sooyoung. Academic Genealogy of Physicists[M]. Seoul: Seoul National University Press, 2005.

⑦ CHANG Sooyoung. Academic Genealogy of Mathematicians[M]. World Scientific, 2011.

⑧ 乌云其其格，袁江洋. 谱系与传统：从日本诺贝尔奖获奖谱系看一流科学传统的构建[J]. 自然辩证法研究，2009，25（7）：57－63.

“前谱系”已经形成，但是由于战乱的影响很多研究工作被迫中止，早期形成的学术谱系也未能持续健康地发育下去[①]。在另一篇文章中，丁兆君、汪志荣系统梳理了中国理论粒子物理和高能实验物理两个分支近一百年学术谱系的形成和演变，着重探讨了代际关系、谱系之源以及中国粒子物理谱系的形成、曲折发展、国际交流的冲击和现状情况。该文章最后探讨了学术谱系结构和科学发展之间的关系，指出科学发展中的学科特征、历史背景、交流合作都会影响谱系的结构构成和演变，反之学术谱系也会影响科学的发展[②]。李金湜、张大庆以北京协和医院生理学系为例，探究中国近代生理学学术谱系的形成与发展，梳理了自开拓者以来的三代生理学家及其师承关系和学术影响，研究发现学术谱系的形成伴随着学科的建制化，同时促进了生理学的繁荣和发展，随着学术队伍的壮大，学术谱系也呈现出更加复杂的特征[③]。由此可见，自然科学的学术谱系研究越来越受到重视，从开始围绕学科发展进行回顾和分析，逐渐形成了特有的“师承关系”“谱系结构”等研究方法和“学术谱系和科学发展的互动”“学术谱系与科学现代化”等理论贡献，逐渐成为研究科学史和科学社会学的重要方法论。

三、概念的界定和边界的厘清：关注科学家的学术谱系

尽管目前的关注越来越多，但是如何用谱系学的方法研究科学家，以及“学术谱系”本身依然是一个复杂模糊的概念，尚缺乏明确的定义。何中华将学术谱系看作是“学术共同体所自觉认同的范式在实践上的延续和传递”，库恩提出的范式是学术谱系的“内核”和“基因”，谱系的形成需要由内部经典、权威、专家以及外部文化环境共同打造[④]。胡化凯认为学术谱系体现的是

---

① 丁兆君. 20世纪上半叶留学归国物理学家及其学术谱系初探[J]. 中国科技史杂志，2017，38(4)：447-460.

② 丁兆君，汪志荣. 中国粒子物理学家学术谱系的形成与发展[J]. 中国科技史杂志，2014，35(4)：411-432.

③ 李金湜，张大庆. 中国近代生理学学术谱系研究初探：以北京协和医学院生理学系为例[J]. 医学与哲学(A)，2013，34(5)：89-93.

④ 何中华. “学术良知”和“学术谱系”何以会成为问题[J]. 探索与争鸣，2006(4)：5-9.

一个学科或者学术群体主要成员的学缘关系和传承关系，是学术的“家谱”。而王春法将科学家的学术谱系看作是一种对科学家学术地位的评价和认定。韩天琪、樊小龙和袁江洋认为学术谱系指通过学术传承关系（含师承关系）关联在一起的、不同代际科学家组成的学术群体[①]。综上，各种定义和表述反映出“传承”是谱系研究中最重要的环节，而通过谱系传承的不单单是知识，还有科学共同体内部的范式、评价、文化，因此不能忽视科学文化和科学精神在谱系研究中的地位和作用。李昕升和夏如兵认为学术谱系是“继承前人的基础上，通过传承学术内容和学术精神，培养一代代一流人才群体，而不仅仅是一个领军人物”[②]。因此，学术谱系是科学共同体在知识生产中的科学家个体之间进行学术传承、范式继承、精神延续的社会网络。

已有的学术谱系研究中一般将师生关系（如导师与研究生、导师与博士后）视作个体之间的传承方式，但是简单的师生关系，难以准确展现某个领域的协作分工和演变，而且学生离开导师之后往往会随着时间改变原来的研究方向[③]，另外通过合作研究、讨论班、课堂学习等形式也可以建立学术之间的联系[④]。因此，学术谱系应该代表的是广义传承关系，包括大学、研究生阶段的师生关系，研究机构中教授、助教的指导－辅助关系，研究团队中学术研究开拓者和后继者之间的竞争－合作关系[⑤]。学术谱系最明显的特征是代际传承，科学家代际传承的内容不仅包括科学价值观还有行为规范。因此，不仅要关注传承的“形式”，还要关注传承的“内涵”。根据传承内容的不同可以分为学术内容、研究方法、科学精神，甚至是获奖传统和社会声望的“薪尽火传”。

---

① 韩天琪，樊小龙，袁江洋. 唐敖庆谱系与福井谦一谱系比较研究[J]. 科学与社会，2013，3（1）：111.

② 李昕升，夏如兵. 以杨守仁先生为核心水稻科学家学术谱系研究[J]. 沈阳农业大学学报（社会科学版），2012，14（1）：11－16.

③ 常欢，吕瑞花，张佳静. 学术谱系内合作网络研究：以刘东生为核心的第四纪学术谱系为例[J]. 情报理论与实践，2016，39（4）：14－19.

④ 韩天琪，樊小龙，袁江洋. 唐敖庆谱系与福井谦一谱系比较研究[J]. 科学与社会，2013，3（1）：110－123.

⑤ 卜晓勇，徐飞. 中国现代数学精英师承关系及其特征状况研究[J]. 科学技术哲学研究，2009，26（4）：102－107.

本研究基于以上综述，尝试通过传承方式和传承内容两个方面为学术谱系进行定义：学术谱系指不同代际科学家之间以导师－学生关系、指导－辅助关系、开拓－继承关系等方式，对科学共同体内部的学术内容、研究方法、科学精神及其社会声望进行传承的社会网络。

第二节　知识引入与谱系奠基：中国X射线研究起步

一、中国近代X射线物理学家总览

X射线的发现是现代物理学发展的前奏，早期关于X射线的探索工作是现代物理学的一个前沿领域。在19世纪末20世纪初，围绕X射线的性质、原理和应用的研究持续受到物理学家的关注和讨论，并不断扩展到晶体物理、医学物理、光谱学等领域。在诺贝尔奖获得者中，包括因发现X射线而获奖的伦琴在内，与X射线研究相关的获奖者有16位，其中物理学奖8位、生理医学奖5位、化学奖3位，由此可见X射线在现代科学研究中的地位和作用。

与其他自然科学在中国的发展经历稍有不同，X射线物理学在中国的发展经历了一个特殊的过程。X射线被发现之后，在特别短的时间内就传入了中国，中国仅仅稍晚于西方开始关注X射线的应用及其研究。虽然以纸质报刊媒介为信息载体的中国社会在20世纪之交已经对X射线的特征和应用具备了相当充分的认识，但是中国并未在20世纪初建立起像卡文迪什实验室那样的现代物理实验室，只是将X射线用作奇闻、医疗和生产，因此也自然谈不上学术上的探讨和贡献。直到在海外学习X射线物理学的留学生回国后，X射线物理学的先行者们才初步形成了X射线研究的学术共同体雏形。

随着现代科学知识的不断传入，以及首批接受西方高等教育训练并学习、研究X射线的中国留学生回国，中国的X射线研究才慢慢开始起步。在京师大学堂、庚子赔款等各种形式的资助下，短时间内一批青年学子开始出国留学，师从国外名师，接触到了X射线的研究，学成之后回国进行高等教育、科学研究和普及初等教育的工作，从学科建制、科学探索和教材编写等方面对中国的现代科学进程产生了深远影响。在开拓者的引领下，相关的研究方向不断跟进，使得X射线研究在中国逐渐发展，并达到了一定的学术高度，取得了一批理论与实践成果。X射线研究的发展，是整个中国在20世纪上半叶进行物理学学术研究的一个缩影，反映了在中国科学现代化进程中科学家的个人努力与学术共同体的发展历程。

得益于相对便捷的通信条件，20世纪初，X射线相关知识很快传入中国，恰逢当时早期中国学生得以有机会前往美国和欧洲学习，师从著名X射线研究者，接触到了最新的X射线实验设备和仪器。这批留学生学成回国后部分从事科学研究活动，部分从事物理学教学活动，但都从教科书入手改革中国的基础教育，恰逢20世纪上半叶X射线在医疗卫生领域的应用，使得这一时期无论是X射线研究还是X射线的常识及知识普及都迅速发展起来。

那么在20世纪上半叶，中国X射线相关的研究是如何形成的？作为一个体系形成了什么样的研究共同体？这种共同体的形成如何影响中国科学的建制化？基于《中国科学技术专家传略：理学编——物理卷（1-4）》，从中筛选出与X射线研究相关的物理学家并进行谱系分析，并辅助以科学家传记和曾经公开发表的文章等研究文献，绘制中国近代以来X射线研究的学术谱系图。通过总结谱系的形成和发展过程，分析谱系中的结构特征和精神传承，探讨X射线学术传承对于中国现代物理学建制的深远影响，以期能够对中国X射线物理学的整体发展进行研究，探讨知识传播与学术谱系形成、学科建制化的关系，以此发现科技跨文化传播中响应过程和机制。

二、X射线研究的先行者

在19世纪90年代至20世纪10年代，有一些重要的科学著作对X射线相关内容有所提及，如1898年出版的《光学揭要》介绍了X射线的发现；还有一些专著出版，如第一本系统介绍X射线的中文译著《通物电光》。这些著作多是通过传教士或留学生翻译、编写从而由西方引入中国，传递的知识也不是最近的研究进展，受众以知识精英为主，范围非常有限。经由中文报纸传播的X射线知识大部分译自西方的报道，传播的内容往往不够准确，而且在口口相传中还出现了很多错误。尽管当时中国还没有X射线的学术研究出现，但是这一轮的知识的积累和普及，使大众对于X射线有了一定的认识。

清末民初的出国留学，使得中国留学生在海外接触到当时最先进的X射线研究，他们在学习X射线知识的同时，开始接触X射线的实验研究，学习了物理学研究基本的方法和规律。第一批接触X射线的中国物理学家为在中国建立现代物理学研究并启蒙后学起到了开拓性的作用。有三位从事X射线物理学研究的科学家，可以看作中国X射线研究甚至是中国近现代物理学研究的初步和先声，为开启中国X射线研究的学术谱系奠定了基础，他们分别是何育杰、胡刚复、吴有训。

1. 最早接触X射线研究的中国留学生

何育杰（1882—1939），浙江宁波人。何育杰在1897年即考中秀才，后受时局影响发奋图强，于1898年成为宁波中西储才学堂的第一批学生。正是在这里，何育杰接触了西学，得以对自然科学产生兴趣，并被推荐进入京师大学堂学习。在京师大学堂学习期间，何育杰在数学物理学部发奋学习科学知识，积极参加爱国运动。

1903年，何育杰成为京师大学堂派遣的首批留学生之一。1904年，何育杰在英国维多利亚大学进行语言学习，其后转入曼彻斯特大学，在著名物理学家舒斯特（A. Schuster）的指导下进行物理学研究①，具体的研究内容不详。但可以确定的是，何育杰在舒斯特门下求学期间接触过X射线研究，舒斯特当时因X射线照相和谐波分析在物理学中的应用而闻名。比如，1896年，舒斯特收到伦琴的论文后，通过重复实验获得了手脚、青蛙、四肢关节的X光照片，这说明其在X射线被发现后不久就投入到X射线的相关研究中。何育杰在舒斯特实验室期间，卢瑟福（E. Rutherford）受舒斯特邀请前来主持实验室工作。卢瑟福的多项工作直接与X射线等放射学相关。据此推测，何育杰

① 谢振声. 中国近代物理学的先驱者何育杰[J]. 中国科技史料，1990，11（1）：36-40.

应该是受到了舒斯特和卢瑟福的影响，回国后持续关注X射线的研究进展，并在1919年第一卷第一号的《北京大学月刊》中发表《X线与原子内部构造之关系》一文。何育杰的这篇文章并不是简单地介绍X射线，而是通过介绍X射线与原子内部构造的关系，来展示20世纪10年代X射线晶体学的一系列重要发现。何育杰分别介绍了劳厄、莫塞雷和布拉格（W. H. Bragg）的研究工作，并认为他们在X射线晶体研究中通过测量经过元素的X射线波长，推测出了各种原子所含电子的数量，作出了重要的贡献[①]。何育杰在文章中对于硬X射线、软X射线、自由正电等一些术语进行了定义，介绍了X射线对于放射体的二次辐射现象，并提供了各种元素相对于铝元素对X射线的吸收系数。通过分析何育杰的综述性文章内容，可以看出他一直关注着X射线相关研究，尤其是X射线晶体学的最新进展。这一方面得益于他在英国留学时打下的扎实知识基础，并对当时的物理学研究有了直观的认识和了解；另一方面也说明他在回国后还在一直了解追踪着国际物理学研究的新进展，并及时将这些成果引入国内，这一点在他1921年发表的《安斯顿相对论》[②]和1922年发表的《相对各论》[③]中也得到了体现。

1909年，何育杰回国后在京师大学堂担任格致科教习[④]。由于当时国内没有条件进行X射线物理学研究，何育杰献身于我国物理学的普及与教学工作，是我国近代物理学第一批开拓者之一。他主持编撰物理学教材和讲义，培养了一大批物理学人才，为X射线物理学在中国的发展贡献了自己的力量。何育杰是我国近代物理学的先驱，为我国物理学的发展作出了巨大贡献。

2. 从美国留学归来的X射线物理学先行者

20世纪上半叶早期，我国出国留学学习X射线物理学的科学家主要集中在美国。这种现象的直接原因在于美国率先退还部分“庚子赔款”，用于资助

① 何育杰. X线与原子内部构造之关系[J]. 北京大学月刊，1919，1(1)：131−137.

② 何育杰. 安斯顿相对论[J]. 北京大学月刊，1921，1(8).

③ 何育杰. 相对各论[J]. 理化杂志，1922，2(4).

④ 丁兆君. 中国亚原子物理学家的学术谱系与学术传统探讨[D]. 安徽：中国科学技术大学，2016.

中国留学生到美国接受教育。在X射线物理学领域，按照时间顺序，我国留美学生主要有胡刚复（哈佛大学），叶企孙（芝加哥大学、哈佛大学），吴有训（芝加哥大学），郑衍芬（斯坦福大学）。

（1）胡刚复

吴大猷先生在《早期中国物理发展之回忆》一书中提到："1900年到1910年这十年间在国外得博士学位的只有1个人，从1911年到1920年这十年内在国外取得博士学位的共有2个人，所以若从20世纪的起首讲，这时中国的物理可以说是一片空白，没有近代物理。"① 这三位中国物理学的先行者分别是李复几、李耀邦和胡刚复。李复几和李耀邦回国后并没有一直从事物理学研究，胡刚复则一直从事物理学研究并做出世界一流的研究成果，成为名副其实的中国物理学的开创者之一。在X射线方面，胡刚复也是中国学者中第一个真正从事X射线研究的物理学家。

1892年3月24日，胡刚复在江苏无锡的一个县城出生。在上海徐家汇南洋公学读附小时，胡刚复由于在班上成绩优异，10岁时便跳级进入中学读书。1909年，胡刚复参加第一届庚子赔款公费留美生选拔考试，以优异的成绩被录取进入哈佛大学读本科。1913年，胡刚复取得理学学士学位并获奖学金，后转入哈佛大学研究院，在杜安（W. Duane）教授指导下从事镭提纯工作，并在亨廷顿癌症医院从事癌症放射性临床治疗。1918年，胡刚复取得哈佛大学哲学博士学位。胡刚复在1918年10月14日提交博士论文*Studies in X-rays*，其论文的第一部分是Experimental studies of the X-ray critical absorption frequencies of chemical elements，第二部分是Experimental determination of the maximum velocities of photoelectrons at X-ray frequencies。目前，胡刚复的博士论文保存在哈佛大学档案馆。

胡刚复的重要学术成果包括用布拉格方法精确测定了原子序数从25～34范围的元素K线的临界吸收波长；首次在X射线频率范围内测定了光电子在不同方向的速度分布和X射线散射的空间分布及其光谱特性，明确了选择

① 凌瑞良. 中国物理学前辈：胡刚复[J]. 大学物理，2009，28（4）：43-51.

性光电效应和选择散射的存在，确定了X射线光电子的最大发射速度。

胡刚复曾与杜安教授一同做提取镭并用镭射线和X射线治癌的实验，这在当时的科学界属于前沿的研究工作。后来，他又转到当时属于物理学基础研究的前沿领域之一的X射线研究，研究X射线的K线系和化学元素的原子序数之间的关系①。他还首先在X射线频率范围内测定了电子在不同方向上的速度分布和X射线散射的空间分布及其光谱特性，明确了选择性光电效应和选择散射的存在。这一系列的重要研究成果对于揭示诸元素原子激发和发射、吸收、散射X射线的机制，对于理解X射线在物质中所引起的电离和反光电效应，及对原子结构的认识都具有重要意义，可以看作是现代物理学发现康普顿效应和建立物质波概念的前奏②。

除此之外，胡刚复有四篇文章发表在《物理评论》上，其中有三篇和导师杜安合作，分别是*On the relation between the* K *X-ray series and the atomic numbers of the chemical elements*③，*On the critical absorption and character is ticemissiou* X*-ray frequencies*④，*On the critical absorption and characteristic emission* X*-ray frequencies*⑤。另一篇独自撰写的论文为*Some preliminary results in a determination of the maximum emission velocity of the photoelectrons from metals at* X*-ray frequencies*⑥。

胡刚复在X射线方面做了极其广泛而重要的研究工作，成为中国第一位从事X射线研究的先行者。1918年胡刚复回国后，先后在国内众多高校从事物理学教育工作。由于当时国内还不具备X射线实验研究的条件，胡刚复把

---

① 张逢. 二十世纪中国原子分子物理学的建立与发展[D]. 安徽：中国科学技术大学，2006.

② 舒业强. 从X射线技术的应用研究近代物理实验改革[D]. 湖南：湖南师范大学，2005.

③ HU G F, DUANE W. On the relation between the K X-ray series and the atomic numbers of the chemical elements[J]. Physical Review, 1918, 11: 488.

④ HU G F, DUANE W. On the critical absorption and character is ticemissiou X-ray frequencies[J]. Physical Review, 1918, 11: 489.

⑤ HU G F, DUANE W. On the critical absorption and characteristic emission X-ray frequencies[J]. Physical Review, 1919, 14: 369.

⑥ HU G F. Some preliminary results in a determination of the maximum emission velocity of the photoelectrons from metals at X-ray frequencies[J]. Physical Review, 1918, 11: 505.

工作重心放在了教学和X射线物理学人才培养方面。他培养了吴有训、余瑞璜、陆学善等著名X射线物理学家。在他的指导下，这三人后来都出国留学并在X射线相关领域取得了重要成就。

（2）叶企孙

叶企孙（1898—1977），上海人，中国近代物理学的奠基人。1918年6月，叶企孙从清华学堂毕业。同年8月，叶企孙从上海乘船去美国芝加哥大学插班攻读物理学。1920年9月，叶企孙从芝加哥大学毕业后进入哈佛大学研究院继续学习物理学，在哈佛大学用较短的时间完成了硕士和博士阶段的学习。1923年，叶企孙获得哈佛大学哲学博士学位，并于次年3月回国。

叶企孙和导师杜安及帕尔默（H. H. Palmer）合作"用X射线方法重新测定普朗克常数"，并发表了研究成果《普朗克常数的测定》，精确地测定了普朗克常数 $h=(6.556\pm0.009)\times10^{-27}$ 尔格·秒，其实验结果得到国际物理学界的承认并被沿用了十余年[①]。比如，康普顿于1935年在自己出版的*X-Rays in Theory and Experiment*一书中称其"是一次对普朗克常数的最为可靠的测定"，还有科恩（E. R. Cohen）的*The Fundamental Constants of Physics*对叶企孙的这项工作也有记载。叶企孙的研究论文于1921年4月在美国物理学会的年会上宣读，并在美国光学会月刊及全国科学院汇刊上发表[②]。

回国以后，叶企孙把工作重心放在国内物理学的学科建设和物理学人才的培养方面。他创建了清华物理系，重视实验研究，强调物理学基本概念的同时更强调学生们的实验操作能力。他在清华工作期间，聘请了一批优秀的物理学教师任教，在X射线领域就有郑衍芬和吴有训。郑衍芬是清华物理系第一位也是当时唯一一位讲师。而叶企孙聘请吴有训去清华时，工资开的比他这个系主任还高。除此之外，叶企孙还为我国物理学培养了一批优秀的人才。在X射线物理学领域，他指导了陆学善和余瑞璜，并推荐其去英国攻读X射线晶体学。由此可见，叶企孙在我国X射线物理学的学科建设与人才培

① 叶铭汉. 纪念叶企孙先生[J]. 现代物理知识，2018，30（3）：5−15

② 王渝生. "理论与实验并重，重质而不重量"中国近代物理学鼻祖和教育家叶企孙[J]. 中国科技教育，2012（2）：76−77.

养方面作出了巨大贡献。

除了X射线物理学领域，叶企孙还对中国的科学研究及教育领域作出了不可磨灭的贡献。他在清华大学开展物理学教育与教学科研活动，对学生因材施教，对中国从事物理学研究的科学家产生了巨大的影响。仅以清华物理系为例，1937年前毕业的九届学生共50余人中涌现出了许多的杰出学者。23位“两弹一星功勋奖章”获得者中，有9位是叶企孙的学生。因而有人称他为“大师的大师”①。

1933年，在叶企孙的主持下，庚款留学择优录取，并向全国开放。1933—1946年，录取的234名公费留学生几乎都成为中国高科技的重要奠基人，由此叶企孙被赞誉为“中国现代科技大厦的设计师”②。

叶企孙主持下的清华物理系、理学院获得很大发展，对清华大学迅速跃居国内前列，成为国内外知名的优等学府贡献颇大。第一，建立了一支高质量的师资队伍。到1937年前，他为物理系、理学院先后直接聘请或建议聘请了熊庆来、吴有训、萨本栋、张子高、黄子卿、李继侗、周培源、赵忠尧、任之恭、霍秉权等一批有名的科学家到清华任教。第二，重视实验室建设，开创国内高等院校进行科学研究的先河。叶企孙结合自己的国外留学经历和世界著名实验室情况，深刻认识到物理学实验研究的重要性。第三，创办学术出版物。为及时报道理学院的科研成果，清华大学理学院从1931年起创办了《清华大学理科报告》，分甲、乙、丙三种③。到1936年共出了四卷十六期，收载了院内研究人员的许多科研成果。这一刊物引起国内外科学界的注意。第四，积极开展对外学术交流。院内、系内教授利用休假机会，轮流出国游学，以达到进修和交流的目的。叶企孙、吴有训、萨本栋等先后到欧洲和美国等地讲学、考察、进修。

① 丁骏. 中国物理教育学家叶企孙的光辉人生：纪念叶企孙教授诞辰120周年[J]. 物理通报，2019(4)：116-118.

② 胡显章. 叶企孙何以成为“大师的大师”[J]. 中国教育报，2018-09-03(5).

③ 刘克选. 叶企孙先生的教育业绩[J]. 中国科技史料，1988(3)：15-26, 2.

（3）吴有训

我国近代早期从事物理学研究的物理学家中，胡刚复是第一个严格意义上做X射线研究的人，而做出世界一流研究成果并扬名国际物理学界的则是他的学生——吴有训。

吴有训（1897—1977），江西高安人，中国近代物理学的先驱者。1916年，吴有训中学毕业后考入南京高等师范学校。1918年，吴有训受到刚从美国留学归国的胡刚复的指导，从胡刚复那里了解到X射线物理学，此后对X射线研究产生了浓厚的兴趣。1921年，凭借自己的努力，吴有训考取了江西省官费留美生，于1921年秋天前往美国芝加哥大学物理系学习物理学。1923年，吴有训在康普顿的指导下，开始深入研究X射线相关问题。1924年，吴有训在美国发表第一篇学术论文《经方解石晶体反射后之X射线的吸收测量》。1925年，吴有训以论文《康普顿效应》获得了博士学位。

吴有训通过一系列精妙的实验证明了康普顿效应的普遍性，驳斥了对康普顿效应的各种否定，发展了X射线衍射理论。他以精湛的实验技术和卓越的理论分析验证了康普顿效应，为康普顿效应的确立作出了重要贡献[①]。吴有训对康普顿效应的贡献分为四个方面：第一，用大量实验事实，证明了康普顿效应的广泛适用性；第二，从实验上推翻了所谓的“三次辐射”假说；第三，设置完备的实验否定了“箱子效应”；第四，用实验手段确定了康普顿散射过程中变线与不变线之间的能量（或强度）比率及其与散射角的关系。康普顿于1927年获得诺贝尔物理学奖，吴有训的贡献功不可没。康普顿曾说吴有训是他生平最得意的两个学生之一[②]，由此可见吴有训在科研方面的能力。

吴有训获得博士学位回国后的工作主要分为两个方面。一方面在国内继续从事X射线气体散射相关的研究。受到国内实验条件的限制，吴有训开始转向理论性的工作。1930年10月，吴有训在《自然》杂志上发表了回国后的第一篇理论文章。对X射线经单原子气体、双原子气体和晶体散射的散射强

---

① 王大明. 吴有训年表[J]. 中国科技史料，1986（6）：35-38，65.

② 张逢. 二十世纪中国原子分子物理学的建立与发展[D]. 安徽：中国科学技术大学，2006.

度、温度对散射的影响以及散射系数等问题[①]，进行了一系列理论探索，取得了很大成绩。吴有训在艰苦的实验条件下仍然坚持从事X射线物理学的研究，发表了一系列文章，成为早期立足国内开展的研究工作，被严济慈高度评价："实开我国物理学研究之先河。"另一方面，吴有训是我国实验物理学研究的先驱者。吴有训把重心放在物理学科的发展与人才培养方面。他非常强调学生们的动手操作能力，长期给学生开设实验技术课程，同时还带领学生动手做一些物理实验器材。吴有训在X射线物理学取得的辉煌成就，与其"实验是近代物理学发展的基础"的学术理念密不可分[②]。他的多名学生如余瑞璜、王淦昌、王大珩、钱三强等都曾回忆：无论在教学还是在科研中，吴有训都告诫他们要锻炼动手的能力，要掌握各种基本的实验技术。为此，吴有训在教学生涯中长期坚持开设"实验技术"课程，并亲自动手制作相关实验工具。吴有训的物理学实验理念，对后学产生了深远影响。

（4）严济慈

严济慈（1900—1996），浙江东阳人，物理学家、教育家，中国现代物理学研究工作的开拓者之一。

1918年，严济慈以浙江省第一名的优异成绩考入南京高等师范学校，在大学期间自学法文，并在中国科学社服务。1923年，严济慈大学毕业后，在胡刚复、熊庆来等教师的指导与资助下，赴法国巴黎大学留学。严济慈在巴黎留学期间，仅用一年时间就取得巴黎大学三门主科的证书，获数理科学硕士学位。之后，严济慈在物理学家夏尔·法布里（C. Fabry）的指导下继续做研究[③]。1927年，法布里在其首次出席的法国科学院例会上，宣读严济慈的博士论文《石英在电场下的形变和光学特性变化的实验研究》，充分肯定了严济慈的科研能力与研究水平。1927年，严济慈回国后在国内从事物理学教学工作。1928年冬，严济慈携夫人再次赴法国从事研究，在这期间到居里夫人的实验室交流并做了一些研究。

---

① 张逢. 二十世纪中国原子分子物理学的建立与发展[D]. 安徽：中国科学技术大学，2006.

② 游海华. 赣籍物理学家与中国物理学的开创[J]. 自然辩证法研究，2013，29（1）：102-107.

③ 教育宗师，科学泰斗：严济慈诞辰110周年[J]. 光谱学与光谱分析，2011，31（2）：289-290.

1930年8月，严济慈到法国科学院大电磁铁实验室做研究[①]，这个实验室即戈登（Cotton）实验室。在严济慈到戈登实验室后，就被戈登教授委以重任，即重新检验美国芝加哥大学理学院院长安利森的《X光通过磁场在一种液体中的两种效应》的研究结论是否成立。严济慈通过实验测定，发现安利森的论点不能成立。虽然严济慈提供的检验过程只有一页纸，戈登教授对其检验结果的评价却很高。

1930年底，严济慈再次回国，其对于X射线的贡献主要体现在以下几点。一是推动X射线研究机构的设立与发展。比如，北平研究院镭学研究所的设立，北平研究院物理学研究所及X射线放射室的设立等。二是人才储备与实验室器材引进。早期X射线物理研究对于科研仪器的依赖很大，而人才队伍建设同样重要。X射线研究机构的成立为X射线的发展提供了科研条件，后续设备与人才的引进使得X射线研究进一步壮大。在机构和设备逐渐到位后，20世纪前30年留学归国的X射线物理学人才逐渐聚集到学术共同体中。三是促进中外学术交流。在X射线领域，严济慈早期在法国留学的经历，使其作为国内学术圈和国外研究群体的桥梁，提供了学术交流机会，使得研究所的研究人员有机会了解国际科研最新进展。

（5）郑衍芬

郑衍芬（1893—1979），浙江慈溪人。1915年，郑衍芬考入南京高等师范学校数理化部，比吴有训早一届。1919年，郑衍芬从南京高等师范学校毕业，因成绩优异留校任助教。1925年8月，郑衍芬任中州大学物理系教员，次年2月任宁波省立第四中学教员兼教务主任。1926年8月，郑衍芬被聘到清华大学物理系任教员。在清华任教员期间，其主要工作是指导学生的光学实验。此外，在物理学教育方面，郑衍芬和叶企孙教授合作，编制《初等物理实验》一书，此书于1929年9月初出版。该书是为清华大学的学生补高中物理课而编写的教材，书中设计了40个实验，实验所用仪器简单价廉，学生自己就可动手制作。每个实验后绘制有表格，书中还提出拓展问题。这一实验教材

① 严慧英，王卓. 严济慈的法兰西故事[J]. 民主与科学，2019（4）：59−64.

将实验讲义和实验报告结合到一起，非常实用。

1929年8月，郑衍芬赴美国斯坦福大学物理系留学，1934年获博士学位。他的博士学位论文题目为《厚靶产生的X射线的偏振》[①]，其主要内容于1934年8月发表在《物理评论》上。郑衍芬在实验中采用90°散射法和双金属（Nb和Mo、Rh和Pd、Ta和W）箔滤波器，测量和分析了电压在20~100 kV时，W（钨）、Cu（铜）、Al（铝）产生的不同波长的X射线连续谱的偏振度。他的实验证实了物理学中关于连续谱偏振度随电压降低而增大和连续谱偏振度随波长减小而增大的关系。此外，郑衍芬的实验研究还定量地证明：①从上述三种靶产生的连续谱外推到短波极限时，偏振度都接近100%；②波长一定时，低原子序数靶产生的X射线偏振度高。郑衍芬的研究澄清了物理研究中关于X射线偏振实验的部分分歧，对X射线谱学的发展作出了贡献。

1934年7月，郑衍芬回国后就投入了中国的科学事业与教育事业。郑衍芬回国后任浙江大学物理系副教授。一年后，到上海大同大学物理系任中英庚款讲座教授兼物理系主任。1936年至1938年夏天，郑衍芬同时兼任同济大学物理系教授。同时，郑衍芬还负责中国物理学会各地物理学家的联络工作，在战争时期为我国物理学事业的沟通与发展作出了重要贡献。

3.从欧洲留学归来的X射线物理学先行者

20世纪20—30年代，X射线在中国得到了广泛的传播与应用，当时国内接受过X射线物理学的有胡刚复、叶企孙、吴有训、郑衍芬等著名物理学家。X射线作为国际物理学中的一个新奇的研究对象，我国物理学界也对其保持了关注，并派遣留学生前往西方学习。在20世纪30年代，我国有3位留学生都在英国曼彻斯特大学留学，他们分别是郑建宣、陆学善、余瑞璜。三人都在X射线结构分析创始人劳伦斯·布拉格的指导下从事研究，研究方向都与X射线晶体学相关。他们在留学期间都取得了重要的学术成果，回国后继续

① ZHENG Y F. The polarization of general X-radiation from thick targets[J]. Physical Review, 1934, 46: 243-247.

从事晶体学研究，对日后中国晶体学的发展发挥了奠基性作用。

（1）郑建宣

郑建宣（1903—1987），广西宁明人。1928年，郑建宣从武昌大学毕业后，在广西省立师范学校任教，随后又到广西大学任教。1933年，郑建宣被选送到曼彻斯特大学物理系攻读X射线晶体学。郑建宣在诺贝尔奖获得者劳伦斯·布拉格和布拉德利（A. J. Bradley）的指导下，学习合金相图及X射线结构分析。在布拉格的实验室中，郑建宣运用X射线衍射技术首次测定了CO_2Al_5的晶体结构，这一研究成果被发表在著名晶体学杂志，此后一直为国际晶体学界所公认并长期采用①。

1936年，郑建宣获得曼彻斯特大学物理学硕士学位。1938年，郑建宣发表论文《合金CO_2Al_5的晶体结构》，他的研究是世界上首次对CO_2Al_5的晶体结构进行了测定。尽管CO_2Al_5的X射线粉末衍射照相图样比较复杂，但他运用X射线晶体学的理论，首先成功地标定了复杂的衍射线指数，确定CO_2Al_5所属的晶系；接着根据衍射线指数的消光规律，推断出CO_2Al_5结构所属的空间群；最后由比较所有衍射强度的观察值和计算值，确定出晶胞中各个原子的具体位置。为了提高精确度，在拍摄X射线照片时，他在实验方法和技术上进行了改进。郑建宣通过实验还得出了新的发现，即CO_2Al_5结构是一种新的结构类型。而在30年代要分析出这样复杂的结构，难度非常大，因此该研究成果一经发表就受到了学术界的重视。他的研究结果先后被收集在汉森（M. Hansen）编的《二元合金的结构》和美国国家标准局编的《晶体数据》中，泰勒（A. Taylor）在所著《X射线金相学》（1961年版）一书中也引用了这一结果。1977年，美国粉末衍射标准联合委员会出版的《粉末衍射文献》一书中还收编了这一成果，而且它是该书中关于CO_2Al_5晶体结构唯一的数据。

① 尹晓冬，何思维. 劳伦斯·布拉格在曼彻斯特的三位中国学生：郑建宣、陆学善、余瑞璜[J]. 大学物理，2015，34（11）：38-46.

由于20世纪30年代的中国不具备合金相图的研究条件，回国后他继续在广西大学任职，全力投入物理学教学和大学教育这项事业中。郑建宣回国后开设的物理学课程有光学、力学、电学等。后来东北人民大学物理系建成X射线实验室，郑建宣利用实验室条件，在从事教学工作的同时，得以继续开展合金相图的研究。他在实验研究中，继续运用X射线衍射方法，进一步改进了实验技术。1954年，郑建宣开设X射线金属学，这也是国内X射线金属学研究首次开设的课程，武汉大学、东北工学院、中南矿冶学院等院校派进修教师前往广西大学听课学习。

郑建宣为我国合金相图的研究作出了重要贡献，是我国合金相图和相结构研究的奠基人之一[①]。他不仅促进了我国的合金相图研究，还对我国的X射线金属学作出了贡献。

（2）陆学善

陆学善（1905—1981），浙江湖州人。1924年，陆学善考入国立东南大学文理科物理系，有机会接触到胡刚复、吴有训等X射线物理学家。陆学善毕业后，前往清华大学成为吴有训的助教，并在1930年成为吴有训的研究生。当时吴有训通过实验验证了康普顿效应后，又进一步发展了多原子气体X射线散射的一般理论。而陆学善在读研期间，又通过一系列实验验证了吴有训理论的正确性[②]。陆学善对多原子气体X射线散射的研究，曾获得中华教育文化基金董事会乙种科学研究补助金[③]。1933年年底，陆学善以《多原子气体所散射X线之强度》论文获得优异成绩毕业，并被选派前往英国继续深造。

1934年夏，陆学善在英国曼彻斯特大学物理系攻读博士学位，从事X射线晶体学的研究，指导他的人是X射线晶体学界权威、诺贝尔奖获得者

① 尹晓冬，何思维. 劳伦斯·布拉格在曼彻斯特的三位中国学生：郑建宣、陆学善、余瑞璜[J]. 大学物理，2015，34（11）：38-46.

② 王冰. 物理学家陆学善先生传略[J]. 中国科技史料，1983（3）：76-85.

③ 吴再生. 吴有训大学教育思想及其在清华的实践：以高水平科学研究支撑的高质量大学教育[J]. 清华大学教育研究，2012，33（3）：112-118.

劳伦斯·布拉格[①]。布拉格的晶体学实验室是当时晶体学研究的中心，而在1934—1936年，几乎同一时期，布拉格的实验室里有三位中国人从事晶体学相关研究，他们分别是郑建宣、陆学善、余瑞璜。陆学善在曼彻斯特大学期间的研究方向是应用X射线多晶粉末法对晶体结构和合金相图进行研究。通过持续的努力，陆学善很快就全面完成了对Cr-Al二元合金系的深入研究。他的研究方法和实验结果，被国际晶体学界沿用了很长时间。

博士毕业后，陆学善于1936年回国，任上海的北平镭学研究所研究员，继续从事X射线相关研究。在此工作期间，他与张鸿吉、吕大元一起以X射线为光源，系统研究了压力的普遍照相效应，提出了照相潜象的形变理论，比较满意地解释了实验现象。除此之外，陆学善和章元龙还对透明石英进行了X射线研究，得到了一些与前人不同的研究结果。

陆学善的一生都在从事晶体物理和X射线晶体学的研究，他在工作与教学实践中培养了一批本土晶体学家，主持了结晶学实验室的工作，是我国X射线物理学的主要奠基人之一，为我国X射线物理学的学科建设与人才培养作出了巨大贡献。

(3) 余瑞璜

余瑞璜（1906—1997），江西宜黄人。1928年，余瑞璜从国立中央大学理学院物理系毕业后到清华大学物理系任教。1935年，他公费前往英国曼彻斯特大学学习，与郑建宣、陆学善在同一个导师指导下做晶体学相关研究。1937年，余瑞璜在布拉格的指导下完成硝酸根在晶格中反常摆动实验的博士论文[②]。在获得博士学位后，余瑞璜谢绝了布拉格的工作安排，在1939年毅然回国进入清华大学金属研究所工作。

余瑞璜的研究领域主要集中在X射线结晶学、金属物理以及固体物理方面。他的氢X射线吸收系数实验公式发表后，被著名物理学家康普顿收录在自己的著作中。他长期从事于晶体结构X射线分析的研究，创立的新

① 尹晓冬，何思维. 劳伦斯·布拉格在曼彻斯特的三位中国学生：郑建宣、陆学善、余瑞璜[J]. 大学物理，2015，34（11）：38-46.

② 尤欣. 著名物理学家余瑞璜[J]. 物理教学，1986，卷缺失（6）：28-29.

综合法取得了国际同行的认可。余瑞璜的新综合法为复杂晶体的分析提供了便利方法，英国皇家学会会员利普森教授盛赞这开创了X射线强度统计学整个学科领域[①]。在由全世界专家撰写的“X射线衍射五十年”的纪念文集中，这是唯一被提及的中国人的工作[②]。余瑞璜连续在英国《自然》杂志上发表了十几篇论文，反复被各国学者所引用。他的另一项举世瞩目的成就是关于“固体与分子的经验电子论”的研究，这是他在艰苦的条件下做出的科研成果。

余瑞璜是当时国际一流的晶体学家，他发明了“X光晶体结构分析综合法”，被公认为世界上“X射线晶体结构分析强度统计学”的主要奠基人之一[③]。余瑞璜还创建了吉林大学物理系，他的一生都献给了我国的物理学事业，为中国晶体物理学的发展作出了突出的贡献。

（4）吴乾章

吴乾章（1910—1998），广东澄迈人，晶体物理学家。1933年，吴乾章从中央大学物理系毕业。1936年，吴乾章硕士毕业于中央研究院物理研究所。1949—1951年，吴乾章在英国曼彻斯特大学理工学院物理系攻读X射线晶体学。1951年，吴乾章放弃正在攻读的博士学位，回国担任中国科学院物理研究所副研究员，继续从事X射线晶体学的研究，在研究工作中解决了一系列实际问题，是名副其实的第一代“晶体人”。中华人民共和国成立初期，中国科学院应用物理研究所陆学善等在合金的粉末衍射分析方面有过一些研究。吴乾章利用X射线多晶体衍射物相分析方法，对耐火材料的耐用性进行了研究。他们的这些工作对中国的X射线衍射分析研究起到了奠基作用。

1955年，中国科学院应用物理研究所组建中国首个单晶体结构分析研究组，同年首次用X射线方法测定出了一个单晶体的结构。次年，吴乾章在中国科学院应用物理研究所指导单晶体结构分析方法的研究。后来，吴乾章又

① 陈仁政. 中国人研究X光的重大成就：纪念诺贝尔物理学奖首颁100周年[J]. 物理教师，2001（9）：37-38.

② 尹晓冬，何思维. 劳伦斯·布拉格在曼彻斯特的三位中国学生：郑建宣、陆学善、余瑞璜[J]. 大学物理，2015，34（11）：38-46.

③ 余智华. 缅怀我的父亲余瑞璜教授[J]. 物理通报，2002（11）：1-3.

研究了结构分析直接法，并最先组织了单晶体结构分析的电子计算机程序的编制编写工作。1958年，吴乾章所在的应用物理研究所与中国科学院原子能研究所合作，共同开展了用中指衍射方法研究晶体结构的工作，并研究了把X射线、电子和中子三大衍射技术结合的相关工作。1958年，吴乾章牵头研究人工晶体生长的方法，填补了我国人工晶体学的空白。他的研究成果得出了单晶体X光劳厄背射归咎总图的绘制和定向方法，发现了克服人工水晶生长中“后期裂隙”的规律，研究了相图和晶体生长的关系等。1958—1967年，吴乾章兼任原子能研究所六室室主任，负责和指导中子衍射研究。此外，他还推动成立了中国硅酸盐学会人工晶体及材料专业委员会，促进了我国人工晶体材料学科的建制化。

《当代物理学进展》一书，对吴乾章关于X射线晶体学的研究做了客观的总结与评价。吴乾章先生是我国X射线物理学的先行者之一，中国现代物理学研究者之一，见证了我国X射线晶体学从无到有、从有到强的历程。吴乾章为我国物理学在地磁、晶体分析和晶体生长领域的发展作出了重要贡献①。

（5）黄昆

黄昆（1919—2005），出生于北京，祖籍浙江嘉兴。1937年，黄昆考入燕京大学物理系，毕业论文为《海森堡和薛定锷量子力学理论的等价性》。1941年，黄昆从燕京大学毕业后，经葛庭燧先生介绍到西南联合大学物理系任助教②。1942—1944年，黄昆报考西南联合大学的研究生，在吴大猷的指导下先后写下了《锂原子能态的Hylleraas函数变分计算》《钠之负离子吸收光谱》《日冕光谱线的激起》等三篇论文③，获得硕士学位。

1944年8月，黄昆先生考取了“庚子赔款”留英公费生，次年前往英国布里斯托尔大学留学攻读博士学位。黄昆师从英国布里斯托尔大学的莫特（N. F. Motte）教授，他的博士论文题目是《稀固溶体的X光衍射》。黄昆在研

① 陈立泉. 从“地磁人”到“晶体人”：纪念吴乾章先生百年诞辰[J]. 物理，2010, 39（9）：634-637.

② 侯新杰，陶壮壮. 中国半导体事业的奠基人：黄昆[J]. 物理教学，2020, 42（2）：75-77.

③ 侯新杰，陶壮壮. 中国半导体事业的奠基人：黄昆[J]. 物理教学，2020, 42（2）：75-77.

究过程中提出了一个简化模型，通过进一步研究得到了长程弹性畸变导致的X射线漫散射的主要特点：第一，杂质原子的存在使布拉格衍射峰强度减小了一个因子，该因子正比于倒格矢的平方，且与杂质浓度有关；第二，在布拉格峰附近，漫散射有一定的强度分布；第三，X射线漫散射与热漫散射在形式上比较相似，但微观机制及定量规律不一样①。黄昆的研究成果《稀固溶体的X光漫散射》，大胆提出关于杂质和缺陷X光的散射理论模型。但是，由于当时实验条件的限制，黄昆的理论于20年后才被物理学界证实，获得了国际物理学家们的赞誉。

1947年5月，黄昆前往英国爱丁堡大学物理系跟随物理学家、诺贝尔奖获得者玻恩（M. Born）访学半年。1948年在英国布里斯托尔大学获得博士学位后，接受玻恩的邀请，合作撰写《晶格动力学理论》专著。这本书的写作历时6年之久，一经出版就获得了巨大反响。

1948—1951年，黄昆在利物浦大学担任博士后研究员，1951年年底回国任北京大学物理系教授，开启了长达26年的教学生涯。在任教期间，黄昆首次提出晶体中声子与电磁波的耦合振荡模式及有关的基本方程②。在北京大学，黄昆先后任物理系教授、副主任，半导体教研室主任。1955年当选为中国科学院院士。1956年，黄昆负责创建北京大学物理系半导体物理专业的相关工作，这也是中国首个半导体物理专业。在北京大学工作期间，他参与本科生物理学教学体系的教育教学研究工作，编撰教材，为北京大学的物理学教育作出了重要贡献。

1977年，黄昆前往中国科学院半导体研究所工作，担任所长职务。他亲自给研究人员讲课，组织全所学术交流。1988年，黄昆发表了后来被国际物理学界称为“黄-朱模型”的理论。2001年，黄昆获得了2001年度国家最高科学技术奖。

黄昆是中国固体物理学和半导体物理学奠基人。他主要从事固体物理与

① 朱邦芬. 黄昆对物理学的贡献[J]. 发光学报，2003（1）：1-7.

② 刘欣. 中国物理学院士群体计量研究[D]. 山西：山西大学，2019.

半导体物理方面的研究，提出了稀固溶体的X光漫散射理论和晶体光学振动的唯象方程，预见了晶体中声子与电磁波的耦合振荡模式，被国际物理学界称为“黄散射”和“黄方程”。黄昆还提出并发展了由晶格弛豫引起多声子跃迁理论（包括光跃迁和无辐射跃迁），被国际物理同行们称为“黄－佩卡尔理论”。黄昆提出的“黄－朱模型”，建立了有效解决半导体超晶格光学振动模型，并阐明其光学振动模式的要点。黄昆与国际物理学家玻恩合著的书籍《晶格动力学理论》，成为晶格动力学学科领域的第一部权威专著和标准参考文献①。

三、X射线研究机构

X射线的发现是世界近代物理学史上一抹夺目的光辉，同时其发展与应用更推动着各学科、各行业的跨步前行。中国早期的科学研究机构对X射线的引入与传播具有垂范作用。对X射线的引入不仅仅作为科学研究机构的单纯知识体系与专业设立的需要，更是作为一种深入的传播与推广，以此推动着中国近代物理学、实验研究，乃至整个科学技术的蓬勃发展。

在此，以中国科学社、中央研究院、北平研究院等中国早期科学研究机构为主要对象进行深入阐述，梳理出X射线在中国早期科学研究机构的发展脉络。

1.中国科学社

（1）创立概况

中国科学社是中国近代第一个民间综合性科学团体。社团的创立、发展推动着中国科学事业的蓬勃发展，也对后期中国科学知识的传播、学术思想的交流产生了巨大影响，是近代中国科学社团的先驱。

20世纪初，恰逢中国的科学事业正处于草创阶段，一群年轻有为的中国留学生在康奈尔大学的宿舍中一起讨论着世界的走势与中国的未来。“我们为何不出版一种专门向国人介绍科学的杂志呢？”这一提议立刻引发了在场

① 刘欣. 中国物理学院士群体计量研究[D]. 山西：山西大学，2019.

所有人的关注，就在此时，他们决定组织科学社，并创办《科学》杂志①。

随着《科学》杂志的创办、发行，创立科学社的同仁逐渐意识到，仅仅依靠发行一种杂志无法推动中国科学事业的发展。因此，在《科学》杂志创办的基础上将“科学社”改组为学会性质的组织，以此相应开展各类科学交流、科学传播等活动，实现“科学救国”的梦想。在得到多数社员的认可后，科学社指定胡明复、任鸿隽及奏秉文3人起草新社章程。1915年10月25日，拟定的社章在会议中表决通过后，“中国科学社”（Chinese Association for the Advancement of Science）正式成立。中国科学社创立的宗旨是“联络同志，共图中国科学之发达”。以上活动均在美国进行，在1918年随着部分社员学成归国，该社办事机关也迁回国内，并先定址于南京。

1919年，中国科学社在杭州召开迁回国内的第一次年会。1922年，中国科学社在江苏南通召开第七次年会，会上将社章进行了修改并通过了修改后的社章，且对董事会予以重组，相应设立了理事会。同时将科学社的章程宗旨修改为“联络同志、研究学术、图中国科学之发达”。社章明确将“研究学术”作为中国科学社的主要任务，表明科学社的工作将由原来向大众宣传普及世界最新科学知识转向以科学研究、学术交流为重点②，从而相应开展学术领域广、专业基础强、科学研究深的活动。

该社所设置的实质性机构主要有图书馆、生物研究所、中国科学图书仪器公司和《科学》杂志社等。其主要开展的学术活动为：组织审定科学名词，举办科学演讲和展览，开展科学咨询，建立对外交流关系，设置科学奖金和募集活动经费等。在1916—1936年，中国科学社共计举办了26届年会，年会地点遍布全国，极大提高了中国科学社的声望。此外，中国科学社在国际学术交流中也发挥着重要的桥梁作用。该社着力邀请到了国外科学家来华讲学交流。与此同时，中国科学社还走出国门，派出了优秀的科学工作者参与国际

① 朱新轩，王顺义，陈敬全. 见证历史 见证奇迹：上海科学技术发展史上的百项第一[M]. 上海：上海科学技术出版社，2015：61.

② 朱新轩，王顺义，陈敬全. 见证历史 见证奇迹：上海科学技术发展史上的百项第一[M]. 上海：上海科学技术出版社，2015：62.

学术交流。1926年派竺可桢等12人出席了在东京召开的第三届泛太平洋学术会议，1929年组织成员出席了在爪哇举行的第四届太平洋科学会议等，由此开创了中国民间科学团体参加国际学术会议的先河。同年，中国科学社及其社员集资创办了中国科学图书仪器公司，出版发行科技图书、杂志，生产销售各类科学仪器、设备。1933年，中国科学社在上海亚尔培路533号（今陕西南路235号）创办了明复图书馆（今为黄浦区明复图书馆）。1955年，中国科学图书仪器公司并入上海科学技术出版社[①]。

开展相应学术交流活动的同时，中国科学社始终致力于通过《科学》杂志传播科学知识、交流学术思想。其《科学》杂志，在1915年出版至1950年第一次停刊，共出版了32卷。杂志内容涉及的学科广泛，不仅包含了自然科学的各个门类，还将科学史、科学思想、科学方法等内容予以介绍与传播。因其内容丰富、学术性强，得到了中外学者的高度赞誉。杂志于1957年再次以季刊恢复发行，1960年再度停刊。后于1985年，由上海科学技术出版社恢复出版、发行，一直延续至今。1933年，中国科学社还创办了一份在我国具有较大影响力的科普刊物——《科学画报》。该期刊由社内优秀的科学工作者竺可桢等担任特约撰稿人。后于1955年并入上海科学技术出版社，至今仍继续出版。

1949年后，因科技管理体制变动，原有的民间社团逐步归并至中华全国自然科学专门学会联合会和中华全国科学技术普及协会两大组织。1958年9月，两大组织合并，成立全国科技工作者的统一组织——中国科学技术协会，同年，上海科学技术协会成立。1960年，中国科学社正式退出了科学历史舞台。

（2）中国科学社对X射线的引入与传播

中国科学社当时介绍的科学技术知识，有不少内容都是与科学技术的最新进展联系在一起的，其中最突出的贡献就是对放射性元素的介绍。

① 朱新轩，王顺义，陈敬全. 见证历史 见证奇迹：上海科学技术发展史上的百项第一[M]. 上海：上海科学技术出版社，2015：63.

19世纪末20世纪初，物理学领域掀起了一场深刻的革命，一系列新的重大发现使以牛顿力学和麦克斯韦电磁学为基础的古典物理学遇到严重挑战，最终促使揭示物质世界运动规律的相对论和量子力学的创立。而放射性元素的发现，可以说是这场物理学革命重要的导火索。1895年，德国学者伦琴发现X射线；1896年，法国学者贝克勒尔（H. Becquerel，1852—1908）发现了铀的天然放射性；1897年，英国物理学家卢瑟福在对放射性元素进行系统研究的基础上提出了放射性元素的蜕变理论；1898年，居里夫人从铀矿石中分离出比铀的放射性强几百万倍的镭；随后，人们又不断发现了许多新的放射性元素。这些新的发现，打开了探索物质微观结构奥秘的新的大门，引发了一场物理学革命，是当时最新的科学成果。《科学》月刊则系统地将这些最新成果引入中国。在《中国科技史料》1981年第2期上刊载的戴念祖的《本世纪20年代以前的中国物理学者》一文中就提到："最早把镭和放射性介绍到中国来的是鲁迅。他于1903年写了《说鈤》一文，'鈤'这个字的造形，意指像太阳一样自动发光发热。直到中国科学社成立以后，1915年《科学》杂志才比较深入地介绍有关方面的知识。胡明复撰写了《说伦得根（现译伦琴）射线》（1卷7期）、《伦得根射线与晶体之构造》（1卷8期），地质学家谢家荣撰写了《质射性元素概论》（1卷7期）。《说伦得根（现译伦琴）射线》包括伦琴射线的发现史、伦琴射线的产生、性质及应用等；《伦得根射线与晶体之构造》翻译亨利·布拉格于1914年6月5日在英国皇家学院周年会上的讲演，这一讲演涉及劳厄的晶体衍射设想和弗里德里希、克尼平的实验证实等最新的物理学成就；《质射性元素概论》介绍了α、β、γ射线及镭、铀、鏀、钋、钍等放射性物质，介绍了卢瑟福及索迪的蜕变理论，J·J·汤姆逊和卢瑟福的原子模型。"①

2. 中央研究院

（1）中央研究院院史简介

1927年5月，国民党中央政治会议第九十次会议议决设立中央研究院筹

---

① 冒荣. 科学的播火者：中国科学社述评[M]. 南京：南京大学出版社. 2002：115-116.

备处。同年6月，决定组织中华民国大学院作为全国最高学术教育行政机关。11月20日，正式成立中央研究院筹备委员会，并下设4个研究机构，即理化实业研究所、地质调查所、观象台、社会科学研究所，以中华民国大学院院长蔡元培兼任中央研究院院长，并开始筹设各研究单位。

1928年，筹备工作相应开展，并初现成效。同年2月，观象台又分为天文研究所和气象研究所。而在上海，则分别于1月创立地质研究所，于3月设立理化实业研究所（分为物理、化学、工程共3组）、社会科学研究所（分为民族学、社会学、经济学、法制学共4组）。

1928年4月10日，中华民国大学院改为中华民国教育部，修正中央研究院组织条例，直接隶属于国民政府，称为“国立中央研究院”；外文名称采用筹备委员会委员朱家骅的建议，使用拉丁文“Academia Sinica”。4月23日，特任蔡元培为院长，聘杨铨为秘书长。同年6月9日，在上海召开首次院务会议，宣布正式成立，至此将6月9日为中央研究院院庆日。总办事处设在南京成贤街48号，另在上海亚尔培路设驻沪办事处（1930年5月撤销）。

1928年7月，历史语言研究所在广州正式设立。同时，理化实业研究所三组改为物理、化学、工程研究所，分别聘丁燮林、王琎、周仁为所长。11月设立北平分所，由陈寅恪担任北平分所主任。历史语言研究所开始进行考古工作的发掘（至1937年在安阳小屯村殷墟地共发掘15次）。11月9日，《国立中央研究院组织法》修正并公布，确定本院为全国最高学术研究机构，设立物理、化学、工程、地质、天文、气象、历史语言、国文、考古、心理学、教育、社会科学、动物、植物共14个研究所，改秘书长职务为总干事。次年1月，在南京成贤街设立自然历史博物馆。7月创刊中央研究院院务月刊。

1930年7月1日，中央研究院举行第一届院务年会，蔡元培院长率本院职员在南京成贤街举行宣誓就职典礼。随即，国民党中央政治会议决定由该院筹设中央图书馆。

1935年5月，国民政府修正《国立中央研究院组织法》，公布《国立中央研究院评议会条例》，6月正式施行《国立中央研究院基金暂行条例》。8月，以中央研究院名义代表中国加入国际科学联合总会（International Council of Scientific Unions，ICSU，当时译为“科学团体国际评议会”）。

1937年，受抗日战争影响，各所均迁出原址，分别迁往桂林、长沙、昆明、阳朔等地。战时期间，各所工作仍继续开展。1939年3月，评议会决议设立人文社会科学性质的丁文江奖，自然科学性质的杨铨奖。第一届丁文江奖获奖人为吴大猷，杨铨奖获奖人为李方桂。

1946年，总办事处及天文、气象、地质、历史语言、社会科学研究所复员迁回南京。数学（筹建）、物理、化学、动物、植物、医学、心理学、工学等研究所、处迁往上海原自然科学研究所大楼。6月，院务会议决议在南京九华山小韩家庄购地二百亩，共建数理化研究基地；原上海自然科学研究所命名为“在君实验馆”，原理工实验馆改名为“杏佛实验馆”。

1947年3月13日，国民政府公布修正的《国立中央研究院组织法》，第三条规定该院设立23个研究所：数学、天文、物理、化学、地质、动物、植物、气象、哲学、教育学、中国文学、历史语言、法律、经济、社会、医学、药物学、体质人类学、工学、心理学、地理、考古学、民族学研究所。7月，数学研究所正式成立。

1948年3月，第二届评议会决定每年向在学术研究上有卓越贡献的中国学者颁授蔡元培学术奖章，同时为成绩优异的大学生设立蔡元培奖学金。中央研究院每年于蔡元培诞辰之际举行纪念会及演讲。1949年11月在北京成立中国科学院，其余各所隶属于中国科学院，并重新合并、设立新的科研所。

（2）中央研究院物理研究所

中央研究院物理研究所对X射线知识的引入作出了重要贡献。物理研究所的前身为1927年11月中华民国大学院所设“理化实业研究所”的物理组。1928年3月改组后，隶属于中央研究院，后于同年6月9日正式成立物理研究所，所址设于上海霞飞路899号，为中央研究院历史最悠久的研究所之一。

1933年，由中华教育文化基金董事会投资的本院物理、化学、工程三研究所建造之理工实验馆落成，该所遂即迁入新址。成立初期，由丁燮林出任所长，并设有物性、X射线、光谱、无线电、标准检验、磁学等实验室及金木工厂，另在南京紫金山建有一地磁台。主要研究工作为原子核物理、金属学、电磁学及地球物理研究等。

1937年，该所由上海历经昆明、桂林，迁至四川北碚，途中图书仪器流失不少。抗日战争胜利后，该所于1946年迁返上海，与数学（筹建）、化学、动物、植物、心理、医学等所共同迁入上海自然科学研究所内。其后，中央研究院在南京九华山购地二百余亩，成立数理化研究中心。当年所长为吴有训，有专任研究员施汝为、钱临照、吴健雄，及兼任研究员丁燮林、赵忠尧、萨本栋等人。研究范围包括原子核物理、光谱学、无线电、电子学及冶金学等。1949年，物理研究所归于中国科学院统一管理[①]。

中央研究院物理研究所历任所长名单如表5-1所示。

表5-1　　中央研究院物理研究所历任所长名单[②]

姓名	职务	任期
丁燮林	所长	1928年10月—1946年7月
萨本栋	所长	1946年7月—1948年11月
吴有训	所长	1948年11月—1949年4月
吴大猷	所长	1962年12月—1976年1月
王唯农	所长	1976年1月—1977年5月
林尔康	代所长	1977年5月—1981年9月
	所长	1981年9月—1987年10月
	代所长	1987年10月—1989年7月
何侗民	代所长	1989年7月—1990年9月
郑天佐	所长	1990年9月—1999年8月

① “中研院”八十年院史编纂委员会. 追求卓越　“中研院”八十年[M]. 台北：“中研院”，2008：434.

② “中研院”八十年院史编纂委员会. 追求卓越　“中研院”八十年[M]. 台北：“中研院”，2008：437.

（续表）

姓名	职务	任期
姚永德	代所长	1999年8月—2002年3月
吴茂昆	所长	2002年3月—2004年5月
李世炳	代所长	2004年5月—2006年4月
吴茂昆	所长	2006年4月—2008年

（3）科研人员在X射线研究方面所作的贡献

当物理界对X射线研究方兴未艾时，胡刚复正在哈佛大学求学。胡刚复在1914年获理学硕士学位后，将自己的研究工作转到X射线物理学领域。胡刚复的博士论文题目统称为*Studies in X-rays*。此论文曾于1918年4月间在美国物理学会讨论会上宣读。胡刚复后期的工作集中在X射线相关的进一步研究。概括起来，胡刚复的重要学术成果有：第一，自行研制一套X射线管，用布拉格方法精确测定了原子序数自25（锰）至34（硒）的10个元素的K_a线系的临界吸收波长，并以电子速度和原子序数作图，修正了莫塞莱（H. G. J. Moseley）定律，从而提高了定律精度；第二，他以高超的技能、先进的实验方法和精密仪器测定验明了X射线临界吸收频率、吸收体内临界电离频率、X射线管中由激励电子能量确定的临界X射线频率和最高特征发射频率部分都相等；第三，他首先在X射线频率范围内测定了光电子在不同方向的速度分布和X射线散射的空间分布及其光谱特性，明确了选择性光电效应和选择散射的存在，确定了X射线光电子的最大发射速度。胡刚复曾协助丁燮林在上海创办了中央研究院物理研究所，并在该所任专任研究员，在所内做研究，而后他又协助创建北平研究院，并兼任该研究院镭学研究所的特邀研究员。

1924—1926年，吴有训就“康普顿效应”问题共发表了九篇论文。其主要贡献表现在四个方面：第一，用大量的实验事实，证明了康普顿效应的广泛适用性；第二，从实验上推翻了所谓“三次辐射”假设；第三，否定了“箱子效应”；第四，用实验手段确定了“康普顿效应”散射过程中变线与不变线之间的能量（或强度）比率及其与散射角的关系。在论证康普顿效应时，他首先以七种物质分别做X射线实验，并最终成功表明康普顿效应并非是对某种特殊物质（如石墨）的特殊现象，后又证明此效应与实验装置中的木质材料无关，尤其是他测定了X射线散射过程中变线与不变线的能量比和强度比，从而提出了对于给定元素下的散射角与能量分布的关系。并最终以锂的二次散射强度为零等实验，充分证实并发展了康普顿的量子散射理论，由此，其研究工作极大加深了国际物理学界对康普顿效应的认识①。

康普顿教授在1926年出版的《X射线的理论与实验》一书中，对吴有训的工作给予了高度的评价，全书有19处引用了吴有训的研究成果。特别引人注目的是，康普顿教授把吴有训的一张被15种元素所散射的X射线光谱图，以及他自己的以石墨所散射的X射线光谱图并列，作为证实其理论的主要依据。更令人感动的是，康普顿教授认为，“康普顿效应”也可称为“康普顿-吴有训效应”。该书于1935年出第二版时，国内外不少物理教科书都将“康普顿效应”称之为“康普顿-吴有训效应”②。

在饶毓泰、任之恭等物理同仁的全力相助之下，吴有训积极筹划，学校在昆明城北的大普吉村，办起了五所研究所。其中有两所属于物理系，一所是无线电研究所，由任之恭担任所长；另一所是金属研究所，由吴有训直接领导研究工作。金属研究所的一项主要内容是用X射线探索金属的内部结构，这是X射线的一项应用，也是吴有训在X射线研究方面的探索。

归国后，吴有训担任物理所所长期间，尽管面临当时国内艰苦、困难的条件，但仍继续坚持对X射线的实验研究，并培养了大量优秀学生开展近代物理研究。在此期间还创建了我国最早的近代物理实验室。为我国X射线的引入、传播、发展作出了卓越贡献。

余瑞璜从1935年到1938年随小布拉格（布拉格父子因开创X光晶体结构学获1915年诺贝尔物理学奖）进行研究工作，在20世纪40年代初创立了

① 中国物理学会七十年编写组. 中国物理学会七十年[Z]. 中国物理学会，2002：27.

② 林家治. 吴有训[M]. 石家庄：河北教育出版社，2000：74-75.

X光晶体结构分析新综合法。他当时的10多篇开创性论文发表后，引起了国际晶体学界极大反响。余瑞璜的新综合法，被美国物理教授伯尔古的《晶体结构分析》这一经典著作中全文引用。在世界晶体学界纪念劳埃（劳埃因提出并实验发现X射线衍射获1914年诺贝尔物理学奖）50周年学术会上，总结X光结构分析发展史的报告中提到的唯一的中国人便是余瑞璜。历史巨册《X光衍射50年》中，除国际学者回忆余瑞璜成就外，该书总编、劳埃实验室实际执行者爱华德教授在该书中赞扬余瑞璜是第一流的结晶学者。余瑞璜教授的早期研究为中国争得了荣誉，1952年试制成我国国产第一只医用X光管，填补了这项国内空白，1964年领导我国科学工作者制成我国第一台细聚焦X光机①。

叶企孙在X射线研究方面所作的重要贡献是早年在杜安教授指导下，用X射线精确地测定普朗克常数。他和合作者的测定值在1921—1937年间被物理学界沿用了16年之久②。叶企孙回国后没有继续从事X射线研究，但其把重心放在了物理学教育上，间接的为我国的物理学人才储备作出了贡献。

黄昆的主要贡献在于，在1947年提出“固体中的杂质缺陷会导致X光漫散射，其强度集中在普通X光衍射斑点附近”。他的理论一再被科学实验所证实和应用，称为直接有效研究晶体缺陷的手段，并被国际学术界称为“黄散射”。此外，黄昆还提出了“黄－佩卡尔理论”“黄－朱模型”等理论，与国际物理学家玻恩合著书籍《晶格动力学理论》③。

3.北平研究院

（1）北平研究院的创建

1927年5月，李石曾提出了设立局部或地方研究院的拟议，拟议获得通过后，决定在北平设北平研究分院，并定每月经费5万元。同年8月，北平大学成立，李石曾任北平大学校长。大学区筹设研究院，称北平大学研究院，由李石曾担任筹备主任。

① 孙家宁，孙长山．中国物理学家在X射线领域的重大贡献[J]．物理教师，1995（10）：30．

② 中国物理学会七十年编写组．中国物理学会七十年[Z]．中国物理学会，2002：26．

③ 刘欣．中国物理学院士群体计量研究[D]．山西：山西大学，2019．

1929年8月，“北平大学研究院”改为“北平研究院”，由中华民国教育部聘李石曾为院长。9月9日，北平研究院宣告成立，自此将9月9日作为其成立的纪念日。

1931年2月，严济慈回国担任物理学研究所主任、专任研究员。1932年1月，朗之万参观物理学研究所后，理化部与中法大学居里学院联合成立镭学研究所，并由严济慈担任该所主任。1946年3月20日，李石曾主持召开学术会议第一次会议，次年11月，中华民国教育部批准《国立北平研究员办事细则》。1948年3月，李书华、严济慈、庄长恭当选首届中央研究院院士。同年9月，在中南海怀仁堂举行成立十九周年纪念大会，并召开学术会议第二次大会。

1949年3月1日，中国人民解放军军事管制委员会文化接管委员会正式接管北平研究院。10月2日，为庆祝中华人民共和国中央人民政府成立，北平研究院召开大会，邀请梁希、竺可桢演讲。11月5日，新成立的中国科学院完全接管了北平研究院在北京的研究所。11月10日，中国科学院正式接管北平研究院总办事处，同时宣布，北平研究院与中央研究院的名称即日撤销。

在X射线研究方面，北平研究院下设有镭学研究所与物理学研究所。两所在严济慈的主持下，取得了丰硕的研究成果，发表论文80余篇。两所的工作，除地文物理方面的测量外，光学研究、电学研究与镭学研究均互相结合，联系紧密。光谱学方面的研究是从事原子物理研究的基础，而镭学研究所的许多放射性物质又为物理研究提供了重要的工具。同时，物理学研究所的大部分研究具有很强的应用价值，研究所设立工厂从事产品制造①。下面将分别介绍研究所涉及的X射线等工作。

(2) 北平研究院镭学研究所

①北平研究院镭学研究所的创立

北平研究院镭学研究所是中国第一个放射学方面的研究机构②。该所创立于1934年。北平研究院物理研究所所长严济慈聘请在法国巴黎大学镭学研

① 刘晓. 国立北平研究院简史[M]. 北京：中国科学技术出版社，2014：84.

② 胡化凯. 当代中国物理学家学术谱系[M]. 上海：上海交通大学出版社，2016：17.

究所工作的居里夫人的第一位中国学生郑大章回国参加筹建镭学研究所。所址设于东皇城根42号(原中国科学院半导体研究所所址),开展放射化学研究工作。随同郑大章工作的学生先后有曹友德、杨承宗、李鉷及侯灏。郑大章是镤化学的专家。经过一年多的筹备,工作迅速开展起来。当时的物质条件:主要放射性物质有Ra–226(共59 mci),Ra–228(约1 mci)及来自刚果的沥青铀矿石(约10 kg);主要设备有各种静电计、石英压电发生器、不同类型的电离室、自制的α闪烁仪和盖革计数装置以及一座磁场强度为6 000 Gs的电磁铁等。

1935年,镭学研究所迁到上海,改名为北平研究院中法大学镭学研究所,继续进行放射化学的研究工作,由刚回国的陆学善主持所务。郑大章、杨承宗从大量铀盐中分离制得UX_{1+2}($^{234}Th+^{234}Pa$)β放射源,发现了β射线的吸收系数随放射源周围物质的性质而改变,由此成为背散射法鉴别不同支持物质及其厚度的原理。1936年9月,镭学研究所迁往上海,与药学研究所共用上海福开森路395号楼房[①]。

1944年7月,该所被日本强制接管。1945年8月恢复正常。1946年迁回北平。1947年10月,物理学、镭学研究所向国民政府呈送《研究铀元素和原子弹之报告》。次年10月,该所改组为北平研究院原子学研究所。1949年11月由中国科学院接管。1950年2月时,研究人员有研究员钱三强(兼所长)、何泽慧、彭恒武、王淦昌(尚未到职),助理研究员有金星南、金建中。1950年6月,该所并入新建立的中国科学院近代物理研究所。

②放射性研究主要成果

放射性研究在我国尚属开创性工作,因此初期工作分为两个方面,一方面为调查测量工作,包括镭矿、镭泉的探查,空中放射性测量。另一方面为实验室内的研究工作。这些工作主要由郑大章、杨承宗、陆学善、李鉷等负责。

该所着重放射性物质与其射线以及X光之物理性质的研究。主要研究成果有严济慈、陆学善、李立爱的压力对于镭的丙种射线照相之影响;陆学善、

---

① 赵匡华. 中国化学史·近现代卷[M]. 南宁:广西教育出版社. 2003:281–282.

张鸿吉、吕大元的压力对于X射线照相之影响；郑大章、李鉷所做的钛之磷酸化物之沉淀；以不溶解于盐酸之硫化物携带原子锕；陆学善、章元龙、佘守宪等所做的背射粉末照相中点阵常数之精密测定；从粉末照相求晶体构造的一个新图解及其推广于正交晶系与单斜晶系；由小掠射角X射线反射所得晶距之难测法等。抗战时期，该所在应用研究方面突出的成果有钟盛标所做的水晶紫光灯之制造技术，并仿制德国哈脑维式医用紫外光灯十数具，以应军队及当地医院之需求；钟氏又研究了在电场下的水晶腐蚀现象，发明晶轴新测定法并发现前所未知之结晶确定，有利于水晶仪器制造技术的革新①。

（3）北平研究院物理学研究所

北平研究院物理学研究所成立于1929年11月，由李书华兼代该所主任，兼任研究员朱广才主持地球物理方面工作。先后受聘在该所从事专职研究的人员有饶毓泰、岳劼恒、陆学善、钟盛标、钱临照、吴学蔺、方声恒、翁文波、陈尚义等②。该所初成立时暂借北平中法大学居里学院物理实验室进行研究工作，1930年12月，东皇城根42号理化楼建成后即迁入。1931年初，严济慈被聘为专任研究员兼所主任。严济慈向国外订购书籍、光学仪器以及安置研究室内设备。1932年秋，聘饶毓泰为专任研究员。1936年，专任研究员岳劼恒参加研究工作。

物理学研究所的研究工作偏重于四个方面，分别是光学、X光、镭学、地文物理学。研究所的办公场所在北平东面皇城根四十二号，与理化部化学研究所共用。在一层有实验室13间，在二层有实验室7间，在地窖有房间4间。

抗战前，该所研究工作进展较快，设有研究室、实验室、金工厂、光学工厂等机构。在设备方面，有研究水晶结构、压电现象及照片感光实验的各种测电仪器、偏极光镜、3 000 V高压蓄电池、X光设备、巨型干涉仪、精细波长

① 董光璧. 中国近现代科学技术史（中卷）[M]. 长沙：湖南教育出版社. 1997：570.

② 曹子西，张登义，曹增友，等. 北京百科词典：科学技术卷[M]. 北京：北京科学技术出版社. 1992：27.

计等[①]。

1937年，受抗日战争的影响，该所迁往昆明，后于1946年迁回北平。虽在战时图书、实验设备遭受重创，但多名优秀的科研工作者继续在此进行着科学研究。1949年11月，该所最终并入新成立的中国科学院应用物理研究所。

(4) 北平研究院物理学研究所放射学实验室

20世纪30年代，北平研究院物理研究所和中法大学理学院都有计划设立关于放射学的研究机构[②]。1930年底，严济慈从法国动身回国，次年被聘为北平研究院物理研究所研究员，兼任代理主任。一年后，严济慈又兼任镭学所所长。由于严济慈在居里夫人的实验室研究，又对放射学有专业研究，所以严济慈的回国为放射学实验室提供了契机。为了避免资源的重复投入，中央研究院与北平中法大学居里学院商定合作办法，由中法大学居里学院补助两万余元（计美金5 000元）在北平研究院理化大楼内组建一座镭学及放射学实验室。实验室的图书及仪器购置，概由严济慈负责。

1931年，严济慈在北平研究院院务汇报上撰文翻译《日本理化学研究所概况》，介绍了日本理化学研究所的历史沿革、目的、事业实验、仪器制造、实验室、研究问题、出版品、建筑与设备、专利权、经费以及职员等。在研究问题这一节，日本理化学研究所并不限定研究方向，即化学家可做物理研究，物理学家也可做化学研究。研究结果由研究员负责，研究范围越来越广阔。在研究问题目录中，严济慈附上了Ikwda研究室Hikoichi SHIBA and Hiroyasu MITSUI的X-*ray diffraction in liquids and solutions*研究。此外，在Nishikawa Research Laboratory研究室中，关于X射线相关，有Shoji NISHIKA and Inosuke SUMOTO关于X-*ray analysis of some crystals*的研究，Tameichi YASAKI关于*On the phase-change upon the scattering of* X-*rays*的研究，Sanane YOSHIDA关于*Relation between* X-*ray spectra and chemical*

① 董光璧. 中国近现代科学技术史（中卷）[M]. 长沙：湖南教育出版社. 1997：568.

② 资料来源：《国立北平研究院院务汇报》，1931年第2卷第1期。

*constitution*的研究，Terada Research Laboratory实验室中Jorahiko Terada and Moriso HIRATA关于*Molecular structure of matter by X-rays*研究①。

物理学研究所放射学实验室，除了纯粹学术研究，还承担探查放射物的职能。比如，放射学实验室购得来自英法两国的放射矿物标本二十种，来自日本的八种②。

第三节 中国X射线学术谱系的形成

一、谱系结构和代际关系

在中国X射线学术研究谱系（图5-1）中，从求学的早晚和实际的贡献来看，何育杰位列第一代X射线物理学家。首先，何育杰是少数在清末赴欧美学习物理学，学成归国后继续从事物理学教学的学者之一，为中国物理学的建立发挥了重要作用。其次，在何育杰之前，中国还没有学者在学术层面接触过X射线，虽然他没有直接从事X射线物理学的研究，但通过和舒斯特、卢瑟福的交往，至少在1905年左右就已经接触到了X射线研究。最后，何育杰回国后对X射线研究持续关注，通过撰写研究综述，向国内普及X射线研究进展，起到了启蒙和引领的作用。

胡刚复和叶企孙作为第二代学者，接触X射线的时间稍晚于何育杰，继承了何育杰开拓的X射线研究领域，并扎根该领域，做出了相当重要的科学发现。他们在求学期间就发表了国际水准的学术文章，回国后投身刚刚起步的物理教学，并引导学生走向学术研究的道路，在整个物理学发展中起到了奠基性的作用。胡刚复和叶企孙在1920年之前远赴欧美留学，胡刚复直接考取了庚款留学的机会，在美国接受了完整的高等教育；叶企孙则通过留美预备学校清华学堂，赴美国攻读学士学位。在他们留学期间，正值X射线发现

① 资料来源：《国立北平研究院院务汇报》，1931年第2卷第3期：附录日本理化学研究所概况。
② 资料来源：《国立北平研究院院务汇报》，1931年第2卷第5期：本院各部会所概况及要闻。

后所引发的热潮，包括X射线本质的讨论以及X射线应用在物质科学、生物、医疗等领域方兴未艾。他们适时地融入了这场学术研究的热潮中，在导师的引导下进入X射线相关的研究领域。期间，他们师从名师，打下了扎实的知识基础，获得了一手的研究经验，继承了优良的研究传统。

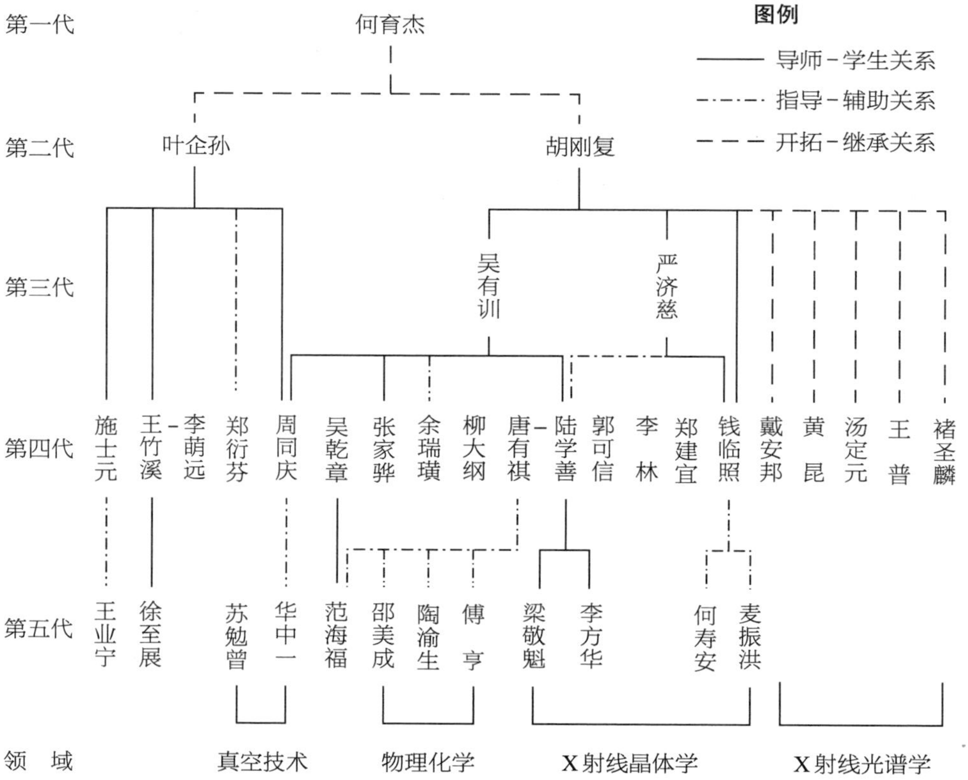

图5－1　中国X射线学术研究谱系

第三代学者吴有训和严济慈与第二代学者之间是“导师－学生关系”，在1920年初出国留学时，他们已经在国内接受了较为系统的物理基础教育和学术启蒙。当时南京高等师范学校因为胡刚复的加盟在学术上已经初具规模，吴有训和严济慈都受到了胡刚复的学术指导和影响，获得推荐或资助出国留学，并选择将X射线及放射学作为自己继续深造的方向。第三代学者延续了第二代学者在学术领域的精专，吴有训在博士期间的工作证明了康普顿效应的普遍性，丰富并发展了康普顿的工作，推动了学术界更快地接受并认可康普顿的学术贡献，用精湛的实验技术，精辟的理论分析，无可争议地证实了康普顿效应[①]。吴有训和严济慈回国后，成为中国物理学发展的中坚力量，并将国内的学术传承第一次和国际接轨，成为承前启后的关键一代。

第四代的学者在人数上形成规模，共计19位学者，年龄跨度近20年，他们都曾留学欧美，绝大多数获得海外的博士学位，具备较高的研究能力和学术水准。第四代学者在20世纪30—50年代陆续回国，其中少部分学者如褚圣麟、王普和郑建宣，于1930年留学归国，在国内X射线研究初具规模的时候，于北京大学、广西大学、山东大学自成体系开展研究工作，和上一代X射线学者呈现一种开拓-继承关系。另外大部分学者如施士元、周同庆、陆学善、余瑞璜、钱临照、张家骅、李荫远，则同时受到之前三代学者的影响，之后出国留学，回国后继续从事X射线衍射和晶体结构等研究。这体现出在胡刚复、叶企孙、吴有训、严济慈等的影响下，更多人开始从X射线相关的光谱学、晶体学、放射学入手，从事进一步的研究，“双轮驱动”在第四代学者身上表现得更加明显。因此，第三代和第四代之间，除了少量的开拓-继承关系之外，大部分都是导师-学生关系。20世纪30—50年代，X射线研究已经出现了专业领域的分化，通过对第四代学者的分析可以发现，研究领域主要聚焦在X射线衍射机制、X射线晶体学、固体物理、核物理等方向。X射线研究者从事晶体领域的较多，尤以陆学善、余瑞璜和唐有祺影响最大，不仅做出了重要的成果，而且在中华人民共和国成立后，培养了一批本土的弟子。

第五代[②]学者无一例外成长于1949年之后，学习和研究环境较之前的科学家有了显著的不同。因为西方国家封锁禁运，我国与欧美国家的学术交流被迫中断，因此第五代中国X射线物理学学者接受的教育几乎全部在国内完成，少数具有留学苏联的经历，但主要还是在第四代学者的学术启蒙和学术指导下成长起来的。特殊的环境造就了完全本土培养的一代科学家，他们在大学毕业后以研究实习员或者助手的身份跟随上一代学者进行学术训练。复

① 王荣德. 中国近代物理学的四位开拓者[J]. 湖州师专学报，1987(5)：96-102.

② 受《中国科学技术专家传略》入传科学家数量的限制，此处展示的12位第五代学者并非全部，但是相关的结构和特征已经完备。

杂的社会背景使得第四、五代学者的代际关系更加多样复杂，导师－学生关系、指导－辅助关系、开拓－继承关系同时存在，其中大多数是指导－辅助的传承关系。如钱临照曾指导何寿安利用X射线进行金属物理的研究，指导麦振洪进行硅单晶中的硅氢键和氢致缺陷研究[①]。

这种现象的形成，首先当然是特殊的环境造成的，其次是学术本土化的体现，只不过这种本土化是“被动”完成的，而不是和国际科学界充分互动的“主动”结果，因此造成了后来和国际前沿对接困难和改革开放后“再国际化”的迫切需求。尽管受到一些因素的限制，但是迄今为止，第五代科学还是取得了瞩目的成就，代表性学者如范海福、王业宁、梁敬魁、徐至展，在X射线衍射图样、X射线自由电子激光、X射线晶体学等领域取得了公认的科学成就。

过五代之后，谱系代际的划分更加复杂和模糊。随着研究的不断深入，X射线研究者向金属学、晶体学、放射学等领域进一步分化。X射线知识体系已经日益完善，一部分学者离开该领域，寻找更有可能的突破口。

二、谱系之源：师从世界著名物理学家

追溯谱系的源头，中国前四代X射线研究者大都有在欧美留学的经历，主要的学术训练在西方完成，留学让他们能够接触并参与当时世界最前沿的X射线研究，奠定了良好的知识基础和研究能力。

何育杰的导师是英国物理学家舒斯特。舒斯特因光谱学、电化学、光学、X射线照相和谐波分析在物理学中的应用等贡献而闻名，“舒斯特积分”就是以他的名字命名的。舒斯特曾在德国海德堡大学追随“黑体”一词的创造者、提出基尔霍夫电路定律而闻名于世的古斯塔夫·基尔霍夫（G. R. Kirchhoff）学习并获得博士学位。毕业后，在卡文迪什实验室以非正式职员的身份和麦克斯韦等一起工作五年。进入曼彻斯特大学任教后，舒斯特致力于推动该校物理实验室的建设，使之成为世界第四大物理实验室。舒斯特与X射线颇有

① 崔树范，麦振洪，钱临照. 硅单晶中的硅氢键和氢致缺陷[J]. 中国科学，1983（11）：1033－1042.

渊源，在1896年初收到伦琴的论文后，即在实验室重复这个实验，并获得了双手、青蛙、四肢关节和自己六岁儿子的脚的X光照片，还“拍摄”了一张颅内有颗子弹的大脑的照片，表明舒斯特已经清楚地认识到了X射线的医学价值。

胡刚复的导师杜安是一位X射线学家和放射学家，在入职哈佛大学之前，于1908—1913年在居里夫妇的法国实验室担任居里夫人的合作伙伴，以从事放射性研究和X射线光谱学研究而闻名，提出了Duane-Hunt定律，并发明了一种在实验室中产生大量氡的方法。胡刚复从事X射线光谱实验研究后，杜安很快将他带到物理学基础研究的学术前沿。

布里奇曼（P. W. Bridgman）因开创了高压物理实验研究的先河而获得诺贝尔奖，同时对结晶学也颇有研究。叶企孙进入哈佛大学成为他的博士生，期间与杜安和帕尔默合作利用X射线测定普朗克常数，相关成果 *A remeasurement of the Radiation constant*, *h*, *by means of* X-*Rays* 于1921年在美国国家科学院院刊发表[①]，叶企孙和合作者测定的精确*h*值曾被长期沿用。虽然完成该项工作之后，叶企孙在布里奇曼的指导下转向了高压磁学的研究，但是在此期间受到的系统实验研究训练，对后来测量流体静压力对铁磁材料磁化率的影响具有重要作用。

康普顿（A. H. Compton）是美国物理学家，因发现康普顿效应而获得诺贝尔奖，后来还利用X射线研究铁磁性和宇宙射线。1916年，他在普林斯顿获得物理学博士学位，论文题目为《X射线反射的强度及原子中电子的分布》。后赴英国卡文迪什实验室留学，受到卢瑟福、爱丁顿等共事科学家的影响。康普顿运用爱因斯坦解释光电效应的“光子”解释了X射线的移位，并得到了波长变化和散射角的数学关系[②]，这就是著名的康普顿效应。吴有训在康普顿的指导下用精湛的实验技术，精辟的理论分析，无可争议地证实了康普

① DUANE W, PALMER H H, YEH C S. A remeasurement of the radiation constant, h, by means of X-Rays[J]. Proceedings of the National Academy of Sciences, 1921, 7(8): 237-242.

② COMPTON A H. A quantum theory of the scattering of X-rays by light elements[J]. Physical review, 1923, 21(5): 483.

顿效应。A.H.康普顿的哥哥K.T.康普顿（K. T. Compton）也是著名的物理学家，曾担任过麻省理工学院的院长，A.H.康普顿正是在哥哥的引导下进入了X射线领域[①]。1929年，周同庆师从K.T.康普顿攻读光谱学，完成论文《二氧化硫的光谱》，对二氧化硫的分子光谱进行了详细的分析。1953年，周同庆主持成功研制了第一个国产X光管，并投入批量生产中，推动了中国高真空技术的发展[②]。

居里夫人曾两次荣获诺贝尔奖，是放射性研究的先驱。伦琴发现X射线和贝克勒尔发现天然放射性使她决定转向这一领域，从事电离辐射的研究并发现了镭和钋。在一战期间，她带领助手还利用放射学知识，批量制造救治伤员的X光机。可以说，居里夫人及其领导的实验室是当时放射学理论和实验研究的一大重镇，施士元、郑大章、杨承宗和钱三强四位中国留法学生曾在居里夫人的实验室攻读博士学位[③]，严济慈曾经多次访问实验室，他们当中多人的工作和X射线的研究有关。施士元从清华大学毕业后于1929年赴法国留学，在居里夫人的指导下从事锕C元素的核谱测定工作，博士论文为《放射性同位素钍的放射性沉淀物的β能谱》，发现X射线精细结构的能量与一些γ射线的能量严格相等。回国后，施士元还发表了两篇与X射线反射和衍射相关的论文[④⑤]，并在20世纪50年代翻译了《X射线晶体学》一书[⑥]。严济慈的博士论文是精确测定居里和他哥哥比埃尔·居里发现的压电效应的现象系数。为了完成博士论文，1925年，严济慈曾到访居里夫人的实验室借用实验设备，经过一年半的摸索后攻克了难关[⑦]。后来严济慈第二次赴法并筹建北平研究院镭学研究所时，居里夫人曾多次予以指导和帮助，并接受严济

① 王大明，曹忠胜. 科学帅才K. T. 康普顿[J]. 物理，2004（2）：142–145.

② 戴念祖，王冰. 20世纪上半叶中国物理学论文集粹[M]. 长沙：湖南教育出版社，1993：589.

③ 张剑. 居里实验室里的中国博士们[J]. 档案春秋，2015（1）：51–53.

④ SZE S Y. Theory of the effect of thermal agitation on the reflection of x–rays by crystals[J]. Chinese Journal of Physics，1936，2（2）：124–127.

⑤ SZE S Y. X–ray diffraction of liquid potassium and the body–centered cubic type of liquid structure[J]. Chinese Journal of Physics，1937：14–19.

⑥ 纪尼叶. X射线晶体学[M]. 施士元，译. 北京：科学出版社，1959.

⑦ 金涛. 严济慈先生访谈录[J]. 中国科技史料，1999（3）：42–60.

慈的推荐，指导郑大章攻读博士学位[①]。郑大章回国后从事本土化的放射学研究，为镭学所在初创时期筹备仪器设备和培养人才做了重要的工作，引领了杨承宗、陆学善等放射学和晶体物理领域学者[②]。

在劳厄等发现X射线晶体衍射现象之后，劳伦斯·布拉格和父亲亨利·布拉格利用X射线重新研究晶体结构，提出了X射线衍射的布拉格定律，开创了X射线晶体学，分享了1915年诺贝尔物理学奖。劳伦斯·布拉格不仅被视作20世纪杰出的物理学家，而且在1938年担任卡文迪什实验室主任后表现出卓越的领导能力，为实验室开辟了分子生物学、射电天文学等新方向，并培养了6位诺贝尔奖获得者[③]。1919—1937年，劳伦斯·布拉格在曼彻斯特大学担任物理教授，建立了X射线晶体学实验室，逐渐形成了“曼彻斯特学派”，其X射线晶体学的科学成就主要在此完成。郑建宣、陆学善、余瑞璜三位中国留学生曾经在X射线晶体学重镇曼彻斯特大学追随劳伦斯·布拉格学习，在晶体结构和金属相图方面取得了一系列突破。郑建宣在劳伦斯·布拉格和布拉德利的指导下攻读硕士学位，利用X射线衍射技术测定Co_2Al_5的晶体结构；陆学善博士论文的方向是利用X射线多晶粉末法研究晶体结构和合金相图；余瑞璜的博士论文则主要研究$Ni(NO_3)\cdot 6NH_3$晶体结构[④]。后来他们学成回国后，开创了中国晶体学专业化的道路，为中国培养了一批晶体学家，同时将科学知识和坚持不懈、严谨求实的科学精神传播到了中国。X射线物理学家留学师承表如表5-2所示。

---

① 金涛. 严济慈先生访谈录[J]. 中国科技史料，1999(3)：42-60.

② 李艳平. 郑大章在巴黎大学镭研究所[J]. 科学文化评论，2011，8(2)：30-35.

③ 王志，尹晓冬，李欣欣. 作为卡文迪什实验室主任的劳伦斯·布拉格[J]. 首都师范大学学报(自然科学版)，2011，32(5)：11-16.

④ 尹晓冬，何思维. 劳伦斯·布拉格在曼彻斯特的三位中国学生：郑建宣、陆学善、余瑞璜[J]. 大学物理，2015，34(11)：38-46.

表 5-2　　X 射线物理学家留学师承表（部分）

国外名师	第一代	第二代	第三代	第四代	留学国家	留学时间	毕业高校
舒斯特	何育杰（1882—1939）				英国	1904年—1909年	曼彻斯特大学
杜安		胡刚复（1892—1966）			美国	1909年—1918年	哈佛大学
布里奇曼		叶企孙（1898—1977）			美国	1918年—1924年	哈佛大学
A.H.康普顿			吴有训（1897—1977）		美国	1921年—1926年	芝加哥大学
夏尔·法布里			严济慈（1900—1996）		法国	1923年—1927年	巴黎大学
A.W.托马斯				戴安邦（1901—1999）	美国	1928年—1931年	哥伦比亚大学
居里夫人				施士元（1908—2007）	法国	1929年—1933年	巴黎大学
P.A.罗斯				郑衍芬（1893—1979）	美国	1929年—1934年	斯坦福大学

（续表）

国外名师	第一代	第二代	第三代	第四代	留学国家	留学时间	毕业高校
A.J.普特斯特				褚圣麟（1905—2002）	美国	1933年—1935年	芝加哥大学
K.T.康普顿				周同庆（1907—1989）	美国	1929年—1933年	普林斯顿大学
W.L.布拉格				郑建宣（1903—1987）	英国	1933年—1936年	曼彻斯特大学
W.L.布拉格				陆学善（1905—1981）	英国	1934年—1936年	曼彻斯特大学
W.L.布拉格				余瑞璜（1906—1997）	英国	1935年—1937年	曼彻斯特大学
K.菲利普斯				王普（1902—1969）	德国	1935年—1939年	柏林大学
N.F.莫特				黄昆（1919—2005）	英国	1945年—1951年	布里斯托大学
鲍林				唐有祺（1920—2022）	美国	1946年—1951年	加州理工大学
A.W.罗森				汤定元（1920—2019）	美国	1948年—1951年	芝加哥大学
J.纳丁				李林（1923—2002）	英国	1946年—1951年	剑桥大学
A.赫特格林，G.黑格				郭可信（1923—2006）	瑞典	1947年—1956年	乌普萨拉大学

三、科学建制化与谱系传承

X射线的研究是现代物理学的开端，X射线研究的学术谱系也自然是现代物理学学术谱系的一部分。20世纪上半叶，中国的现代物理学研究才刚刚起步，很多关注X射线研究的学者同时也是晶体学、原子物理学、光学等其他领域的先驱。X射线学术研究的发展同时带动了晶体学、原子物理学、光学等物理学研究机构和实验室的建立。这一时期成立的两个重要的研究机构，中央研究院和北平研究院分别在物理所和镭学研究所中设立了X射线实验室。在高等教育方面，1922年，颜任光担任北京大学物理系主任期间，讲授三四年级的课程中就包含了放射学及X光线（包括离子、电子、阳射线、X光和放射学）的课程。

在中国X射线物理学学术谱系的发展过程中，逐渐形成特有的研究传统、研究范式甚至是社会声望，这些"烙印"也随着谱系的发展不断传承。早期X射线中逐渐形成的学术谱系，形成了X射线衍射研究学术谱系"胡刚复—吴有训—陆学善—唐有祺—范海福"的链式结构，对X射线晶体学研究随着链式结构的发展不断深入。这个链式结构的特点是持续地关注某一个领域，如晶体学领域，通过五代人的深耕，逐渐取得了一系列的重要成就。在谱系发展的过程中，研究的范式也在通过谱系不断地传承。在晶体学研究中，X射线衍射是一种重要的研究方法和工具。在X射线出现之前，晶体学的研究一直处在描述和总结阶段，难以深入到物质结构的层面讨论晶体的问题。但是X射线的发现打开了晶体研究的大门，因此有很多研究X射线的学者逐渐成为晶体放射学的带头人。

社会声望也在谱系中得到了延续和发展。通过分析院士的评选，若谱系上游的科学家能够获得良好的社会声望当选院士，那么下游科学家获得类似社会声望的机会更大。例如，吴有训在中华人民共和国成立后担任中国科学院的副院长，并在1955年当选学部委员，他的多位学生周同庆、陆学善和余瑞璜也紧随其后当选学部委员，看似偶然背后也会有社会声望传承的意义。中国X射线物理学的研究从无到有，从单一关注X射线本身到逐渐扩展到

X射线的应用、晶体学和原子物理学等领域，在几十年精神的传承上，形成了一种具有中国特色的科学精神：在科研条件差的环境下自力更生开展研究，努力拼搏、百折不挠。

第四节　放射学知识在近代中学物理教科书中的呈现

放射学是研究放射能和放射性物质的性质及其应用的一门科学[①]，其起源最早可以追溯到真空放电现象和阴极射线的研究，一系列重要的科学发现推动放射学孕育和发展。1895年，德国物理学家伦琴发现X射线，吸引很多重要的物理实验室转向X射线研究，开启了一个激动人心的发现时代，并将放射学的发展向前推进了一大步[②]。1896年，受到X射线发现启发的法国物理学家贝克勒尔本来希望通过荧光的产生机制，寻找产生X射线的新机制，但是由于巴黎糟糕的天气，阴错阳差地发现了天然放射现象，这对原子概念的变化影响极大[③]。一年多以后，贝克勒尔的工作引起了居里夫人的注意，她摆脱了荧光机制的束缚，通过对铀和钍化合物的研究，肯定了自发辐射就是元素原子的特征，并命名为放射性[④]（Radioactivity），奠定了放射学的知识基础[⑤]。1899年，卢瑟福根据射线的贯穿能力将其分为α和β射线。1900年，维拉尔（P. U. Villard）发现了不受磁场影响且贯穿能力更强的第三种射线，称之为γ射线。这一系列革命性的发现是从原子内部探索物质变化的

---

①《辞海》：放射学的内容包括放射物理学、放射化学、放射生物学，以及放射能在医学、工业及其他方面的应用等。临床医学中研究X线诊断和放射治疗的理论与技术，称为临床放射学。

② 广重彻. 物理学史[M]. 李醒民，译. 北京：求实出版社. 1988：400.

③ 劳厄. 物理学史[M]. 范岱年，戴念祖，译. 北京：商务印书馆. 1978.

④ 放射性：原子核自发地放射各种射线的现象。天然存在的放射性核素能自发放出射线的特性，称为“天然放射性”；而通过核反应人工制造出来的放射性核素的放射性，称为“人工放射性”。在工业、农业和医疗各个方面都有应用，但人类或其他生物受到过量的放射性辐照时，可能引起各种放射病或者烧伤等，必须注意防护。

⑤ 李艳平. 天然放射性的发现[J]. 大学物理，2001，20（5）：43-46.

第一个阶段，推动了整个物质科学的发展。因此，放射学被视为原子核物理和放射化学的先声[①]，为整个20世纪物理学、医学、生物学和化学的发展奠定了基础。

中国古代对于放射现象并没有科学系统的认识，只是在奇幻小说和文学作品中，表达了对于“穿墙透视”和“奇门遁甲”的幻想。真正的放射学是伴随着中国近代社会的大变革传入的，特别是当X射线的发现传入中国以后，放射学作为一项新奇的事物和实现医疗诊断的重要途径而被广泛介绍。1898年，登州文会馆出版的《光学揭要》首次介绍了阴极射线管和X射线的发现。次年，由江南制造局出版的《通物电光》，是第一本X射线的中文译著，详述了X射线的发现、特性和应用[②]。在1902年居里夫人成功提取镭后，1903年10月，鲁迅就在《浙江潮》发表了文章《说鈤》，这也是中国最早传播镭的文章。与晚清时期的其他知识相比，以X射线和镭为代表的放射学知识在中国的传播显得非常及时[③]。

目前学界对于近代中学教科书的历史研究越来越多，并将其视为近代科学传播的重要手段[④⑤⑥]。20世纪初，放射学知识传入中国不久就被写入了中学教科书，而中学教科书作为一种传播媒介，相对于大众报刊和实践应用有着更高的科学性和普及率。基于前人对物理学在近代中国传播的研究，本文主要以中学物理教科书作为“媒介”，探讨作为“新知识”的放射学是如何进入中学体系并进行传播的。

---

① 宋佰谦. 从铀放射性发现到同位素的发现（1896—1913）：为纪念α射线和β射线发现100周年而作[J]. 自然杂志，1998（3）：170-176.

② 李迪，徐义保. 第一本中译X射线著作：《通物电光》[J]. 科学技术哲学研究，2002，19（3）：76-80.

③ 戴念祖. 中国科学技术史·物理学卷[M]. 北京：科学出版社，2001：561.

④ 付雷. 现代遗传学知识在近代中国的传播：中学生物教科书的视角[J]. 中国科技史杂志，2014，35（2）：147-157.

⑤ 赵长林. 明清西方物理学知识的传播和晚清物理教科书的发展[J]. 课程教学研究，2017（6）：35-39.

⑥ 齐旭. 近代教科书中的进化论叙述[D]. 南京：南京大学，2011.

一、物理课程标准中的要求

1902年，清政府颁布《钦定学堂章程》，但未及施行。次年颁布《奏定学堂章程》，成为第一个在全国施行的法定学制，称为“癸卯学制”。物理学以法定的形式列入大、中学教学科目中，标志着中国近代物理教育的正式诞生[①]。物理学被纳入中学教学体系后，教科书的编写和管理就成了一个重要的问题。在晚清和民国时期，中学物理教科书的来源包括：经英美传教士口述、中国学者笔译的西方教科书，以留日学生为主汉译的日本教科书，中国学者独立编写的教科书[②]。从教科书的编审制度上，虽然清末民初时期历经政权更迭和机构变动，但主要以审定制为主，出版机构和编者掌握一定的自主权。民国中后期，中华民国教育部强化了对教科书的管制，大部分教科书的编写都参照了课程标准，主要以“国定制为主、辅以审定制”[③]。

晚清和民国早期的课程标准、纲要对于物理教学内容的规定还比较粗略，如《奏定中学堂章程》只是简单说明，“物理当先讲总纲，次级力学、音学、热学、光学、电磁气”[④]，并不知其是否要求讲授放射学有关的知识。而当时放射学正处于发现和形成阶段，知识基础还不完备，因此相应的知识只是零星的在中学物理教科书中有所体现。

1922年，北洋政府颁行“壬戌学制”，建立“六三三制”，将中学分为初级中学和高级中学两段，各三年。次年，中华民国教育部公布了三份物理课程纲要，其中由胡刚复起草的《初级中学自然课程纲要》和任鸿隽[⑤]起草的《高级中学公共必修的科学概论课程纲要》主要是从目的、内容和方法方面介绍

① 骆炳贤. 中国物理学史大系：物理教育史[M]. 长沙：湖南教育出版社，2001：82.

② 刘志学，陈云奔，张磊. 晚清时期中学物理教科书发展及其特点[J]. 物理教学，2017，39(8)：73-78.

③ 王昌善. 我国近代中小学教科书编审制度研究[D]. 长沙：湖南师范大学，2011：88，103.

④ 课程教材研究所. 20世纪中国中小学课程标准·教学大纲汇编：物理卷[M]. 北京：人民教育出版社，2001：1.

⑤ 任鸿隽(1886—1961)，获得哥伦比亚大学硕士学位，中国科学社发起人之一，曾任中华民国教育部专门教育司司长，中央大学副校长、四川大学校长、中央研究院化学研究所所长。

了课程要求，并没有涉及具体纲目。但薛天游[①]起草的《高级中学第二组必修的物理学课程纲要》列出了具体纲目，并要求讲授“无形之放射稀空气中之放电，X光，阴极射线”[②]。这是在课程标准中首次提到放射学的相关内容。

1927年，南京国民政府成立后，中华民国教育部将“三民主义”确定为教育宗旨，并对中学课程标准进行了修订。1929年，中华民国教育部颁布各科暂行课程标准，其中《初级中学理化暂行课程标准》提到“以常识为中心”介绍“X光线”[③]；《高级中学普通科物理暂行课程标准》要求讲授“阴极光线和X光线，质射电象，电子学说”，并在实验部分增加了阴极光线和X光线的观察[④]。经本人考证，此处的“质射电象”就是放射性的意思[⑤]，这是在课程标准中首次提到“放射性”的概念。

1932年，中华民国教育部颁布的正式课程标准中，初中物理已经不再要求讲授X射线的知识，高中物理则进一步明确将“真空管中放电，阴极射线及电子，X射线，放射性”作为讲授内容[⑥]。可能是由于中学实验条件的限制，放射学的实验观察被取消。但值得注意的是，从此次标准开始，X射线和放射性的名称已经得到统一，并沿用至今。1936年，《高级中学物理课程标准》将“放射性”扩展为“放射质[⑦]及其射线”[⑧]，增加了现代物理学的内容。

---

① 薛天游（1897—1975），薛凤昌之侄，早年毕业于南京高等师范数理科，任中学数学教师多年。

② 课程教材研究所. 20世纪中国中小学课程标准·教学大纲汇编：物理卷[M]. 北京：人民教育出版社，2001：10.

③ 课程教材研究所. 20世纪中国中小学课程标准·教学大纲汇编：物理卷[M]. 北京：人民教育出版社，2001：18-19.

④ 课程教材研究所. 20世纪中国中小学课程标准·教学大纲汇编：物理卷[M]. 北京：人民教育出版社，2001：25，27.

⑤ 经过本人考证，“质射电象”应是“放射性”在汉语中的早期意译名，原因如下：首先，对比1929年和1932年正式课标的版本，此处应该对应的是放射性，而其实在1929年乃至更早的时候，有关放射的理论和实验已经相当完备；其次，参考一篇1936年发表在《时事类编》的文章《综合质射元素与原子之机构》，此文章为潘公修翻译的居里夫人曾发表的文章，“质射”即为“放射性”之意。

⑥ 课程教材研究所. 20世纪中国中小学课程标准·教学大纲汇编：物理卷[M]. 北京：人民教育出版社，2001：34-35.

⑦ 放射质为放射性物质之意，见《万有文库》（第二集七百种物理学概论1-4册）第9章第4节放射性，“具有放射性之物质，称之曰放射质（radioactive substance）”。

⑧ 课程教材研究所. 20世纪中国中小学课程标准·教学大纲汇编：物理卷[M]. 北京：人民教育出版社，2001：44.

1937年后，中华民国政府对教育政策进行调整，在“战时须作平时看”的基本精神下“适应抗战需要”。1941年，《修正高级中学物理课程标准》要求学生“略知物理学与其他自然科学及国防生产之关系”，放射学的知识与现实联系密切，基本获得保留。抗战结束后，社会环境发生了新变化，社会上关于减轻中学生负担的呼声不断，为了恢复正常的教学秩序，中华民国教育部于1947年再次修订课程标准。1948年，《修订高级中学物理课程标准》将放射学知识的要求精简为“真空放电，阴极射线及电子，X射线，光电管”①。不过该标准并没有来得及完全实施。

从晚清、民国时期颁布的历次中学课程标准看，放射学知识的教学重点限于高中阶段，初中阶段很少涉及；放射学知识内容主要包括真空放电、阴极射线、电子、X射线以及放射性等；放射学知识在历次课程标准的修改中不断丰富，多次受到社会变革的影响。从中可以看出，放射学知识在中学课程标准中的变迁，既受到现代物理学知识进步的影响，同时也和当时的政治变革、教育目标和社会发展息息相关。

二、清末民初时期，中学物理教科书中放射学知识的传入

20世纪初，中国开始大量翻译出版日本的物理教科书。1903年，清政府正式实行新的学制，地方学堂对教科书的需求进一步扩大。据统计，1900—1911年，自日本译介的物理学书籍有61种，其中57种为教科书②，其中大部分适用于中学或师范学校教育，远远超过同时期译介的欧美中学教科书。清末民初时期，除了部分采用英文原版教科书，中学使用的物理教科书主要有两类：一类是直接翻译的日本教科书，另一类是中国学者根据国外教科书译辑整理的自编教科书。这些教科书大部分都涉及一些与放射学相关的内容。

1903年，中国最早以“物理学”命名的教科书《物理学》③，在其“下

① 课程教材研究所. 20世纪中国中小学课程标准·教学大纲汇编：物理卷[M]. 北京：人民教育出版社，2001：67.

② 咏梅，冯立昇. 清末译自日文的物理学书籍考[J]. 自然辩证法通讯，2012，34(3)：44-49+126.

③ 该书由日本物理学家饭盛挺造编纂，藤田丰八翻译，翻译家王季烈润辞重编，于1900年（上、中篇）和1903年（下篇）由江南制造局出版。

编　卷三　电气下　第二章动电之功用”中以附录的形式介绍了阴极射线、X射线及其“回光闪色”[①]的性质。该书在日本作为东京大学医学部预科生和其他学校的教科书使用，对中国的物理学教科书的体例和术语影响很大[②]，不过该书不是专门为中学编写的教科书，对于中学生而言也难度偏大。当时国人直接翻译并获得官方审定广泛使用的有日本中村清二[③]的《近世物理学教科书》和本多光太郎、田中三四郎合著的《新撰物理学》；还有一些教科书是直接由日本学者以中文编写，由日本出版机构在华销售，后藤牧太[④]编著的《物理学课本》[⑤]和酒井佐保[⑥]的《汉译最新物理学教科书》[⑦]属于此类。《汉译最新物理学教科书》提到了放射的定义、放射作用、放射体、A线、B线、Y线及放射线的发光、化学、电气、热作用等，介绍了放出物和放射物的变化，这是国内中学物理教科书中首次较为全面地介绍当时的放射学知识。

国人自编的首部中学物理教科书是1902年由陈榥[⑧]编著、日本教科书译辑社出版的《物理易解》[⑨]。该书是陈榥根据其在东京小石川清华学校的物理讲义“辑西书东书而成”[⑩]，在日本出版后运回国内发行。这本教科书中提到了“火花和林达根试验”，介绍了X射线“寻常光线所不透光之物质亦能

① Fluorescence的意译，荧光之意。

② 咏梅. 中国第一本《物理学》内容研究[J]. 内蒙古师范大学学报（自然科学汉文版），2006（4）：499-503.

③ 中村清二，主要从事几何光学、晶体光学和地球物理研究，1892年帝国大学理科大学毕业，1903—1906年留学德国专攻光学、晶体学。中村清二十分重视物理学实验和教育。

④ 后藤牧太，日本物理学家、理科教育的先驱、东京高等师范学校教授，提倡通过实验教育改善理科教育。

⑤ 后藤牧太. 物理学课本[M]. 东京：东亚公司，1907.

⑥ 酒井佐保，日本教育家，1883年毕业于东京大学理学部物理科，曾担任茨城县第一中学校长，第六、三高中校长。酒井非常重视物理学新进展的介绍和编写，特地“将晚近发明著大之事项，网罗不遗，以供学堂教习及研究斯学者之参考，即第九章电气光学章及附录各章是也”，放射学的内容就被安排在附录的第一二章进行了较为细致的介绍。

⑦ 酒井佐保. 汉译最新物理学教科书[M]. 东京：合资会社富山房，1907.

⑧ 陈榥，字乐书，浙江义乌人，1898年官费留学东京帝国大学造兵科，编纂过《心理易解》《中等算术教科书》等，回国后曾督理上海制造局、任北京大学数理教授。

⑨ 王广超. 清末陈榥编著《物理易解》初步研究[J]. 中国科技史杂志，2013，34（1）：27-39.

⑩ 陈榥. 物理易解［M］. 东京：教科书译辑社，1902：例言.

透过之”的性质[①]。由于此书应时而生与新学制十分契合，先后八次出版，非常畅销，被后来的多本教科书作为参考书[②]。另外1906年伍光建编辑的《物理教科书电动学》[③]除了介绍到X射线还介绍了镭的知识，是当时介绍放射学比较全面的自编教科书。较早的自编教科书以多本教科书为基础，加入一些编者的理解，进行重新编写。如陈文编写的《中等教科新式物理学》，参考了日本中村清二所著《近世物理学教科书》、田中三四郎所著《物理学讲义》十多种书籍。该书于1907年首次由科学会编辑部出版发行，截止到1913年五月共发行了九版，是当时一本较为畅销的自编教科书。

无论是直接翻译还是译辑整理的教科书，知识的主要来源都是间接知识，而且多是参考的外文教科书。在早期自编的教科书中，留日学生陈文哲[④]编写的《普通应用物理教科书》从1904—1907年共五次订正再版，学部评价该书“算理未深者读之颇便，文笔亦明畅”[⑤]，并批准“应即作为中学堂教科书”[⑥]，成为当时为数不多被审定的中学物理教科书。辛亥革命后，中华民国教育部改革推行的“壬子癸丑学制”，对课程进行了一系列改革。1914年，数学家黄际遇[⑦]根据中华民国教育部定章编写的《中华中学物理学教科书》，是中华书局出版的一本重要教科书[⑧]。下面以这两本国人自编的教科书为例，分析教科书中放射学知识的来源（表5-3）。

---

① 陈榥. 物理易解［M］. 东京：教科书译辑社，1902：307-310.

② 王广超. 清末陈榥编著《物理易解》初步研究[J]. 中国科技史杂志，2013，34（1）：27-39.

③ 伍光建. 物理教科书电动学[M]. 上海：商务印书馆，1906.

④ 陈文哲，字象明，两湖书院毕业后，留学日本东京高等师范学校。

⑤ 学部审定中学教科书提要（续）［J］. 教育杂志，1909，1（2）：15.

⑥ 学部批准审定教科书目表[J]. 浙江教育官报，1908（3）：12.

⑦ 黄际遇（1886—1946），中国近代数学家，字任初，广东澄海人，早年受教于章百熙。后赴日本留学，入同盟会，1907年毕业于日本东京高等师范学校。1921年赴美国芝加哥大学留学获硕士学位。回国后任武昌高等师范学校教授、数理部主任、教务长，武昌师范大学代理校长，河南省立中山大学数学系主任，国立开封中山大学教务长、校长，山东大学理学院院长等。

⑧ 黄际遇. 中华中学物理学教科书[M]. 上海：中华书局，1914：编辑大意.

表5-3 《普通应用物理教科书》与《中华中学物理学教科书》的参考书目对比

教科书	参考书目
1904年，陈文哲 《普通应用物理教科书》	一、中国原译之部 《重学》艾约瑟口译，李善兰书述 《格致图说》傅兰雅译著 《物理易解》陈榥著 二、日本现著之部 《物理教科书》市川林太郎编 《近世物理教科书》中村清二著 《物理学》饭盛挺造纂译 《物理学新教科书》田丸卓郎著 《物理学讲义》田中三四郎著 《新撰物理学》[1]本多光太郎、田中三四郎合著
1914年，黄际遇 《中华中学物理学教科书》	《最近物理学教科书》中村清二著 《新撰物理学》本多光太郎、田中三四郎合著 《物理学》野田贞吉氏著 《物理学讲义》陈学郢编译

从表5-3可以看出，两本自编教科书参考的大部分都是日本书籍，这与两位作者都曾在日本留学有关。陈文哲曾留学日本东京高等师范学校，其间曾聆听过日本高等师范学校教师和田猪三郎讲授的物理学，《普通应用物理教科书》就是以此课程为基础编写的[2]。日本的经典教科书大都在参考书目之列，体现了日本对中国早期物理学教育的影响，其中有两本书是相同的。

1.《近世物理学教科书》，中村清二著，东京合资会社富山房发行

该书于1899年初版，1900年、1902年、1903年三次订正印刷[3]，1906年改版，1909年新订，1911年改用《最近物理学教科书》的新书名出版，截至

①《中华中学物理学教科书》中为《物理学》，经查应为《新撰物理学》。

② 陈文哲. 普通应用物理教科书[M]. 武昌：湖北昌明公司，1906：例言.

③ 中村清二. 改版最近物理学教科书［M］. 东京：富山房，1906：版权页.

1906年改版前印刷发行三十版，足见其在日本影响之大。1902年，中村清二将德国物理学家瓦尔堡（Warburg）的《实验物理学》译成日文。这两本书成了日本物理学发展的基础。1899年，《近世物理学教科书》介绍了放电现象、盖斯勒管、克鲁克兹管、X射线实验和荧光特征，将日本埼玉县捕获的两头蛇的X射线照片作为插图附在此节①，并为此画了一张摄影示意图，以说明X射线摄影的原理、操作和效果，增加了教科书的趣味性和真实性。X射线被伦琴发现后不久就被写入德国物理教科书，据序言“插图由德国华尔孛路俾氏实验物理书及罗谟米尔氏物理书者多”推测，中村清二借鉴了不少德国物理教科书（德国Warburg实验物理学书和Lommel物理书）的图片和内容，因此X射线能够在不到四年就写进日本教科书。相比之下，天然放射性（1896年）和镭的发现（1895年）稍晚于X射线，自然进入物理教科书的时间也更晚。直到1909年的新订《近世物理学教科书》才提到了放射性元素的发现，简单介绍了α、β、γ射线及性质②。该书在中国颇为流行，至少存在六个中译本③。

2.《新撰物理学》，本多光太郎、田中三四郎合著，东京内田老鹤圃发行

1901年，日本物理学家、金属学家本多光太郎④与田中三四郎合著的《新撰物理学》首次出版，此后又以《新式物理学教科书》《新撰物理学教科书》《最新物理学教科书》《新编物理学教科书》的名称多次修订再版⑤。该

---

① 中村清二. 改版最近物理学教科书［M］. 东京：富山房，1906：序言4.

② 中村清二. 新订最近物理学教科书［M］. 东京：富山房，1909：304.

③ 根据文章、数据库整理得到的六个中译本：1906年上海普及书局出版，余岩翻译的《近世物理学教科书》；1906年学部编译图书局出版，王季烈翻译的《近世物理学教科书》；1906年上海广智书局出版，林国光翻译的《中等教育物理学》；1907年上海商务印书馆出版，杜亚泉编译的《最新物理学教科书》；1907年上海商务印书馆出版，杜亚泉编译的《物理学新教科书》；1914年上海群益书社出版，蔡钟瀛翻译的《中村清二物理教科书》。

④ 本多光太郎致力于磁质伸缩和有关效应、化合物和元素的磁性研究、钢铁研究等，发明了KS磁钢。

⑤ 根据对上述五种教科书编写体例、章节安排、译名术语、实验插图等方面的比较，十余年该书多次修订再版更名但基本一脉相承。除《新撰物理学教科书》和《新编物理学教科书》外，其余三本都进行过多次修订再版。本多光太郎与田中三四郎合著的《新撰物理学》于1901年首次出版，1902年4月、1903年2月和6月进行了三次订正，共发行了七版。1905年，二人合著的《新式物理学教科书》首次出版，并于1905年、1906年、1907年、1910年四次订正，先后十四次出版。从1908年开始，本多光太郎与田中三四郎还出版过一本《最新物理学教科书》，并于1909年、1910年进行了订正，共计发行四版。除《新撰物理学教科书》外，四本书均由本多光太郎与田中三四郎合作完成。

书在东京书坊“销售岁以数万计”，曲卓新评价该书“为教科书之善本不俟赘言”[①]。1901—1911年，该书至少发行27版，与同一时期的《近世物理学教科书》的影响力不相上下。《新撰物理学》介绍了火花实验、盖斯勒管和X放散线实验，并提到X射线在医学中的应用[②]。较之《近世物理学教科书》，该书对放射学内容的介绍更为及时，1906年的《新撰物理学教科书》将放射学的内容自成一章，补充了电子学说的概念；1908年的《最新物理学教科书》介绍了居里夫妇发现镭及α、β、γ线等新的研究成果。该书至少出版有三个中译本[③]。

《普通应用物理教科书》介绍了火花实验、盖司来尔管、克尔格司管和X射线实验和性质[④]的介绍，据1909年学部介绍，该书“动电气学”的内容主要源自中村清二的《近世物理学教科书》[⑤]。但根据插图判断，该部分内容同时也参考了本多光太郎与田中三四郎合著的《新撰物理学》。而《中华中学物理学教科书》的放射学内容完全出自1911年中村清二的《最近物理学教科书》，主要相关内容和插图完全一致，介绍了电气火花、真空管、阴极线、X线、气体电离和放射体。

在1900年前后的一些英文教科书中，X射线也已经有所涉及，如美国司麻华大学教授乔治·何德赉（G.A. Hoadley）在1900年出版的《简明物理学教程，实验与应用》（*A Brief Course in General Physics, Experimental and Applied*）中就介绍到了X射线，并展示了爱迪生发明的便携式（The Fluoroscope）荧光镜，可以不用照相版就可以观察X射线的照射效果[⑥]。

---

① 本多光太郎，田中三四郎. 新撰物理学[M]. 丛琯珠，编译. 曲卓新，丛琦珠，阅校. 上海：商务印书馆，1906：序.

② 本多光太郎，田中三四郎. 新撰物理学[M]. 东京：内田老鹤圃，1901：209-300.

③ 三个中译本是丛琯珠译本，书名《新撰物理学》，1906年山东留学生监督处在日本出版；无锡译书公会毅民氏译本，书名《最新物理学教科书》，1907年上海科学书局出版；王季点译本，书名《新式物理学教科书》，1910年上海商务印书馆出版。

④ 陈文哲. 普通应用物理教科书[M]. 武昌：湖北昌明公司，1906：335-338.

⑤ 学部审定中学教科书提要（续）[J]. 教育杂志，1909，1（2）：15.

⑥ HOADLEY G A. A Brief Course in General Physics: Experimental and Applied [M]. American Book Company，1990：342-345.

1904年，谢洪赉将该书翻译成中文《最新中学教科书物理学》，成为20世纪初少有的直接翻译自西方的物理学教科书。

三、民国中后期中学物理教科书中放射学知识的发展

1912年中华民国成立后，逐步确立了“壬子癸丑学制”，其中四年制的中学教育以“造成健全国民”为宗旨，而物理学作为同时满足“实利主义”“普及常识”的重要课程在第三年开设。民国早期的中学物理教科书大部分都涉及放射学的内容，例如，1912年，由文明书局出版，余岩以《普通物理学讲义》为基础改编的《中学物理学教科书》；1913年，由商务印书馆出版，王兼善编写的《民国新教科书物理学》；1914年，由中华书局出版，黄际遇编辑，沈煦、陈纯校订的《中华中学物理学教科书》，或多或少均有所提及。相比之下，1913年，由商务印书馆出版，王季烈编写的《共和国教科书物理学》介绍得更为系统，在论及“感应电流”时，介绍了“X线”及其“盛发萤光”的性质。1924年第22版时，真空管、阴极线、X线、放射性物质、镭、放射线、崩坏（Disintegration）、镭射氯（Radium emanation）等相关放射学知识已被整合为“放射论”单独成章[①]。该书在民国初期使用广泛、颇具影响，中华民国教育部在审定该书时，做出了“词意通达，所取教材分量亦均不寡不多”的评价。

1922年，中华民国教育部颁布《学校系统改革案》，“壬戌学制”由此建立。新学制带有明显的美国印记，将中学三三分段，延长了学习年限，中学教育由“师日”向“仿美”转变[②]。在此背景下，为了引进、更新物理学教材，物理学家、教育学家周昌寿在上海商务印书馆编译所工作期间，与高铭翻译了密尔根[③]（R.A.Millikan）、盖尔[④]（H.G.Gale）合著的*Practical Physics*，

① 王季烈. 共和国教科书物理学[M]. 上海：商务印书馆，1924：171-179.

② 覃兵，胡蓉. 近代中华书局理科教科书文本研究[M]. 北京：光明日报出版社，2016：110-115.

③ Robert Andrews Millikan，现译作密立根，1868—1953，美国物理学家，1895年博士毕业于哥伦比亚大学，曾留学德国，后就职于芝加哥大学。因准确测量电子电荷和光电效应的研究，获得1923年诺贝尔物理学奖。

④ Henry Gordon Gale，盖尔，1874—1942，美国天体物理学家，1899年博士毕业于芝加哥大学，后就职于芝加哥大学和加州威尔逊山天文台。

即《密尔根盖尔实用物理学》。1920年在美国出版的*Practical Physics*实际是1906年出版的*First Course in Physics*的修订版。*First Course in Physics*出版不久就有数十所美国中学采用[①]，后来更是达到了“几乎无一美国中学不用此书”[②]的程度。1913年，该书由屠坤华[③]译成中文《汉译密尔根盖尔物理学》，在商务印书馆初版，十年间再版十余次，相当畅销[④]。一直到民国中期，由于缺少优质的物理教科书，很多中学就直接选用欧美的物理教科书，密尔根、盖尔的*Practical Physics*就被不少中学选用。张文昌在1930—1931年间针对广东、福建、浙江、江苏、山东、河北的30所高中进行调查，其中有14所使用周昌寿翻译的《密尔根盖尔实用物理学》，有11所采用*Practical Physics*的英文教材[⑤]。《密尔根盖尔实用物理学》中最后一章专论“不可见之辐射”，介绍了阴极线、X线及其性质、放射性的发现、镭，也提到了放射性物质的蜕变（Disintegration），还有一节提到了未来“原子之能以供应用”的设想，放射学知识的介绍更加生动全面[⑥]。该书与之前屠坤华译本相比更加规范，“固有名词或学名，皆改用今日惯用者，以便应用”，行文语言也更流畅。

1930—1931年，商务印书馆先后出版周昌寿编纂的上、下两册《新时代高中教科书物理学》。周昌寿希望通过提高学习程度，培养高中学生的实力，使之能与大学教育衔接，从而“造成自行研究之人材”[⑦]。故该书与《密尔根盖尔实用物理学》等教科书相比“程度略深，篇幅略大”，几乎每一部分都有所拓展，对真空放电、X射线性质、放射性的介绍更加详细，还补充了当时对X射线和放射性元素的最新研究，特别提到X线的晶体研究和示性X线，增加了对放射性元素系统和衰变规律等的介绍[⑧]。20世纪初，物理学发展日新

① 密尔根，盖尔．汉译密尔根盖尔物理学[M]．屠坤华，编译．上海：商务印书馆，1921：序．
② 密尔根，盖尔．密尔根盖尔实用物理学[M]．周昌寿，高铭，译．上海：商务印书馆，1924：序．
③ 屠坤华，安徽宣城人，曾留学美国攻读药学博士学位。
④ 密尔根，盖尔．密尔根盖尔实用物理学[M]．周昌寿，高铭，译．上海：商务印书馆．1924：序．
⑤ 张文昌．中学教本研究[J]．教育研究，1933，(41)：20，29-30．
⑥ 密尔根，盖尔．密尔根盖尔实用物理学[M]．周昌寿，高铭，译．上海：商务印书馆．1924：470-481．
⑦ 周昌寿．新时代高中教科书物理学（上册）[M]．上海：商务印书馆，1930：编辑大意．
⑧ 周昌寿．新时代高中教科书物理学（下册）[M]．上海：商务印书馆，1931．

月异，放射性、原子构造、相对论、量子论等重要理论纷纷提出。之所以将最新的知识编入教科书，周昌寿有自己的考虑："高中程度之学生，似亦应得知其概略。否则现势尚不明瞭，安能在此新领域中求得发展其天才之机会哉！"[①]紧跟物理学发展前沿，并将这些新知识以简明的语言融入教科书，是《新时代高中教科书物理学》最大的特点。1934年，商务印书馆推出的《复兴高级中学教科书物理学》，是根据1932年《高级中学物理课程标准》在《新时代高中教科书物理学》基础上删减修订而成，成为民国中后期使用频率较高的一本教科书[②]。

民国中期的经典高中物理教科书还有由波士顿Roxbury Latin学校教师N. H. Black[③]和哈佛大学教授H. N. Davis[④]合著的*Practical Physics*，副标题为"面向日常生活的基本定理和应用"，该书在1922年修订再版时将最后一章"电波：伦琴射线"（Electric Waves: Roentgen Rays）扩展为"电波：伦琴射线和放射性"（Electric Waves: Roentgen Rays and Radioactivity），增加对镭的提取、利用和能量的介绍，修订后的版本又称*New Practical Physics*[⑤]。1935年，国立北平师大附中理科丛刊社和商务印书馆先后出版*New Practical Physics*的中文译本，分别是薄善保、聂恒锐、高同恩等译的《新实用物理学》[⑥]和陈岳生译的《最新实用物理学》（上、下两册）。经查，两书的底本相同，除陈岳生从《密尔根盖尔实用物理学》中摘译补充了"原子之蜕变"一节外[⑦]，两书介绍的放射学内容完全一致。

① 周昌寿. 新时代高中教科书物理学（上册）[M]. 上海：商务印书馆，1930：编辑大意.

② 周昌寿. 复兴高级中学教科书物理学[M]. 上海：商务印书馆，1934.

③ Newton Henry Black，1874—1961，获得科学硕士学位，就职于波士顿Roxbury Latin学校。

④ Harvey Nathaniel Davis，1881—1952，美国哈佛大学物理学教授、工程师，1906年获得哈佛大学博士学位，曾担任美国机械工程师学会会长。

⑤ BLACK N H, DAVIS H N. Practical Physics[M]. New York：the Macmillan Company，1922：540-544.

⑥ BLACK N H, DAVIS H N.新实用物理学[M]. 薄善保，聂恒锐，高同恩，等译. 北平：国立北平师大附中理科丛刊社，1935.

⑦ BLACK N H, DAVIS H N. 最新实用物理学（下册）[M]. 陈岳生，译. 上海：商务印书馆，1935：724-726.

1931 年，蔡元培提出“国化教科书”的口号，呼吁将除外国文学外的教科书中国化，“各种科学都应该采用中国文做的教本”①。1933 年，一项对 109 所高级中学的调查显示，英文物理教科书占比达 70%，任鸿隽将原因归结为教师和学生在使用中对外文教科书产生的依赖和崇拜感，当然更主要的是中文教科书可选择的种类太少，质量难以满足需求②。而使用英文物理教科书的弊端也开始显现，沈星五曾将其弊端总结为：

> （1）使学物理者多感一层文字上之扞格；（2）各国学制不同，西文原书未必合于吾国之需要；（3）西文原本中解释一种学理之举例，均就其本国习知之事实为证，吾国不论学者，即教者亦未必尽能明了；（4）西文原书各具特点，采用一本，每偏废而未能俱学；（5）不知原名之译意也。③

夏佩白④感叹“自由独立之国家甘永没于文化落伍之域”⑤，没有合适的中文教科书应该被视为国耻。在科学团体、教育界和出版界广泛参与的“国化教科书运动”中，各出版机构结合大纲推出了一批自编高中物理教科书，包括 1932 年大东书局出版夏佩白编著的《普通物理学》、1934 年中华书局出版仲光然编写的《高中物理学》（上、下）、1934 年北平文化学社出版沈星五编写的《文化高中教科书高中物理》（上、下）等。《高中物理学》和《文化高中教科书高中物理》均将放射学的内容独立成章，不仅将 X 射线、放射性当作一种新发现进行科普，还对 X 射线的本质、放射机制、元素以及原子构造进行深入讲解，将放射学纳入现代物理的框架下进行理解。这些教科书大部分都按照课程标准编写并经过中华民国教育部的审定，较好地契合了课程标

① 蔡元培. 国化教科书问题 [N]. 申报，1931-04-27.

② 任鸿隽. 一个关于理科教科书的调查 [J]. 独立评论，1933（61）：5-10.

③ 沈星五. 文化高中教科书高中物理（上）[M]. 北平：文化学社，1934：自序.

④ 夏佩白，教育家，江苏镇江人，1911 年毕业于两江优级师范学堂数理科，曾任教于芜湖安徽公学、扬州第五师范学校、省立镇江中学，1946 年担任镇江师范学校校长。

⑤ 夏佩白. 普通物理学 [M]. 上海：大东书局，1932：自序.

准对于知识讲授的要求。1937年后，南京国民政府加强了对教科书的控制。1938年，中华民国教育部制定《战时各级教育实施方案》，推行“国定本”，加上抗战形势恶化，新出版的教科书种类急剧减少[①]。各书局销售的教科书多是以前积压的存货，只查到一本1941年北平教育总署编审会出版的《高中物理》。此后高中物理教科书基本都涉及放射学的知识，如张开圻的《新中国教科书高级中学物理学》[②]和严济慈的《中国科学教科书高中物理学》[③]，二者内容编排稍有不同，但是主要内容、术语表达十分类似。

尽管民国时期大多数课程标准没有规定初中物理学讲授与放射学相关的内容，但是作为现代物理的重要发现，大部分初中教科书都将X射线和放射性作为“常识”进行了介绍，只是不作为课程重点，由教师“依情形要需，斟酌取舍”[④]。如周昌寿在1923年出版的《现代初中教科书物理学》[⑤]中用两个小节介绍了真空放电和放射性，其之后编写的《新撰初级中学教科书物理学》概括了阴极射线和X射线的概念，讲述了放射性物质释放的三种射线，说明了放射现象与原子构造的关系[⑥]。不过在1932年课程标准颁布后，周昌寿根据新标准编写的《新标准初中教本物理学》[⑦]中只保留了真空放电和X射线，其他内容可能因为超出要求而被删去。此外，北新书局1934年出版了胡刚复和胡悫风合著的《初中物理学》，在“放射”一节中介绍了镭的放射和铀的衰变，并展望“若能利用原子中所储的能，当然造福于人类不浅”[⑧]；1944年出版的常伯华《新中国教科书初级中学物理学》只是提到了X射线和放射能，并没有展开论述[⑨]。

---

① 贺金林. 百年来我国中小学教科书供应体制的演变与启示[J]. 课程·教材·教法，2012，32(2)：69-75.

② 张开圻. 新中国教科书高级中学物理学[M]. 重庆：正中书局，1945.

③ 严济慈. 中国科学教科书高中物理学[M]. 上海：商务印书馆，1948.

④ 龚昂云. 龚氏初中物理学[M]. 上海：世界书局，1935：111.

⑤ 周昌寿. 现代初中教科书物理学[M]. 上海：商务印书馆，1923.

⑥ 周昌寿. 新撰初级中学教科书物理学[M]. 上海：商务印书馆，1926：170-178.

⑦ 周昌寿. 新标准初中教本物理学[M]. 上海：开明书店，1934.

⑧ 胡刚复，胡悫风. 初中物理学[M]. 上海：北新书局，1934：161-170.

⑨ 常伯华. 新中国教科书初级中学物理学（下册）[M]. 重庆：正中书局，1944：106-110.

四、中学物理教科书中的放射学名词

名词术语的对译是科技跨文化传播中的重要问题，随着放射学知识的传入和发展，许多相关的名词也被译介进来。作为近代中国最早的新语词词典，留日学生汪荣宝①、叶澜编撰的《新尔雅》收录解释了"阴极放射线""X光线"等放射学名词②。1908年，由王季烈主持、学部审定科编纂发行的《物理学语汇》是中国第一部汇集成书的物理学名词，其中也收录了部分放射学名词，将X-rays和Röntgen音译为"爱克司放射线"和"伦得根"③。1925年，科学名词审查会在《科学》杂志发表的《物理学名词审查组第一次审查本》④可能是最早比较完整介绍、审定放射学名词的文章。1932年，萨本栋编写的《物理学名词汇》⑤在此基础上进行了梳理修订，不过放射学的名词并没有完全统一。1934年，中华民国教育部核定后公布了由吴有训、周昌寿、何育杰、裘维裕、王守竞、严济慈、杨肇燫等7位委员审查过的《物理学名词》⑥，对放射学名词的翻译进行了系统梳理。

之后，科学名词审查会的底稿因时局变化略有散失，后经曹梁厦⑦修订成为1940年出版的《理化名词汇编》⑧。除上述著作外，对于放射学名词的传播和规范影响最大的就是物理教科书了。为了避免名词术语的混淆和误用，方便学生学习查阅，教科书的编辑者一般都会将英文名称在正文中标注，并将中西名词对照表附在书后。表5-4以时间为序列出了九本著作中部分代表性放射学名词的对比，通过对教科书放射学名词的考察，可以了解放射学知

① 汪荣宝，字衮甫，号太玄，江苏吴县人，清末留学日本毕业于早稻田大学，回国后任京师译学馆教习、协纂宪法大臣等，民国期间任比利时等国驻外公使。

② 汪荣宝，叶澜. 新尔雅[M]. 上海：文明书局，1906：129.

③ 学部审定科. 物理学语汇[M]. 上海：商务印书馆. 1908：23，29.

④ 科学名词审查会. 物理学名词审查组第一次审查本[J]. 科学，1925，9(12)：1580-1590.

⑤ 萨本栋. 物理学名词汇[M]. 中华教育文化基金会董事会编辑委员会，1932.

⑥ 国立编译馆. 物理学名词[M]. 上海：商务印书馆，1934.

⑦ 曹梁厦（1886—1957），原名曹惠群，宜兴周铁镇人，曾留学英国学习化学，获得伯明翰大学硕士学位，曾任大同大学校长。

⑧ 曹惠群. 理化名词汇编[M]. 上海：商文制版所，1940：理化名词汇编叙.

识的传播过程和学科建制化过程。

从表5-4可以看出，放射学知识在教科书中呈现的四十余年间，大部分译名都存在多种名称混用的现象，相关名词在很长的时间内都没有得到统一。有的译名相对容易统一，在使用中逐渐规范化，如镭、铀、放射性、克鲁克斯管等；有的译名则存在较大分歧，多种译名同时存在难分伯仲，如伦琴、X射线；有的译名虽然暂时获得统一，但还是与现今的写法存在差异，如放射质、衰变、荧光等。

在放射学名词的使用和规范化过程中，个体层面，既有科学家的参与，如胡刚复、吴有训、严济慈、黄际遇等；也有出版家、教育家的参与，如王季烈、周昌寿等。机构层面，既有中国物理学会、科学名词审查会等学术团体的努力，也有中华民国教育部官方层面的审定。在清末民初，教科书编辑者多根据名词的适用性和通行标准选择译名，受日本的影响比较大，各方的意见不同，即使是官方审定的版本，也并没有得到广泛的使用。到民国中后期，胡刚复、吴有训等从事X射线研究的学者回国后，将近代物理学研究引入中国，放射学研究才开始在中国起步。学术的本土化为放射学名词的统一创造了条件，吴有训、周昌寿、严济慈等早期学者参与审定的《物理学名词》推动了放射学译名的规范化。1934年之后的教科书多以此为依据，如《复兴高级中学教科书物理学》“使用各种名词，全系中国物理学会所决定者”。而且很多从事放射学研究、参与过名词审定的专家，如吴有训、周昌寿、严济慈等，也参与了当时教科书的编写，这无形当中促进了放射学知识在中学的传播。

以X射线为先导的放射学知识在19世纪末传入中国，很快就进入中学物理教科书，被纳入中学教育体系。早期中学物理教科书中的放射学知识主要从欧洲经过日本间接传入，后来美国教科书的影响逐渐增加。教科书中的相关名词在不断变化中趋向统一。放射学知识的广泛传播凭借的是本土科学家的成长以及X射线应用和研究在中国的兴起和发展。

表 5-4　　部分放射学名词的演变

英文	现用名	中华中学物理学教科书（黄际遇，1914）	汉译密尔根盖尔物理学（屠坤华，1921）	共和国教科书物理学（王季烈，周昌寿修订，1924）	科学（科学名词审查会，1925）	物理学名词（中华民国教育部，1934）	复兴高级中学教科书物理学（周昌寿，1934）	新实用物理学（薄善保等，1935）	新中国教科书高级中学物理学（张开圻，1945）	中国科学教科书（严济慈，1948）
X-rays	X 射线	X 线	爱克司放射线	X 线	X 射线	X 射线	X 射线	X 线	X 射线	X 射线、X 光
Röntgen	伦琴	朗根	朗根	乐琴	伦得根	伦琴	乐琴	乐琴	伦琴	伦琴
Geissler's Tube	盖斯勒管	盖司来尔管	盖司拉管	盖斯拉管	—	盖斯勒管	该斯勒管	盖斯莱氏管	盖斯勒管	—
Crooke's tube	克鲁克斯管	克路克司管	克路克司管	—	克罗克司稀气管	克鲁克斯氏管	克鲁克斯管	—	克鲁克斯管	—
Cathode ray	阴极射线	阴极线	阴极光线	阴极线	阳归线、阴极射线	阴极射线	阴极射线	阴极线	阴极射线	阴极射线
Fluorescence	荧光	萤光	萤光	萤光	萤光	萤光	萤光	萤光	萤光	荧光
Uranium	铀	铀	铀	铀	铀	铀	铀	铀	铀	铀
Radium	镭	銧	銧	镭	镭	镭	镭	镭	镭	镭
Curie	居里	—	居礼	—	居里	居里	居利	居礼	居里	居礼
Radioactivity	放射性	—	射光性	放射能	质射	放射现象；放射学；放射性	放射性	放射性	放射现象；放射性	放射性
Radioactive substance	放射性物质	—	射光质	放射性物质	质射物	放射质	放射质	放射物质	放射质	放射质
α/β/γ ray	α/β/γ 射线	α/β/γ 线	亚弗、比得、干埋光线	α/β/γ 线	α/β/γ 射线	α/β/γ 射线	α/β/γ 射线	α/β/γ 线	α/β/γ 射线	α/β/γ 射线
Disintegration	衰变	—	解散	崩坏	—	蜕变	蜕变	蜕变	蜕变	蜕变

第五节　本章小结

一、X射线物理学的建制化

X射线的研究被视作中国现代物理学研究的肇始，X射线的先行者们开启了X射线研究的中国化，而先行者们的本土化研究不仅促进了X射线物理学在中国的建制化过程，还加速了现代物理学知识在中国的传播、消化和吸收，加快了中国现代物理学的建制化进程。从X射线物理学的建制化进程来看，X射线物理学研究在中国的建制化遵循着“学人—机构—学科—谱系”的路径。

学人方面，在X射线传入中国的一百多年时间中，以第一、二代物理学奠基人为开拓，第三代专业X射线物理学家为引领，第四代归国X射线物理学家为基础，第五代本土物理学家为主干，形成了中国X射线物理学研究的学术谱系。本章节通过绘制中国近现代X射线研究的学术谱系，阐述几代科学家围绕现代物理学在中国的建制化进程中作出的相应的学术贡献和努力。X射线研究之所以会成为中国物理学研究的先声，是因为中国最早的一批物理学家大都有研究X射线的经历。其中的原因有三个方面，一是因为X射线的研究在当时是一个重要且前沿的物理学研究问题，吸引了很多物理学家和年轻学生参与其中；二是X射线发现早期，X射线研究更侧重于技术发现的层面，具备一定的理论与实验基础就可以从事X射线研究；三是X射线逐渐成为物理学研究的一种方法与工具，借助X射线可以辅助不同领域的物理学研究。因此，在20世纪早期，X射线物理学的奠基人们在国外留学时涉及X射线研究，回国后从事X射线研究引介与人才培养工作。从第三代开始，X射线既作为一种研究对象，又作为一种研究工具，通过X射线物理学谱系，对我国X射线物理学以及整个现代物理学的研究都产生了影响。这种影响的根源，主要聚焦在前三代X射线物理学家身上，比如，叶企孙、胡刚复、严济慈和吴有训，整个中国现代物理学家都与其产生了关联。从第四代

X射线物理学家开始，在物理学培养上体现了承上启下的作用，即在国内有前三代X射线物理学家的指导，在国外师从国际物理学家。而从第四代X射线物理学家的科研成果来看，其与前三代对比既有相同又有不同。相同点在于，前四代X射线物理学家在留学时大都做出了一流的研究成果；其不同点在于，前三代X射线物理学家们回国后因科研条件的限制而把重心放在物理学教育与人才培养上。第四代X射线物理学家立足国内的艰苦条件与动乱的时局，在国内依然从事着X射线相关的研究。到了第五代X射线物理学家这里，X射线的建制作用已经凸显，基于本土的X射线物理学培养能力已经具备，X射线学科方向也已经细分在各个机构的实验室里。至此，以学人为节点的X射线谱系已经成熟。

研究机构方面，在20世纪早期主要是中国科学社对X射线进行译介，其次是各大报纸对X射线这种新鲜事物的猎奇和科普性质的介绍。随着第三代X射线学人回国之后，以及其他科学研究领域的留学生的回国，正规的科研机构逐渐建立，主要是中央研究院和北平研究院。研究院下设的各个研究所与研究室，为科学家的发展提供了研究岗位以及经费支持，使得他们学有所用，不断地解决一些实际问题，这在一定程度上促进了X射线研究人员与机构的建制化过程。无论是中央研究院还是北平研究院，以学人为节点的谱系网络都促进了X射线物理学的引入、传播、研究与人才培养，以机构为依托的物理学建制则为X射线物理学家提供了安身立命、科学研究、解决实际问题与人才培养的场所。而在X射线领域，受时局影响，两所研究院的联系充分体现在学人的流动上。比如，先前在中央研究院的X射线物理学家后来流动到北平的各个大学以及北平研究院，后来又统一划归到中国科学院中。在中国科学院，下设有X射线研究室，成立的有X射线相关委员会，X射线研究得以扩大并细分为不同的研究方向，如晶体学、金属学、放射学等。因此，在X射线机构方面，X射线三大机构对X射线的引入、传播、发展可看作中国科学研究中自上而下的科学传播，其主要发展将促成X射线知识理论转化为技术成果，在医疗卫生、工业生产、农业发展、安全保障等方面发挥重要作用。同时早期的科学研究还推动科学知识的传播、扩散，促成我国科学知识的储备，完善科学知识体系，进一步提高国民的科学素养、推动我国科学研究的发展。

谱系方面，通过上述对X射线相关物理学家和研究机构的分析与总结，X射线物理学的学术谱系与建制化过程已经完成。从谱系所展现出来的代际关系来看，主要有导师－学生关系、指导－辅助关系、开拓－继承关系。而对X射线学术谱系的形成、演化、传统、精神气质的分析，可以进一步梳理X射线物理学在中国的传播和发展，以科学发展和学术共同体演化的新视角重新审视中国现代物理学的建制化，同时推动中国科学家学术谱系和科学精神传承的研究。

在世纪之交物理学革命发生时，中国对日本教育制度的学习及对日本科学教科书的译介加速了中国近代科学知识体系的构建。尽管当时X射线才被发现不久，放射学的知识基础也刚刚建立起来，但20世纪初的一些日本物理教科书已经开始涉及放射学的内容。而通过对日本教科书的编译，放射物理学也开始进入中国的教育体系。早期的自编教科书多以日本教科书为基础，或直接翻译或进行改编，相关放射学的内容也多来自日本，较少有自创或者改进的内容。

伴随着在海外学习物理学的留学生回国，比较系统完备的放射学知识直到民国中后期才被介绍进来。19世纪初，胡刚复、叶企孙、严济慈、吴有训等在海外学习物理学的留学生学成回国后，国内开始有了自己的放射学课程和研究，并影响了中学的课程标准、教科书和名词规范。与其他知识先后进入大学和中学的传播路径不同，早期放射学相关的教学和科研在大学及研究机构展开的同时，放射学的知识开始进入中学教学体系。但是相对于高等教育，中学教育的普及率高、受众面广，因此放射学知识在中学的传播显得影响更为深远。通过考察放射学知识在中学物理教科书中的呈现，可以从侧面了解现代物理学知识在中国的传播及其特点。

通过X射线学术谱系的形成和X射线的常识建构，科技的跨文化传播完成了“再创造”和“再传播”的过程。“再创造”指X射线知识的传入在已经建制化的科学研究中，重新开辟了一个以X射线为研究对象的新领域，在这个领域中各种组织通过一定关系联系起来，从事社会化的科学研究活动。“再传播”指西方科技作为一种舶来品，已经被社会所接收，并且写入教科书成为一种社会常识供大众参考学习。“再创造”和“再传播”的过程标志着科技跨文化的传播过程已经基本完成，接收方根据自己的文化和背景在西方科学技术的基础上已经能够创造新的知识，并将这种知识可持续地传递下去。

二、社会响应的积极性与不足之处

X射线的引入、传播与应用既与常识观念的转变及技术应用的实践背景相关，也同中国早期科学研究机构的兴起、发展息息相关。正是在以研究机构为主体的科学建制下，物理学家们的科学研究与知识传播才成为可能，X射线及其相关知识理论才逐渐被中国早期的科学工作者及科学之外的大众所熟知。同时，研究机构通过可靠、全面的科学实验，将X射线的技术产物投入使用，由此推动了中国近代科技的进步，更促进了中国工农业、医疗卫生的发展。

回顾纵向发展脉络，经过中国20世纪早期中国科学社、中央研究院和北平研究院三大机构的引入和传播，X射线及其相关理论知识、测量仪器在科学研究中起到了重要作用，为我国科学研究事业提供了有效保证。同时，三大科学机构经过长时间对X射线的科学研究，也促成将X射线的研究理论转化为其在民用工业、军用工业，以及医疗卫生领域的应用。

通过比较横向发展领域，不难发现，三大机构对X射线的研究侧重有所不同。中国科学社是第一个通过《科学》杂志引入并详细介绍X射线、镭及其相应理论的机构；中央研究院主要通过X射线来检验各种质料的各种物理性质、分析晶体构造及对软X射线波长的测定；北平研究院注重以X射线研究物质的构造，其对于合金的构造与性质，为重工业发展奠定理论基础。同时因其设立镭学研究所缘故，其主要研究方向为压力对于X射线照相感光度的影响、X射线反射照相器、用X射线研究反常色散节围内的原子散射常数等。虽然三个机构在X射线引入、传播、发展所做的研究工作侧重不同，但都能体现三个机构对X射线研究的重视。

受战时影响，三大机构从战时到战后复员都经过了一段空档期，此时对X射线的研究基本处于停滞状态。虽在复员后期，各研究机构均希望重新开启研究工作，但因主要设备在战时损毁，故未开展后期的研究工作，这对我国20世纪中前期的X射线研究工作造成了消极影响。

在复员后，国内百业待兴。虽然X射线在医疗方面得到了积极的应用，但各个研究机构在研究经费短缺、设备条件落后等不利条件下也难以及时开展对X射线国际前沿问题的研究，从而对医疗卫生及其他工业无法提出新颖、全面的有关X射线的知识理论，不利于X射线在其他行业的发展与应用。

第六章

科技跨文化传播的机制、过程与影响

第一节　科技跨文化传播理论与实践的审视

一、科技跨文化传播分析框架的审视

整个科技的跨文化传播过程是一个立体、多次的动态传播过程，在社会各阶层的主体展开交流、接受与传承，并在传播客体的反馈与回应下反复传播，最终促使科学、技术及相关知识在另一种文化形态中得到良性传播与发展。

通过对X射线知识在中国传播的案例分析，检验了本研究建立的基于“互动—融合”科技跨文化传播分析框架。分析框架从观念、实践和响应三个维度出发，对科技跨文化传播的过程与机制进行探索。三个层次之间并不是截然对立的关系，而是相互交织在一起的三条线索。

观念层代表社会层面的知识传播，既包括以社会期刊为代表的大众传播，又包括以专业期刊为代表的学术传播。名词对译是观念层面互动的集中体现。观念的互动大致经历了三个步骤：首先是新知识的传入，这种新的知识在跨文化的背景下是一种全新的事物；其次是新旧知识之间的互相对译，从各自的角度出发，试图用已有的概念去解释全新的事物；最后达到一种文明

会通的状态。观念的互动实质是“文明域”的扩大，从而在理解和认识层面得以中西会通。

实践层代表科技跨文化传播中知识在新环境中的应用。赛义德提出的“理论旅行”包含了更多的情景因素，理论在经过一定距离的旅行之后，最根本的变化是情景的变化①。科技从一种文化跨越到另一种文化的传播过程，是在另一种时间、空间和历史维度的情景下的整合过程。科技在新情景下的接纳、抵抗或回应就体现在实践层的变化之中。一项新技术在跨文化传播过程中，需要与大众在技术认识、有效性和用户体验等方面进行互动，技术的扩散受到政治、经济、工业要素的影响，科学技术的实践活动不能与社会文化割裂开来。最开始X光机技术在中国的传播动机主要是为了满足大众的好奇心，同时受到经济和技术条件的限制；之后X光机技术逐渐引入医院成为一项重要的诊断技术，主要是为了满足医院诊疗的需要；然后专业医生的培养带动放射科室的建立，规范化的放射诊断促进了X光机的广泛应用；防痨运动的发起加速了X光机的推广，并以“防痨神器”的形象出现在体检和痨病康复医院中。

响应层代表科技跨文化传播中的“再创造”与“再传播”，结果是本地科学的形成和可持续传播，是科技在跨文化领域深度融合的结果。伴随的是地方科学共同体的形成和科学技术建制化的实现，并将传入的科学技术建构为新的社会常识写入教科书，科学技术从此实现了从一种文化领域到另一种文化领域的“复制”。不仅仅局限于本研究的案例，在近代传真技术在中国的传播中，也有类似的过程和规律。王沛认为20世纪初传真技术在中国的传播是一个主动择优引进的过程，政府部门的引导和管理发挥了重要的作用，技术引进后，相关课程出现在高等学校的电信工程教育中，形成了第一批本土化的电信专业人才，促进了中国电信业走向真正的独立②。

① 靳义增. 跨文明文学理论的异质性与变异性研究[M]. 武汉：华中科技大学出版社，2016.

② 王沛. 传真技术的引入与在华传播[D]. 西安：西北大学，2017.

二、探索普遍性和地方性的关系：X射线科技在中国传播实践的分析

STS围绕科技的跨文化传播探讨了普遍性和地方性的关系问题，实证主义模型强调的是科学技术的客观性和普遍性，将科技的跨文化传播看成是一个“单向、线性、同质化”的扩张。而后殖民主义科学观强调科学技术的地方性和差异性，将科学技术看成是一种地方性文化综合作用的产物。近年来兴起的后殖民技科学则试图在二者之间找到一种平衡，强调的是科学的地方性和全球化的辩证关系，科技的跨文化传播实际是一个科学、技术与文化互动的过程，在互动过程中科技在改造文化，文化也在改造科技。

在观念的互动方面，通过对X射线知识跨文化传播的媒介与译名分析，发现受到东西方文化差异的影响，科学技术在传播时会对传播对象的观念和认识产生影响。在概念的对译中，看似简单的翻译，掺杂了接受者文化解读上的差异，翻译的不断演化、发展过程，也是不断接受西方科学技术的过程。随着了解的深入，翻译也逐渐接近原有的含义，体现了跨文化传播中科学的普遍性。“X射线”一词被确定为X-ray的标准译名，ray翻译为射线，体现了接受者对于科学认识的本土化建构，即通过概念的对译实现了跨文化的传播，但是X作为一个西文字母获得了保留，体现了科学发展的普遍性。时至今日仍然存在着“X射线”“X线”“X光”等多种译名并存的情况，这又预示着科技的本土化和跨文化传播过程并未彻底结束，更可能是个不断深化和向纵深扩展的无止境的前沿。因此，科技的跨文化传播是多次的、长期的，更是反复的，应该在研究过程中不断深化其过程与结构。

在实践的体验方面，通过追溯X射线知识应用——X光机在中国的发展过程，剖析其传入、接受、应用和推广四个过程的演进。X光机的接受除了得益于大众的猎奇、传教士引进、医院的使用外，还得益于20世纪30年代社会发起的防痨运动在技术推广中的影响。20世纪20年代之后，X光机逐渐在城市医院使用，这使得大众有机会直观地认识新传入的技术，并从观念的相似性、诊断的直观体验和技术的有效性三个维度逐渐接受X射线技术。传统文化和照相技术的相似性帮助大众更容易理解X光机的功能，体现了地方性对

于技术接受的影响。西医采用X光机检查身体之后，X光机的有效性也成为中西医争论的焦点，双方各执己见。X光机技术的接受过程，体现了以传统文化和传统中医为代表的地方性，和以科学文化与现代西医为代表的普遍性在传播过程相遇之后，二者的互动、形塑与融合过程。20世纪30年代，在肺结核的诊疗过程中，以X光机为代表的西医技术因诊断上的科学性，将社会观念中如何"治愈"肺结核转变为如何"防治"肺结核，官方组织在社会层面发动的"防痨运动"更是在学校、工厂等地区大范围地推广了X光机技术的应用，体现了地方性对于普遍性的促进作用。

在社会的响应方面，X射线传入中国的一百多年时间中，以第一、二代物理学奠基人为开拓，第三代专业X射线物理学家为引领，第四代归国X射线物理学家为基础，第五代本土物理学家为主干，形成了中国X射线物理学研究的学术谱系。X射线学术谱系的形成可以视作科学技术普遍性在新环境中的重新建立，使得科学技术完成了从一个文化主体到另一个文化主体的传播。通过X射线学术谱系的形成和X射线的常识建构，科技的跨文化传播完成了"再创造"和"再传播"的过程。"再创造"指X射线知识的传入在已经建制化的科学研究中，重新开辟了一个以X射线为研究对象的新领域，在这个领域中各种组织通过一定关系联系起来，从事社会化的科学研究活动。"再传播"指西方科技作为一种舶来品，已经被社会接收，并且写入教科书成为一种社会常识供大众参考学习。"再创造"和"再传播"的过程标志着科技跨文化的传播过程已经基本完成，接收方根据自己的文化和背景在西方科学技术的基础上已经能够创造新的知识，并将这种知识可持续地传递下去，而在这个过程中，留学、翻译等知识活动搭建了体现普遍性和地方性互动的桥梁。

通过三个维度的分析，发现科技跨文化传播实际上是知识普遍性与地方性的互动过程。西方科技的跨文化传播过程不是一个独立于社会和文化的系统，普遍性和地方性在科技跨文化的交流中并不是对立的关系，而是一个彼此互动的关系，普遍性和地方性相互作用、相互影响，共同促进了科学技术在新环境中发展。科学技术既是社会的重要组成部分，又在整个社会环境和氛围中存在和发展，文化、政治、教育等社会的因素会潜移默化地影响科学技术的发展[①]。近代科学之所以诞生于欧洲，从社会文化因素上是由于文艺复兴为自然科学的诞生提供了必要的文化基础。文艺复兴倡导以人为中心的价值观念和行为规范，主张人的奋斗和竞争实现人的价值和解放，人文主义文化和新教伦理促进了资本主义经济的发展，同时促进了科学技术的进步。西方科技在中国的跨文化传播，也受到中国社会文化因素的影响，体现在观念建立、名词对译、技术接受等各个阶段，同时传入的西方科技也在改变着社会对于科学发现、疾病诊断等的原有认识。

理论的建立虽然是基于个案，但是可以进行普适性的分析，未来能够作为科技跨文化传播的一种分析视角应用于其他跨文化科技传播的讨论中。同样可以从观念层、实践层和响应层三个方面对普遍性和地方性的关系进行分析，获得更多的经验材料和补充，并进一步完善分析框架。

第二节　“冲撞—镶嵌—再造”：理解科技跨文化传播过程

在科技跨文化传播过程中，全新的科技知识能否被社会所接收或适应，取决于社会是否有足够的承受能力接纳新的知识和文化，能否通过冲突和融合完成知识的本土化过程。无论是科学知识还是技术知识，在与社会互动的过程中都不同程度地受到了中国社会的调试，从而产生一些新的概念和理解，这种“地方性”知识亦可看作一种创新。从时间跨度上看，虽然科技与社会互动融合的过程可能曲折而漫长，但是通过科技与社会的互动，显示了社会对科技发展的重要作用。通过对X射线知识在中国进行跨文化传播的考察，本研究提炼了科技跨文化传播过程，总结为冲撞、镶嵌和再造三个阶段。

一、“冲撞”：西方科技与东方文化的相遇

冲撞的本意是两种力量的不和谐与相互撞击，在科技的跨文化传播过程

① 谢中起，万长松. 自然辩证法概论[M]. 北京：国防工业出版社，2009：231.

中，西方科技与本地文化相互作用会带来文明之间的冲突。亨廷顿认为，“国际冲突的根源将主要是文明，而不是意识形态和经济”。文化之间的不同也会带来科技跨文化传播的障碍和阻力，相互冲撞不可避免。这种差异性包括语言的差异、认识的差异、原有的地方性知识的阻碍，最终达到借鉴吸收的结果，虽然科学技术是一个新鲜的事物，但是最终也会被本地文化所接收或者拒斥。以X射线为例，在认识层面，从“猎奇”式的报道到客观的认识，从盲目的追捧到危害性的认识，传入中国的新式技术经过与社会的互动之后，形成了相对真实客观的评价，整个过程是一个不断冲撞的过程。X射线诊断方法的传入也与传统中医的诊断方式相互冲撞，X光机的诞生使国人在认识西医的过程中更近了一步，给初识X光机的国人带来的冲击之大，以至于让中医的危机感进一步增加。此外，结合进化论的传播案例，近代生物学从来没有哪个知识像进化论一样与中国社会紧密地结合在一起，近代生物进化论在中国的传播引起了学者的广泛关注，在传入之初被异化为社会进化论，成为社会启蒙、开启民智的有力工具，并在社会上带来巨大反响。

二、“镶嵌”：东西方科技文化的融合发展

科学技术知识与地方文化冲撞的结果是达到一种“镶嵌”的共识，镶嵌是新旧文化、新旧知识、新旧应用之间相互包容和建构。在科学知识层面，X射线知识无论是科学发现还是技术发明都是在西方国家完成，相关的科学知识和技术应用通过不同的渠道和时间传入中国，新的科学技术在中国的社会中进行了长达数十年的激荡和融合，X射线的译名的变化历程反映了社会各界和组织在科学技术与社会的互动过程中扮演的不同的角色，其结果是基于科学文化和传统文化的融合提出的一个折中的方案——“X射线”。Ray的翻译“射线”体现了中国文化的影响，是在中国文化中寻找到的一种概念对译，而X作为一种西文字母，在翻译的过程中得到了保留，使之嵌入到了中国的观念和认识之中。

中西医围绕医用X光机争论的结果同样也体现了镶嵌的特点，X光机在日常的实践和使用中获得了中西医双方的认可。一方面，民国时期的中医也

开始接受并引进X光机用于辅助诊断；另一方面，在没有发现防痨的特效药之前，西医也尝试在与中医的互动中，吸收中医的治疗方法。中西医围绕X射线知识的多轮冲撞，使得中西医之间相互镶嵌，开始互相理解和会通。通过科技与社会的互动，中国在技术认识和技术使用上已经逐渐成熟并有所发展，中西的科技与文化呈现出一个“你中有我、我中有你”的“镶嵌”状态。

三、“再造”：西方科技在中国的自生长

科技的跨文化传播，实际是一个取长补短、在一个方向上取得“最大公约数”的过程。科技的传播过程中，不仅仅是西方，东方也有贡献。技术的应用促进了知识的跨文化传播，通过科技与社会的互动，中国系统地引进放射物理学、光谱学等现代物理学知识，培养了第一批留学归国的物理学家，开拓了中国的物理学研究事业，胡刚复、叶企孙、吴有训等先行者，利用国际化的学习背景，发表了一系列高质量的文章，为整个20世纪X射线本质的认识和应用作出了贡献。在国内，以X射线物理学为代表的新知识通过教科书固定了下来，从而系统地完成了对西方科学技术的消化和吸收。

直到中华人民共和国成立，尽管不能制作X光设备，但是中国的放射医师和技术人员已经可以熟练地使用和维修X光机为患者服务。西方的科学家密切追踪X射线的研究，带来了一系列的科学发现和技术发明，通过当时的媒体，使得中国大众在短时间内能够了解到西方科技的前沿进展，普及了最新的X射线知识。X射线知识的普及和中国科学的建制化相互重合，海外留学归来的物理学家，促进了X射线知识的普及。X射线科技在与社会互动的过程中，通过对社会已有认识的改造和重建，实现了科学技术和传统文化的整合。在技术应用中，X光机技术为国人认识人体结构和治疗痨病提供了有效的技术路径，改变了社会对于痨病的认识，培养了“体检”和传染病预防的经验和观念。

与之相似，生物进化论的传播促进了近代生物学高等教育的发展。《科学》杂志作为科学报刊，对达尔文进化论的思想源流等问题进行了全面介绍，并系统地介绍了作为进化论基础的现代生物学。后来这些文章的主笔胡先骕

和秉志等生物学家，创建了中国第一个生物学系——东南大学生物系，完成了本土化的再造过程，并使中国的生物学向着理论性和系统性方向发展①。

第三节　科技跨文化传播的影响

一、科技跨文化传播的制约与推动因素

通过对X射线科技跨文化传播的三大层面的理论与实践分析，可以归结出制约与推动科技跨文化传播的影响因素。一方面，战争和社会动荡应该是传播中最为不利的影响因素。战争对于本土化的科学研究、技术应用乃至于医院中的放射诊疗都形成了一定程度的影响。而通货膨胀又促使X放射底片、X光机的价格极高，限制了医院的诊断治疗，因此严重阻碍了科学技术的传播与发展。

另一方面，在推动因素中，留学与学术交流将会利于科技的跨文化传播。中国近代，一批X射线先行者与先驱在出国访学的过程中了解并学习了X射线的相关知识与技术。在归国展开专业的深入研究中利于科学、技术传播。同时在西医东渐的推动下，教会医院率先应用的X光技术也将利于此技术的发展，随后多家医院设立放射科，引进X光机及相应的配套设备，并派医师系统学习此类知识。

此外，在传播的过程中，X射线科学与技术的相互促进也推动了整个科技的传播进程。X射线被发现后不久就在工业和医疗界产生了实际应用价值，在X射线知识传入中国的过程中，以X射线物理学为代表的科学传播和以放射治疗为代表的技术传播同时进入了中国社会，二者之间相互促进。一方面X射线的科学传播为大众普及了基本的科学知识，使得大众能够理解X射线应用功能，促进了X射线技术的应用和接受；另一方面，X射线技术的广泛应用，也促进了后来科学化运动中X射线知识的广泛传播，通过《科学画报》和《科学的中国》中大量的应用科普文章可以证明这一点。

① 李楠. 生物进化论在中国的传播（1873—1937）[D]. 西安：西北大学，2012.

因而，传播中的互动尤为重要，在科技的跨文化传播过程中，传播对象并非只能被动地接受来自异文化的科学、技术，也可以主动去迎合这种传播。以上系统分析了科技的跨文化传播的制约与推动因素，这也为后续提出良性文化氛围奠定了基础。

二、良性文化氛围的构建

科学、技术需要根植于一定的文化土壤，科技的跨文化传播是研究视阈转向了文化层面的一种尝试，并为构建一个有利于科学技术传播与发展的良性文化氛围提供了若干启发：

首先，开放包容的文化氛围。清末时期的闭关锁国，很大程度上抑制了科学、技术的传播。良性的文化氛围首先要具有开放性，积极吸收科学技术。当科学传播与文化相互抵触，引发了科学、技术是否被认可和接受的争论时，需要相互包容，相互促进。虽然最初西医使用的X光机技术遭到了中医的排斥，但西医在“防痨运动”的背景下，仍然积极地了解中药的治疗药方，而中医也最终接受了X光透视的诊断疗法。由此可见，相互包容有利于跨文化背景下科学技术的发展。

第二，互动性的文化氛围。传播进来的科学技术，如果没有地方性的互动将会影响传播效果。X射线的译名不断演进过程，是一个文化在不断接受、认可、再认识的过程，不断对其的深入认识将会使传播客体更清晰明确。在这个互动的过程下，既加深了对科学、技术的认识，扩展了文明域，也将进一步推进科学技术发展。

第三，全民性的文化氛围。科技的跨文化传播的特征是主体、客体的多样性。基于X射线科学、技术的跨文化传播，从传播者来看，有科学家、医师等不同主体；而从传播对象来看，则有知识分子、医师、普通市民等不同类型。因此，科技的跨文化传播要深入到各个层面，才能达到科技跨文化传播的目的。在传播媒介上，不仅要有大众性的科学普及，还应有专业性研究。

第七章

结　论

一、主要结论

科技的跨文化传播得到了科学技术哲学和科学技术史学者的关注，围绕着如何理解科技的跨文化传播这一问题，逐渐形成了“实证主义模型”“后殖民主义”“后殖民技科学”三种思想。实证主义模型强调的是科学技术的客观性和普遍性，将科技的跨文化传播看成是一种“单向、线性、同质化”的扩张。而后殖民主义科学观强调科学技术的地方性和差异性，将科学技术看成是一种地方性文化综合作用的产物。近年来兴起的后殖民技科学则试图在普遍性和地方性之间找到平衡，主张地方性和普遍性的辩证关系。STS围绕科技的跨文化传播的讨论，实际上是关于普遍性和地方性的关系问题。

丰富的科技史研究从经验总结的层面提炼了若干西方科技在中国传播的模式、特征和影响因素，并围绕译名产生过程中的社会动因展开了讨论，印证了跨文化传播中的本土性因素客观存在，为提炼跨文化传播的分析框架提供了经验支持。本研究以X射线科技在中国的传播为例，凝练分析框架，讨论科技跨文化传播中普遍性和地方性的关系问题，探究科技跨文化传播的机制和特征。

具体而言，本研究从观念层、实践层和响应层三个层次构建了分析框架。首先是观念层，以各种社会层面的知识传播为主，包括大众传播和专业知识传播。社会层面的知识传播为社会观念的建立奠定了认识基础。名词的对译是观念建立的集中体现。观念的互动大致经历了三个步骤，首先是新知识的传入，这种新的知识在跨文化的背景下是一种全新的事物；其次是新旧知识之间的互相对译，从各自的角度出发，试图用已有的概念去解释全新的事物；最后找到一种文明会通的状态。观念互动的实质是文明域的扩大，从而使两种文化在理解和认识中得以中西会通。

其次是实践层，实践层代表的是科技跨文化传播中知识在新环境中的应用。一项新技术在跨文化传播过程中，需要与大众在技术认识、有效性和用户体验三个方面进行互动，技术的扩散还受到政治、经济、工业、教育等因素的影响。最开始X光机技术在中国的传播动机来自猎奇的需要，主要是为了满足大众的好奇心，同时受到经济和技术条件的限制；之后X光机技术逐渐引入医院成为一项重要的诊断技术，主要是为了满足医院诊疗的需要；然后专业医生的培养带动放射科室的建立，规范化的放射诊断促进了X光机的广泛应用；防痨运动的发起加速了X光机的推广，并以“防痨神器”的形象出现在体检和痨病康复医院中。

最后，响应层指科技跨文化传播中的“再创造”与“再传播”，代表着本地科学的形成和可持续传播，是科技在跨文化领域深度融合结果，伴随的是科学共同体的形成和科学技术建制化的实现，将传入的科学技术建构为新的社会常识并被写入教科书，科学技术实现了从一种文化领域到另一种文化领域的“复制”。

科技跨文化传播实际上都有普遍性与地方性的互动，印证了分析框架的可行性。西方科技的跨文化传播过程不是一个独立于社会和文化的系统，普遍性和地方性在科技跨文化的交流中并不是对立的关系，而是共同存在，是一个互动的关系，普遍性和地方性相互作用、相互影响，共同促进了科学技术在新环境中发展。

本研究提出“观念互动—实践体验—社会响应”的科技跨文化传播分析框架，以及“冲撞—镶嵌—再造”的科技跨文化传播过程理论。科技的跨文化传播过程是一个双向度、立体的、多次的动态传播过程，在社会各种主体中展开交流、接受与传承，并在传播客体的反馈与回应下反复传播，最终促使科学、技术及相关的知识在另一种文化形态中得到良性传播与发展。

二、研究的不足

一方面，本研究是基于X射线知识在中国的传播的个案研究，在理论归纳的过程中难免存在选择性偏误，因此需要在未来的研究中利用更多的案例进行验证和补充。例如，同样是在近现代的中西文明交流的背景下，相对论、进化论知识和X射线知识的传播有什么相似之处，又有哪些不同之处，造成差异的原因是什么，这些问题都需要进一步的探索和阐释。另一方面，分析框架和过程理论背后的理论基础还需要进一步完善和补充，以从更高的视角看待科技的跨文化传播，作出更为一般的理论贡献。

三、未来的展望

通过对科技的跨文化传播理论与实践研究，本研究提出“观念互动—实践体验—社会响应”的科技跨文化传播分析框架，以及“冲撞—镶嵌—再造”的科技跨文化传播过程理论，并将继续致力于开展此方面的研究。

本研究只是对科技的跨文化传播展开的阶段性分析与研究，对于今后科技跨文化传播的理论与实践分析还需展开相应的研究。随着科学前沿的推进、新兴技术的发展，科技的跨文化传播理论还将继续深入，还需要进一步探析，以求得新的模型并建构其理论框架。因而，我们还将在科技的跨文化传播上深入对其他领域的科学、技术进行案例分析，并展开更为细致全面的研究工作。

总之，本书通过对X射线知识的科技跨文化传播进行研究，希望为科技传播的理论创新作出贡献，也希望通过推动科学技术在文化、社会氛围上的有利互动，进一步推进我国科学技术与社会文化的全面发展。

后　记

本书最早的思想源泉是中国科学院大学王大明教授对吴有训先生的系列研究。吴有训先生作为中国物理学研究的“开山祖师”，所从事的主要研究是X射线物理学。2019年，王大明教授指导吴培熠完成博士论文《理解科技的跨文化传播：X射线知识在中国的传播及其影响》，相关研究成果在《自然辩证法研究》《中国科技史杂志》等权威期刊发表。本书在相关工作基础上进一步修订、完善而成，以期对X射线知识在近现代中国的传播与影响有一个较为全面的思考与认识。

本书的前期研究工作获得中国科学院自然科学史研究所“科技知识的创造与传播研究”二期项目（Y629021EA2）和第九届中国科协青年人才托举工程（2023QNRC001）的资助。本书的资料收集工作得到中国第二历史档案馆、上海市档案馆、广东省档案馆和中国科学院自然科学史研究所的支持，在此表示感谢！

本书的出版得到了中国科学院自然科学史研究所张柏春研究员、关晓武研究员，香港理工大学韩琦教授，中共中央党校王克迪教授，清华大学杨舰教授、刘兵教授，北京科技大学潜伟教授，中国农业大学奉公教授，首都师范大学白欣教授，以及中国科学院大学人文学院李伯聪教授、刘二中教授、汪前进教授、孙小淳教授、张增一教授、尚智丛教授、王大洲教授、胡志强教授等的大力支持，在此表示诚挚的感谢！同时，感谢团队成员陈印政、霍佳鑫、韩正强、肖珈、陈强强等在本书撰写过程中给予的帮助！

最后，感谢山东科学技术出版社的大力支持，感谢翟羽佳编辑的辛勤工作！

吴培熠　王大明

2024年3月